中国科学技术协会统计年鉴

STATISTICAL YEARBOOK

2015

中国科学技术协会 编
CHINA ASSOCIATION FOR SCIENCE AND TECHNOLOGY

中国统计出版社
China Statistics Press

图书在版编目 (CIP) 数据

中国科学技术协会统计年鉴 . 2015 / 中国科学技术协会编 . -- 北京 : 中国统计出版社，2015.3
ISBN 978-7-5037-7407-2

Ⅰ . ①中… Ⅱ . ①中… Ⅲ . ①中国科学技术协会－统计资料－2015－年鉴 Ⅳ . ① G322.25-54

中国版本图书馆 CIP 数据核字 (2015) 第 054466 号

中国科学技术协会统计年鉴—2015

作　　者 / 中国科学技术协会
责任编辑 / 郭　栋
封面设计 / 张　冰
出版发行 / 中国统计出版社
通信地址 / 北京市丰台区西三环南路甲 6 号　邮政编码 / 100073
电　　话 / 邮购（010）63376909　书店（010）68783171
网　　址 / www.zgtjcbs.com/
印　　刷 / 河北天普润印刷厂
经　　销 / 新华书店
开　　本 / 880 × 1230 毫米　1/16
字　　数 / 520 千字
印　　张 / 18.75
版　　别 / 2015 年 5 月第 1 版
版　　次 / 2015 年 5 月第 1 次印刷
定　　价 / 80.00 元

如有印装差错，由本社发行部调换。

《中国科学技术协会统计年鉴—2015》编辑委员会

《中国科学技术协会统计年鉴—2015》编辑部

编印说明

一、《中国科学技术协会统计年鉴—2015》是一本反映各级科协及所属团体事业发展情况的资料性年刊。年鉴收录了2014年度中国科协（仅指中国科协机关和直属单位，下同）、省级科协、副省级城市科协、省会城市科协、地级科协、县级科协、所属全国学会、委托管理全国学会、省级学会的组织建设、学术交流活动、科普活动、科普基础设施和科技服务等方面的统计数据。

二、全书内容分为11个部分，即：1. 综合；2. 组织建设；3. 学术交流活动；4. 科技期刊；5. 科普活动；6. 青少年科技教育；7. 科普基础设施建设；8. 科技传播；9. 科技开放与交流；10. 科技服务；11. 为科技工作者服务。各部分前编有《简要说明》。附有主要指标解释。

三、本年鉴各项统计数据均未包括香港特别行政区、澳门特别行政区和台湾省的数据。

四、年鉴中以“学会”统称各类学会、协会、研究会。

五、年鉴第一部分至第十一部分中地级科协的数据均不含副省级城市科协和省会城市科协数据。

六、年鉴表中的符号“—”表示该项统计指标数据不详或无该项数据；“#”表示其中的主要项；“*”表示表下另有注释。

七、年鉴资料来源于中国科学技术协会综合统计报表（批准机关：国家统计局；批准文号：国统制[2014]66号）。综合统计调查年度报表工作由中国科协计划财务部统一组织，所有数据均由基层单位通过中国科协系统统计工作网络平台填报，逐级汇总。中国科协系统统计报表汇总和数据审核工作委托中国科普研究所完成。统计年鉴由中国统计出版社出版。

由于数据量大，难免有疏漏之处，欢迎指正。

目录

五、科普活动

六、青少年科技教育

七、科普基础设施建设

八、科技传播

九、科技开放与交流

一、综　合

简要说明

本部分主要指标数值是从各部分提取或经过简单加工的，旨在总体反映科协系统 2014 年的组织建设和主要业务活动的概况。

1-1 2014年科协系统综合统计主要数据汇总表

指 标		总计		科协小计		中国科协机关及直属单位		省级科协	
		2013	2014	2013	2014	2013	2014	2013	2014
机构和人员									
机构数	(个)	3158	3222	3158	3222	1	1	32	32
从业人员	(人)	39084	38562	39084	38562	1183	1215	8579	8102
学会个人会员	(万人)	—	—	—	—	—	—	—	—
学会从业人员	(人)	24430	23914	—	—	—	—	—	—
#社会聘用人员	(人)	5316	5345	—	—	—	—	—	—
企业科协	(个)	21281	21931	21281	21931	0	0	2654	2541
个人会员	(万人)	347	350	347	350	0	0	81	73
高等院校科协	(个)	584	703	584	703	0	0	186	248
个人会员	(万人)	45	76	45	76	0	0	22	53
街道科普协会	(个)	9067	11179	9067	11179	—	—	—	—
个人会员	(万人)	62	67	62	67	—	—	—	—
乡镇科普协会	(个)	30904	30236	30904	30236	—	—	—	—
个人会员	(万人)	211	212	211	212	—	—	—	—
农技协	(个)	110668	110442	110668	110442	0	0	25	28
个人会员	(万人)	1446	1466	1446	1466	0	0	0.33	0.35
学术交流活动									
学术交流活动	(次)	26693	26592	6164	5963	56	75	482	490
参加人数	(万人次)	411	439	92	83	2	2	13	12
#企业科技工作者	(万人次)	85	95	27	26	0.10	0.13	2	2
科学技术普及活动									
举办科普宣讲活动	(次)	315486	317669	234379	226828	820	1821	8744	8625
#院士科普报告会	(次)	3882	3719	2893	2835	16	71	1259	989
#开展科技咨询	(次)	124192	141357	94031	102316	16	0	2435	1889
宣讲活动受众人数	(万人次)	20252	31762	15059	16370	1113	1806	2672	2883
实用技术培训人数	(万人次)	5509	3303	3054	2966	2	0.20	90	117
推广新技术、新品种	(项)	55536	69328	39128	57267	30	3	1056	1350
参加活动科技人员	(万人次)	333	391	245	280	0.84	1	26	41
青少年科技教育									
举办青少年科普宣讲活动	(次)	30125	39807	20050	23854	716	1801	1777	2231
受众人数	(万人次)	2675	2915	2296	2522	864	902	256	300
举办青少年科技竞赛	(次)	11382	11415	10497	10468	7	4	338	349
参加人数	(万人次)	4400	4362	3633	3786	1	6	1551	1650
举办青少年科学营	(次)	2710	2945	1747	1976	56	68	161	175
参加人数	(万人次)	38	39	33	33	1	1	3	4

1-1 续表 1

指标		副省级、省会城市科协		地级科协		县级科协	
		2013	2014	2013	2014	2013	2014
机构和人员							
机构数	(个)	32	32	377	383	2716	2774
从业人员	(人)	2546	2529	7409	7484	19367	19232
学会个人会员	(万人)	—	—	—	—	—	—
学会从业人员	(人)	—	—	—	—	—	—
#社会聘用人员	(人)	—	—	—	—	—	—
企业科协	(个)	1652	1711	5050	5391	11925	12288
个人会员	(万人)	37	36	123	133	106	108
高等院校科协	(个)	99	103	264	309	35	43
个人会员	(万人)	5	5	17	17	0.83	1
街道科普协会	(个)	—	—	519	563	8548	10616
个人会员	(万人)	—	—	4	4	58	63
乡镇科普协会	(个)	—	—	608	710	30296	29526
个人会员	(万人)	—	—	3	3	208	209
农技协	(个)	847	811	12130	11575	97666	98028
个人会员	(万人)	9	8	129	151	1308	1307
学术交流活动							
学术交流活动	(次)	1139	1230	2816	2778	1671	1390
参加人数	(万人次)	19	20	40	36	18	13
#企业科技工作者	(万人次)	5	6	14	14	6	5
科学技术普及活动							
举办科普宣讲活动	(次)	6349	6751	36157	42604	182309	167027
#院士科普报告会	(次)	167	93	495	604	956	1078
#开展科技咨询	(次)	749	700	13554	15257	77277	84470
宣讲活动受众人数	(万人次)	301	313	2757	2656	8216	8712
实用技术培训人数	(万人次)	41	29	364	328	2557	2493
推广新技术、新品种	(项)	677	795	6400	6420	30965	48699
参加活动科技人员	(万人次)	8	8	77	69	134	161
青少年科技教育							
举办青少年科普宣讲活动	(次)	424	579	3656	4042	13477	15201
受众人数	(万人次)	45	37	283	278	848	1007
举办青少年科技竞赛	(次)	208	179	2236	2382	7708	7554
参加人数	(万人次)	207	240	704	724	1169	1167
举办青少年科学营	(次)	49	68	411	459	1070	1206
参加人数	(万人次)	3	3	10	11	16	13

1-1 续表 2

指 标		学会小计		全国学会				省级学会	
				所属学会		委托管理学会			
		2013	2014	2013	2014	2013	2014	2013	2014
机构和人员									
机构数	(个)	—	—	—	—	—	—	—	—
从业人员	(人)	—	—	—	—	—	—	—	—
学会个人会员	(万人)	—	—	435	435	2	2	630	712
学会从业人员	(人)	24430	23914	3226	3334	154	162	21050	20418
#社会聘用人员	(人)	5316	5345	1049	1076	56	55	4211	4214
企业科协	(个)	—	—	—	—	—	—	—	—
个人会员	(万人)	—	—	—	—	—	—	—	—
高等院校科协	(个)	—	—	—	—	—	—	—	—
个人会员	(万人)	—	—	—	—	—	—	—	—
街道科普协会	(个)	—	—	—	—	—	—	—	—
个人会员	(万人)	—	—	—	—	—	—	—	—
乡镇科普协会	(个)	—	—	—	—	—	—	—	—
个人会员	(万人)	—	—	—	—	—	—	—	—
农技协	(个)	—	—	—	—	—	—	—	—
个人会员	(万人)	—	—	—	—	—	—	—	—
学术交流活动									
学术交流活动	(次)	20529	20629	4332	4655	78	128	16119	15846
参加人数	(万人次)	319	356	109	125	1	2	209	229
#企业科技工作者	(万人次)	58	68	19	24	0.17	0.34	39	44
科学技术普及活动									
举办科普宣讲活动	(次)	81107	90841	6218	7449	263	310	74626	83082
#院士科普报告会	(次)	989	884	299	223	1	27	689	634
#开展科技咨询	(次)	30161	39041	1976	2210	196	133	27989	36698
宣讲活动受众人数	(万人次)	5193	15393	1605	11409	33	31	3555	3953
实用技术培训人数	(万人次)	2455	337	158	117	0.13	0.14	2297	219
推广新技术、新品种	(项)	16408	12061	2429	554	11	48	13968	11459
参加活动科技人员	(万人次)	88	112	18	15	2	0.43	68	96
青少年科技教育									
举办青少年科普宣讲活动	(次)	10075	15953	2053	2198	2	12	8020	13743
受众人数	(万人次)	379	393	186	166	0.04	0.28	193	227
举办青少年科技竞赛	(次)	885	947	119	134	0	1	766	812
参加人数	(万人次)	767	576	391	125	0	0.03	376	451
举办青少年科学营	(次)	963	969	42	40	0	0	921	929
参加人数	(万人次)	6	6	0.72	1	0	0	5	5

1-1 续表 3

指标		总计 2013	总计 2014	科协小计 2013	科协小计 2014	中国科协机关及直属单位 2013	中国科协机关及直属单位 2014	省级科协 2013	省级科协 2014
科技开放与交流									
加入民间科技组织	(个)	694	677	13	17	5	5	1	2
任职专家	(人)	995	899	14	17	1	2	0	0
参加国外科技活动人数	(人次)	14077	18979	1292	977	175	187	404	435
接待国外专家学者	(人次)	23748	21035	2393	2606	62	326	1357	1553
科技服务									
提供决策咨询报告	(篇)	12735	12887	7929	7791	267	146	404	515
科技评价	(项)	5336	9077	1600	1667	17	37	332	35
科普惠农兴村奖补资金	(万元)	51304	49871	51304	49871	30000	30000	11386	11276
科普惠农兴村表彰的先进单位和个人	(个／人)	9974	9557	9974	9557	1797	1911	1645	1745
开展“讲、比”活动企业数	(个)	28030	31721	28030	31721	1	0	4708	6708
参与“讲、比”活动的科技人员	(万人次)	176	213	176	213	0	0	41	47
专家工作站(服务中心)	(个)	3323	4200	3323	4200	0	0	1008	1287
为科技工作者服务									
反映科技工作者建议	(条)	32536	26615	21947	20215	325	346	1660	1396
走访看望(慰问)科技工作者	(人次)	65323	75016	46063	52992	379	133	3042	3075
科学道德与学风建设宣讲活动	(场次)	334	249	201	138	1	1	194	123
宣讲活动受众人数	(万人次)	24	15	21	13	0.60	0.60	20	12
表彰奖励科技工作者	(人次)	125721	108211	60261	41275	144	173	3438	2708
#女性科技工作者	(人次)	37306	33732	18551	13175	41	50	1043	651
科技期刊与科技传播									
主办科技期刊	(种)	2679	2575	497	448	9	10	66	61
总印数	(万册)	13706	13574	4680	4658	99	154	4250	4199
主办科技报纸	(种)	243	220	123	133	0	0	35	37
总印数	(万份)	14308	13328	12509	12219	0	0	11993	11739
编著科技图书	(种)	3189	3487	1868	1940	227	246	346	351
总印数	(万册)	1890	2468	1311	1386	73	90	549	425
制作科普动漫作品	(套)	992	782	632	478	69	12	317	242
主办科技网站	(个)	2377	2523	1351	1393	11	12	131	145
浏览人数	(万人次)	119621	228545	35063	34346	5205	1138	15967	17753
科普基础设施建设									
科技馆	(个)	400	410	400	410	1	1	21	23
#建筑面积8000平方米以上	(个)	62	65	62	65	1	1	20	22
全年参观人数	(万人次)	3200	3331	3200	3331	300	310	1011	1149
#少儿参观人数	(万人次)	1774	1891	1774	1891	150	155	620	721
农村科普示范基地	(个)	31753	33997	31753	33997	386	386	1524	1464
科普画廊建筑面积(宣传栏、橱窗)	(平方米)	2361988	2559698	2361988	2559698	0	0	33746	17148
科普画廊展示面积	(平方米)	4428969	5973809	4428969	5973809	0	0	54484	29717
科普大篷车行驶里程	(公里)	5094110	5680825	5094110	5680825	—	—	668012	493992

1-1 续表 4

指 标		副省级、省会城市科协		地级科协		县级科协	
		2013	2014	2013	2014	2013	2014
科技开放与交流							
加入民间科技组织	(个)	1	1	2	4	4	5
任职专家	(人)	1	1	4	12	8	2
参加国外科技活动人数	(人次)	90	86	122	81	501	188
接待国外专家学者	(人次)	515	365	284	229	175	133
科技服务							
提供决策咨询报告	(篇)	160	335	1757	1548	5341	5247
科技评价	(项)	20	13	498	594	733	988
科普惠农兴村奖补资金	(万元)	1296	1418	3126	2804	5496	4373
科普惠农兴村表彰的先进单位和个人	(个／人)	353	290	1716	1671	4463	3940
开展“讲、比”活动企业数	(个)	1387	1460	6494	8080	15440	15473
参与“讲、比”活动的科技人员	(万人次)	19	22	66	91	50	53
专家工作站(服务中心)	(个)	418	556	919	1164	978	1204
为科技工作者服务							
反映科技工作者建议	(条)	283	486	3852	4281	15827	13706
走访看望(慰问)科技工作者	(人次)	1265	983	7798	9489	33579	39312
科学道德与学风建设宣讲活动	(场次)	6	14	—	—	—	—
宣讲活动受众人数	(万人次)	0.42	0.32	—	—	—	—
表彰奖励科技工作者	(人次)	1736	863	18065	13389	36878	24142
#女性科技工作者	(人次)	562	235	5756	5174	11149	7065
科技期刊与科技传播							
主办科技期刊	(种)	10	11	105	116	307	250
总印数	(万册)	50	28	108	120	173	157
主办科技报纸	(种)	4	6	13	23	71	67
总印数	(万份)	230	235	98	68	188	176
编著科技图书	(种)	36	46	218	273	1041	1024
总印数	(万册)	22	36	179	269	488	566
制作科普动漫作品	(套)	10	8	191	154	45	62
主办科技网站	(个)	47	47	260	286	902	903
浏览人数	(万人次)	857	996	7148	7373	5887	7087
科普基础设施建设							
科技馆	(个)	11	12	92	94	275	280
#建筑面积8000平方米以上	(个)	8	9	18	18	15	15
全年参观人数	(万人次)	447	507	665	674	777	690
#少儿参观人数	(万人次)	151	198	438	440	415	378
农村科普示范基地	(个)	633	545	5660	6438	23550	25164
科普画廊建筑面积(宣传栏、橱窗)	(平方米)	18649	19765	261489	306492	2048104	2216293
科普画廊展示面积	(平方米)	47872	51965	728441	1888613	3598172	4003514
科普大篷车行驶里程	(公里)	185932	103926	1457293	1649268	2782873	3433639

1-1 续表 5

指标		学会小计		全国学会 所属学会		全国学会 委托管理学会		省级学会	
		2013	2014	2013	2014	2013	2014	2013	2014
科技开放与交流									
加入民间科技组织	(个)	681	660	366	405	2	3	313	253
任职专家	(人)	981	882	612	527	2	4	367	351
参加国外科技活动人数	(人次)	12785	18002	6492	9758	89	195	6204	8049
接待国外专家学者	(人次)	19489	18429	9275	7585	110	428	10104	10416
科技服务									
提供决策咨询报告	(篇)	4806	5096	546	482	3	20	4257	4594
科技评价	(项)	3736	7410	916	3749	1	2	2819	3659
科普惠农兴村奖补资金	(万元)	—	—	—	—	—	—	—	—
科普惠农兴村表彰的先进单位和个人	(个／人)	—	—	—	—	—	—	—	—
开展“讲、比”活动企业数	(个)	—	—	—	—	—	—	—	—
参与“讲、比”活动的科技人员	(万人次)	—	—	—	—	—	—	—	—
专家工作站(服务中心)	(个)	—	—	—	—	—	—	—	—
为科技工作者服务									
反映科技工作者建议	(条)	8475	6400	328	297	26	51	8121	6052
走访看望(慰问)科技工作者	(人次)	19260	22024	2895	3238	52	145	16313	18641
科学道德与学风建设宣讲活动	(场次)	133	111	128	104	5	7	—	—
宣讲活动受众人数	(万人次)	3	2	3	2	0.03	0.07	—	—
表彰奖励科技工作者	(人次)	60873	66936	21282	25197	148	549	39443	41190
#女性科技工作者	(人次)	17186	20557	5366	6849	82	194	11738	13514
科技期刊与科技传播									
主办科技期刊	(种)	2182	2127	1046	1041	5	6	1131	1080
总印数	(万册)	9026	8916	5611	5623	12	13	3403	3280
主办科技报纸	(种)	120	87	4	7	1	1	115	79
总印数	(万份)	1799	1109	173	361	2	2	1624	746
编著科技图书	(种)	1321	1547	276	360	13	11	1032	1176
总印数	(万册)	579	1082	124	525	2	1	453	556
制作科普动漫作品	(套)	360	304	45	33	0	0	315	271
主办科技网站	(个)	1026	1130	313	313	10	9	703	808
浏览人数	(万人次)	84558	194199	65788	162827	87	96	18683	31276
科普基础设施建设									
科技馆	(个)	—	—	—	—	—	—	—	—
#建筑面积8000平方米以上	(个)	—	—	—	—	—	—	—	—
全年参观人数	(万人次)	—	—	—	—	—	—	—	—
#少儿参观人数	(万人次)	—	—	—	—	—	—	—	—
农村科普示范基地	(个)	—	—	—	—	—	—	—	—
科普画廊建筑面积(宣传栏、橱窗)	(平方米)	—	—	—	—	—	—	—	—
科普画廊展示面积	(平方米)	—	—	—	—	—	—	—	—
科普大篷车行驶里程	(公里)	—	—	—	—	—	—	—	—

二、组织建设

简要说明

本篇统计资料为：

一、汇总数据，反映中国科协、地方科协和全国学会、省级学会的组织建设基本情况。

二、地方科协统计数据，分别反映各省级科协、副省级城市、省会城市科协、地级科协、县级科协的组织建设情况。

三、基层组织统计数据，分别反映乡镇、街道、高校、企业、农村的基层组织建设情况。

四、省级学会统计数据，按行政区划反映省级学会组织建设情况。

2-1 2014年各级科协组织建设汇总表

指　　标	科协合计		中国科协机关及直属单位		省 级 科 协	
	2013	2014	2013	2014	2013	2014
机构数(个)	3158	3222	1	1	32	32
机关从业人员(人)	23198	23271	152	165	1398	1373
#女性从业人员	7698	7938	64	67	465	458
直属单位(个)	1480	1461	14	14	245	243
直属单位从业人员(人)	15886	15454	1031	1050	7181	6892
#女性从业人员	7331	7346	529	557	3307	3229
学会数(学会、协会、研究会)(个)	—	—	200	200	3896	3938
企业科协(个)	21281	21931	0	0	2654	2541
#高新技术开发区科协	718	936	0	0	155	247
#技术经济开发区科协	968	1224	0	0	94	148
个人会员(万人)	347	350	0	0	81	73
高等院校科协(个)	584	703	0	0	186	248
个人会员(万人)	45	76	0	0	22	53
街道科协(社区科协)(个)	9067	11179	—	—	—	—
个人会员(万人)	62	67	—	—	—	—
乡镇科协(个)	30904	30236	—	—	—	—
个人会员(万人)	211	212	—	—	—	—
农技协(个)	110668	110442	0	0	25	28
#民政部门注册	36033	39593	0	0	25	28
个人会员(万人)	1446	1466	0	0	0.33	0.35
基层科普员(人)	555702	669739	0	0	223	244

注：2013年贵州、宁夏、新疆维吾尔自治区省级科协“农技协”、“民政部门注册”、“农技协个人会员”、“基层科普员”数进行了校正，辽宁、黑龙江副省级、省会城市科协“农技协”、“民政部门注册”、“农技协个人会员”数进行了校正，科协合计数也相应进行了校正。

2-1 续表

指　标	副省级、省会城市科协		地级科协		县级科协	
	2013	2014	2013	2014	2013	2014
机构数(个)	32	32	377	383	2716	2774
机关从业人员(人)	811	809	4237	4373	16600	16551
#女性从业人员	284	277	1328	1441	5557	5695
直属单位(个)	88	82	462	457	671	665
直属单位从业人员(人)	1735	1720	3172	3111	2767	2681
#女性从业人员	874	866	1369	1423	1252	1271
学会数(学会、协会、研究会)(个)	2028	1990	12125	12290	47790	47740
企业科协(个)	1652	1711	5050	5391	11925	12288
#高新技术开发区科协	88	85	174	199	301	405
#技术经济开发区科协	94	45	174	231	606	800
个人会员(万人)	37	36	123	133	106	108
高等院校科协(个)	99	103	264	309	35	43
个人会员(万人)	5	5	17	17	0.83	0.78
街道科协(社区科协)(个)	—	—	519	563	8548	10616
个人会员(万人)	—	—	4	4	58	63
乡镇科协(个)	—	—	608	710	30296	29526
个人会员(万人)	—	—	3	3	208	209
农技协(个)	847	811	12130	11575	97666	98028
#民政部门注册	470	433	3810	4271	31728	34861
个人会员(万人)	9	8	129	151	1308	1307
基层科普员(人)	2205	2102	77936	109237	475338	558156

注：2013年贵州、宁夏、新疆维吾尔自治区省级科协“农技协”、“民政部门注册”、“农技协个人会员”、“基层科普员”数进行了校正，辽宁、黑龙江副省级、省会城市科协“农技协”、“民政部门注册”、“农技协个人会员”数进行了校正，科协合计数也相应进行了校正。

2-2 2014年全国学会、省级学会组织建设汇总表

指 标	学会合计		全国学会				省级学会	
			所属学会		委托管理学会			
	2013	2014	2013	2014	2013	2014	2013	2014
理事会理事(人)	—	—	32443	32889	1110	1257	238215	238714
#常务理事	—	—	10299	10448	330	392	88782	88668
#女性理事	—	—	4092	4144	176	185	36694	37124
专门工作委员会(个)	—	—	1081	1135	37	60	10158	10235
所属分科学会(个)	—	—	2926	2948	16	17	13010	12873
学会个人会员(万人)	—	—	435	435	2	2	630	712
#女性会员	—	—	98	101	0.38	0.53	199	262
#高级(资深)会员	—	—	24	25	0.49	0.38	89	93
#学生会员	—	—	28	27	0.13	0.31	20	19
#外籍会员	—	—	0.12	0.12	0.09	0.09	0.05	0.30
#港、澳、台会员	—	—	0.26	0.27	0.002	0.02	0.08	0.08
#交纳会费会员	—	—	110	105	0.35	0.38	129	141
#党员会员	—	177	—	81	—	0.28	—	96
学会从业人员(人)	24430	23914	3226	3334	154	162	21050	20418
#女性从业人员	8229	8532	1597	1760	61	62	6571	6710
#社会聘用人员	5316	5345	1049	1076	56	55	4211	4214
学会团体会员(个)	—	—	54773	54716	1280	1455	182877	184357

2-3 2014年各省级科协组织建设

地　区	机构数（个）	机关从业人员（人）	#女性从业人员	直属单位（个）	直属单位从业人员（人）	#女性从业人员	学会数(学会、协会、研究会)（个）
合　计	**32**	**1373**	**458**	**243**	**6892**	**3229**	**3938**
北　京	1	50	21	12	342	173	170
天　津	1	58	20	4	519	236	149
河　北	1	53	14	12	182	84	130
山　西	1	41	7	15	504	297	137
内蒙古	1	35	14	5	97	48	90
辽　宁	1	36	11	4	164	81	135
吉　林	1	32	14	8	115	50	122
黑龙江	1	37	13	7	225	102	144
上　海	1	65	37	10	280	138	191
江　苏	1	63	14	12	135	64	137
浙　江	1	60	13	15	382	223	169
安　徽	1	42	9	7	170	78	158
福　建	1	49	17	6	250	123	152
江　西	1	32	7	5	80	28	121
山　东	1	48	11	9	336	145	140
河　南	1	39	11	9	262	117	129
湖　北	1	48	19	7	132	62	133
湖　南	1	39	15	12	330	109	129
广　东	1	43	15	5	121	50	150
广　西	1	27	13	8	296	160	111
海　南	1	42	13	3	23	9	71
重　庆	1	65	21	9	852	340	112
四　川	1	44	16	12	184	73	130
贵　州	1	38	14	3	77	47	113
云　南	1	44	15	9	218	91	123
西　藏	1	27	14	1	13	6	66
陕　西	1	56	23	10	142	47	134
甘　肃	1	54	16	6	79	42	94
青　海	1	32	13	5	94	38	65
宁　夏	1	29	7	5	125	68	98
新　疆	1	38	8	8	163	100	117
新疆生产建设兵团	1	7	3	0	0	0	18

2-3　续表

地　区	企业科协（个）	#高新技术开发区科协	#技术经济开发区科协	企业科协个人会员（人）	高等院校科协（个）	高等院校科协个人会员（人）	农技协（个）	#民政部门注册	农技协个人会员（人）	基层科普员（人）
合　计	**2541**	**247**	**148**	**726865**	**248**	**527648**	**28**	**28**	**3528**	**244**
北　京	321	0	1	135000	13	20000	1	1	0	10
天　津	525	123	83	101500	4	2500	1	1	600	0
河　北	200	0	0	60000	0	0	1	1	0	0
山　西	50	1	1	34000	1	1000	1	1	10	0
内蒙古	132	0	0	9000	1	1000	0	0	0	0
辽　宁	0	0	0	0	0	0	1	1	0	0
吉　林	238	85	45	65230	21	1260	1	1	260	0
黑龙江	0	0	0	0	3	12460	1	1	0	0
上　海	130	29	0	32300	1	2000	1	1	0	0
江　苏	0	0	0	0	31	14600	1	1	0	0
浙　江	21	0	0	8600	8	1025	0	0	0	0
安　徽	1	0	0	2586	1	4000	1	1	116	0
福　建	0	0	0	0	28	12586	1	1	195	0
江　西	83	3	5	30013	11	2831	1	1	82	0
山　东	12	0	0	15320	5	4032	1	1	0	0
河　南	0	0	0	0	0	0	1	1	0	0
湖　北	22	0	0	5000	20	9800	1	1	696	2
湖　南	200	3	6	132000	23	376434	1	1	90	0
广　东	0	0	0	0	0	0	1	1	0	0
广　西	1	0	0	1500	15	9011	1	1	85	0
海　南	11	0	0	2000	0	0	1	1	20	0
重　庆	304	0	1	64690	20	16100	1	1	0	0
四　川	0	0	0	0	0	0	1	1	0	0
贵　州	34	0	0	6800	12	2063	1	1	243	102
云　南	0	0	0	0	1	1000	1	1	0	0
西　藏	0	0	0	0	4	3000	0	0	0	0
陕　西	2	0	0	1850	16	16583	1	1	636	0
甘　肃	66	0	0	4400	3	1277	1	1	0	0
青　海	0	0	0	0	0	0	1	1	200	0
宁　夏	90	1	4	7224	2	1000	1	1	175	130
新　疆	98	2	2	7852	4	12086	1	1	120	0
新疆生产建设兵团	0	0	0	0	0	0	0	0	0	0

2-4 2014年各副省级城市科协、省会城市科协组织建设

城市	机构数(个)	机关从业人员(人)	#女性从业人员	直属单位(个)	直属单位从业人员(人)	#女性从业人员	学会数(学会、协会、研究会)(个)
合计	**32**	**809**	**277**	**82**	**1720**	**866**	**1990**
副省级城市小计	**15**	**459**	**147**	**46**	**1376**	**688**	**1202**
宁波*	1	19	6	3	27	15	81
厦门*	1	18	7	1	6	5	76
深圳*	1	24	8	3	80	23	72
青岛*	1	33	7	3	122	42	88
大连*	1	30	12	3	72	33	73
省会城市小计	**27**	**685**	**237**	**69**	**1413**	**748**	**1600**
石家庄	1	28	7	2	30	8	32
太原	1	18	6	5	30	18	59
呼和浩特	1	16	5	2	15	7	29
沈阳*	1	33	7	4	23	10	76
长春*	1	22	7	2	12	1	53
哈尔滨*	1	33	11	3	45	18	85
南京*	1	41	11	2	119	77	90
杭州*	1	32	15	4	107	60	77
合肥	1	20	5	3	68	37	46
福州	1	21	8	4	34	15	77
南昌	1	26	11	3	20	9	80
济南*	1	34	6	2	37	14	76
郑州	1	28	9	5	75	48	68
武汉*	1	42	13	3	157	88	87
长沙	1	20	3	1	5	3	47
广州*	1	40	19	7	489	270	77
南宁	1	25	8	1	3	2	45
海口	1	14	4	1	5	1	10
成都*	1	29	9	4	27	10	104
贵阳	1	38	19	1	6	5	54
昆明	1	27	10	4	29	15	121
拉萨	1	4	2	0	0	0	6
西安*	1	29	9	2	53	22	87
兰州	1	14	7	3	19	9	44
西宁	1	16	10	1	5	1	23
银川	1	18	9	0	0	0	47
乌鲁木齐	1	17	7	0	0	0	0

注：城市名称后带“*”的为副省级城市，包括省会城市中带“*”的。

2-4 续表

城市	企业科协(个)	#高新技术开发区科协	#技术经济开发区科协	企业科协个人会员(人)	高等院校科协(个)	高等院校科协个人会员(人)	农技协(个)	#民政部门注册	农技协个人会员(人)	基层科普员(人)
合计	**1711**	**85**	**45**	**363774**	**103**	**51978**	**811**	**433**	**83811**	**2102**
副省级城市小计	**1203**	**18**	**16**	**229035**	**93**	**49795**	**329**	**118**	**33386**	**1165**
宁波*	9	0	0	5176	13	3776	0	0	0	0
厦门*	25	0	0	2015	11	651	1	0	50	40
深圳*	0	0	0	0	0	0	0	0	0	0
青岛*	55	0	0	8428	3	825	0	0	0	0
大连*	61	0	0	21260	10	990	120	80	18000	780
省会城市小计	**1561**	**85**	**45**	**326568**	**66**	**45736**	**690**	**353**	**65761**	**1452**
石家庄	60	5	3	2300	1	1000	0	0	0	0
太原	67	36	0	41000	0	0	27	0	7200	0
呼和浩特	5	0	0	1100	1	400	0	0	0	0
沈阳*	38	0	5	8500	18	29000	76	38	3900	500
长春*	14	1	0	11500	12	1676	1	0	4800	0
哈尔滨*	68	0	1	17700	6	297	130	0	6500	0
南京*	185	1	1	15800	0	0	0	0	0	0
杭州*	59	0	0	25623	3	1800	0	0	0	0
合肥	5	0	0	85	0	0	0	0	0	0
福州	15	1	1	1600	1	100	1	1	135	0
南昌	13	0	0	13	0	0	120	81	9800	220
济南*	296	11	6	25000	7	2258	1	0	136	0
郑州	82	22	20	20000	0	0	1	1	150	0
武汉*	150	4	2	28800	1	2000	0	0	0	4
长沙	5	1	4	26500	0	0	35	35	400	0
广州*	60	1	1	25633	1	100	0	0	0	11
南宁	45	0	0	15000	1	126	0	0	0	0
海口	12	0	0	120	0	0	100	0	5000	0
成都*	160	0	0	13600	8	6422	0	0	0	0
贵阳	101	1	0	14954	3	477	1	1	100	40
昆明	42	0	0	50	1	20	0	0	0	0
拉萨	0	0	0	0	0	0	0	0	0	637
西安*	23	0	0	20000	0	0	0	0	0	0
兰州	24	1	1	9300	2	60	120	120	6420	0
西宁	0	0	0	0	0	0	0	0	0	0
银川	32	0	0	2390	0	0	77	77	21220	0
乌鲁木齐	0	0	0	0	0	0	0	0	0	40

2-5 2014年各地区地级科协组织建设

地区	机构数（个）	机关从业人员（人）	#女性从业人员	直属单位（个）	直属单位从业人员（人）	#女性从业人员	学会数(学会、协会、研究会)（个）
合计	**383**	**4373**	**1441**	**457**	**3111**	**1423**	**12290**
北京	14	142	58	9	65	24	216
天津	13	98	40	5	27	18	170
河北	10	202	73	24	151	58	440
山西	10	130	57	28	147	63	436
内蒙古	11	209	78	12	155	59	383
辽宁	12	176	72	30	242	131	916
吉林	8	71	15	9	116	48	267
黑龙江	12	136	56	17	75	39	322
上海	16	212	96	14	129	68	424
江苏	12	210	51	22	92	40	727
浙江	9	86	25	12	132	69	449
安徽	15	179	42	14	176	95	541
福建	7	79	21	14	67	31	390
江西	10	111	36	19	76	33	368
山东	15	200	62	24	226	83	484
河南	17	221	64	34	197	91	627
湖北	12	149	44	20	167	65	456
湖南	13	149	48	15	101	40	502
广东	19	229	62	19	289	145	647
广西	13	122	40	12	34	15	319
海南	1	13	4	0	0	0	0
重庆	22	177	59	8	25	13	433
四川	20	226	78	26	94	43	799
贵州	8	92	25	6	27	16	142
云南	15	177	54	25	72	31	430
西藏	6	14	6	0	0	0	76
陕西	9	121	41	6	66	29	294
甘肃	13	177	47	8	48	22	372
青海	7	40	12	4	12	5	91
宁夏	4	37	10	2	31	17	137
新疆	13	141	45	16	62	27	283
新疆生产建设兵团	17	47	20	3	10	5	149

2-5 续表 1

地　　区	企业科协（个）	#高新技术开发区科协	#技术经济开发区科协	企业科协个人会员（人）	高等院校科　协（个）	高等院校科协个人会员（人）
合　　计	**5391**	**199**	**231**	**1326628**	**309**	**170052**
北　　京	59	0	1	5555	11	885
天　　津	118	1	1	21540	3	1652
河　　北	139	4	3	72690	20	9732
山　　西	150	1	1	92619	5	1120
内 蒙 古	80	0	1	50656	2	260
辽　　宁	351	18	31	117603	32	13055
吉　　林	131	1	0	40881	9	3965
黑 龙 江	106	1	1	57448	18	11596
上　　海	63	7	1	5106	10	361
江　　苏	596	29	55	151355	37	73279
浙　　江	61	1	0	18374	16	4105
安　　徽	43	5	6	42744	9	2559
福　　建	102	2	18	14027	7	2290
江　　西	90	23	22	18046	9	3770
山　　东	1031	49	56	82162	16	3760
河　　南	140	1	2	30421	7	2829
湖　　北	397	4	7	61975	20	9081
湖　　南	136	1	0	64414	13	2772
广　　东	666	27	0	39805	6	2167
广　　西	113	5	4	31496	15	2908
海　　南	0	0	0	0	0	0
重　　庆	190	7	1	40420	3	284
四　　川	242	5	5	152187	17	6243
贵　　州	8	1	2	1501	7	1146
云　　南	59	3	2	14697	3	5320
西　　藏	3	0	1	412	2	109
陕　　西	61	1	1	17919	7	2563
甘　　肃	154	1	7	74258	3	1500
青　　海	6	0	0	626	0	0
宁　　夏	20	1	0	2617	0	0
新　　疆	42	0	0	2269	0	0
新疆生产建设兵团	34	0	2	805	2	741

2-5 续表 2

地 区	街道科协(社区科协)(个)	街道科协(社区科协)个人会员(人)	乡镇科协(个)	乡镇科协个人会员(人)	农技协(个)	#民政部门注册	农技协个人会员(人)	基层科普员(人)
合 计	**563**	**41138**	**710**	**34737**	**11575**	**4271**	**1505895**	**109237**
北 京	130	16957	140	7155	203	166	14907	20412
天 津	101	5219	71	1529	96	33	12862	4700
河 北	0	0	0	0	8	4	2420	2300
山 西	0	0	0	0	521	227	147318	3650
内 蒙 古	0	0	0	0	204	180	15574	300
辽 宁	0	0	0	0	894	93	67952	16328
吉 林	0	0	0	0	329	19	43799	23
黑 龙 江	0	0	0	0	1352	318	104064	2930
上 海	85	5155	95	5960	24	8	1507	1546
江 苏	0	0	0	0	172	172	21100	20720
浙 江	0	0	0	0	2	2	150	2377
安 徽	0	0	0	0	10	10	1227	226
福 建	0	0	0	0	10	9	1103	90
江 西	0	0	0	0	144	55	14087	2808
山 东	0	0	0	0	15	10	5921	2347
河 南	9	1250	11	250	509	353	107478	2125
湖 北	0	0	0	0	59	3	11090	50
湖 南	0	0	0	0	1109	351	132615	1030
广 东	5	25	51	1669	200	31	10819	903
广 西	1	80	0	0	699	444	21113	884
海 南	0	0	0	0	0	0	0	0
重 庆	232	12452	342	18174	961	751	123382	11060
四 川	0	0	0	0	62	9	8341	2656
贵 州	0	0	0	0	9	8	678	422
云 南	0	0	0	0	16	14	5036	396
西 藏	0	0	0	0	180	81	5290	954
陕 西	0	0	0	0	2	2	4071	4227
甘 肃	0	0	0	0	2431	295	163508	1151
青 海	0	0	0	0	9	1	51150	80
宁 夏	0	0	0	0	334	172	45434	1424
新 疆	0	0	0	0	703	283	289592	710
新疆生产建设兵团	0	0	0	0	308	167	72307	408

2-6 2014年各地区县级科协组织建设

地 区	机构数(个)	机关从业人员(人)	#女性从业人员	直属单位(个)	直属单位从业人员(人)	#女性从业人员	学会数(学会、协会、研究会)(个)
合 计	**2774**	**16551**	**5695**	**665**	**2681**	**1271**	**47740**
北 京	2	18	3	1	4	4	30
天 津	3	19	6	0	0	0	41
河 北	172	993	386	18	66	13	2196
山 西	119	892	407	23	104	47	2324
内蒙古	101	612	271	25	124	52	1467
辽 宁	100	470	181	17	45	21	1654
吉 林	60	318	113	42	304	165	1155
黑龙江	126	411	173	10	15	10	3142
上 海	1	6	4	1	10	3	28
江 苏	100	742	209	32	131	65	2676
浙 江	92	776	238	37	139	69	1975
安 徽	106	592	159	14	48	19	2374
福 建	84	442	122	39	139	79	1666
江 西	100	486	128	8	29	8	1720
山 东	137	981	255	42	145	55	2888
河 南	158	1327	507	71	354	195	3298
湖 北	104	688	206	66	233	129	1826
湖 南	124	802	260	44	204	78	2403
广 东	119	603	182	10	33	15	1431
广 西	110	610	173	22	76	24	1203
海 南	20	122	38	0	0	0	264
重 庆	17	119	23	7	18	10	310
四 川	181	904	293	25	67	32	3774
贵 州	87	533	180	35	107	38	1213
云 南	129	895	285	23	93	37	1467
西 藏	74	161	74	0	0	0	44
陕 西	107	695	274	7	35	17	1949
甘 肃	86	600	247	12	34	14	1775
青 海	39	188	67	13	46	22	395
宁 夏	23	108	38	4	11	4	382
新 疆	93	438	193	17	67	46	670

2-6 续表 1

地　区	企业科协(个)	#高新技术开发区科协	#技术经济开发区科协	企业科协个人会员(人)	高等院校科协(个)	高等院校科协个人会员(人)
合　计	**12288**	**405**	**800**	**1079618**	**43**	**7790**
北　京	0	0	0	0	0	0
天　津	3	1	0	315	0	0
河　北	344	0	19	35882	4	273
山　西	372	9	12	42296	1	8
内蒙古	185	6	13	25158	3	53
辽　宁	388	5	56	54426	2	500
吉　林	169	1	1	14636	0	0
黑龙江	306	10	16	52891	5	595
上　海	1	1	0	50	0	0
江　苏	2074	117	195	175500	7	2471
浙　江	1370	62	25	106790	1	55
安　徽	214	9	28	27407	0	0
福　建	1637	8	14	105892	1	80
江　西	169	3	18	9444	0	0
山　东	1572	58	145	119906	8	1432
河　南	514	12	35	28786	1	25
湖　北	673	54	73	51419	4	243
湖　南	407	6	16	47114	0	0
广　东	167	5	7	19263	1	22
广　西	117	2	2	17324	2	1500
海　南	0	0	0	0	0	0
重　庆	93	0	1	5853	0	0
四　川	587	12	41	70398	1	200
贵　州	133	0	14	11340	0	0
云　南	169	5	9	12309	1	150
西　藏	2	0	2	138	0	0
陕　西	240	8	19	24078	0	0
甘　肃	251	1	16	10056	0	0
青　海	5	1	1	797	0	0
宁　夏	68	5	9	6933	1	183
新　疆	58	4	13	3217	0	0

2-6 续表 2

地　　区	街道科协(社区科协)(个)	街道科协(社区科协)个人会员(人)	乡镇科协(个)	乡镇科协个人会员(人)	农技协(个)	#民政部门注　册	农技协个人会员(人)	基层科普员(人)
合　计	**10616**	**631025**	**29526**	**2089103**	**98028**	**34861**	**13067627**	**558156**
北　京	3	120	15	2300	101	101	6215	245
天　津	0	0	58	376	74	36	8791	1149
河　北	515	11441	1814	89102	3088	933	480682	11708
山　西	545	20620	1450	110679	4077	853	264555	16985
内蒙古	283	25991	597	20985	2922	1218	313984	6955
辽　宁	847	45802	965	116106	4777	1193	433002	12529
吉　林	412	15268	598	41436	2363	706	255346	5261
黑龙江	694	36116	757	67294	6048	1732	535092	7973
上　海	0	0	18	900	0	0	0	0
江　苏	827	81918	909	119957	5223	1783	637051	142112
浙　江	483	31032	894	66075	1962	338	124511	25823
安　徽	455	21227	1248	106995	3805	1863	849293	26112
福　建	173	10014	937	47740	2178	825	172232	19916
江　西	269	14690	1437	67287	2333	806	234091	8117
山　东	689	51878	1369	115810	8665	3721	1088370	62309
河　南	605	30500	1962	134270	7774	2439	880407	33183
湖　北	609	40667	941	65498	3505	1537	641733	30238
湖　南	491	48982	1918	215883	3155	1241	658820	23295
广　东	469	30297	968	60085	1190	300	112046	7444
广　西	111	4269	839	35347	2693	1446	673220	15263
海　南	49	1639	170	7114	347	200	26613	2531
重　庆	52	25777	488	120027	867	396	59822	5714
四　川	426	18125	3406	262165	10850	2788	2273215	23103
贵　州	166	10689	905	31385	2775	1154	265620	6798
云　南	276	13828	1096	39935	6600	2347	689652	10152
西　藏	0	0	0	0	83	63	5049	2672
陕　西	348	19128	1225	52548	4571	1747	451414	25405
甘　肃	312	10101	1529	57180	3621	1572	466698	10771
青　海	41	1466	171	10355	232	154	82689	1224
宁　夏	119	4576	178	5454	547	431	100080	4923
新　疆	347	4864	664	18815	1602	938	277334	8246

2-7 2014年各地区省级学会组织建设

地区	理事会理事(人)	#常务理事	#女性理事	专门工作委员会(个)	所属分科学会(个)
合计	**238714**	**88668**	**37124**	**10235**	**12873**
北京	10803	3863	2475	585	667
天津	7978	2349	1514	423	515
河北	10661	4091	2007	389	396
山西	11496	4337	1778	438	387
内蒙古	5186	1822	939	177	257
辽宁	8750	3089	1703	316	502
吉林	10109	3919	1941	372	467
黑龙江	3969	1656	814	126	185
上海	8467	2470	1500	700	1031
江苏	8858	3474	1191	460	591
浙江	9060	3420	1259	478	640
安徽	11892	4524	1504	423	356
福建	12069	4611	1751	315	511
江西	7595	2722	1095	218	396
山东	10715	3813	1401	383	676
河南	9736	3713	1318	411	539
湖北	9833	3283	1040	325	346
湖南	8911	3641	832	248	209
广东	12025	4597	1711	546	739
广西	7711	2921	1302	299	448
海南	2133	830	232	86	35
重庆	7380	2672	1142	358	532
四川	10368	3924	1370	540	639
贵州	4777	2002	774	249	249
云南	7879	2964	1408	345	349
西藏	1092	406	178	46	65
陕西	8026	3013	1168	418	454
甘肃	1491	537	153	94	87
青海	1539	678	207	92	120
宁夏	3301	1341	533	171	189
新疆	4904	1986	884	204	296

2-7 续表 1

地　区	学会个人会员(人)	#女性会员	#高级(资深)会员	#学生会员	#外籍会员	#港、澳、台会员	#交纳会费会员	#党员会员
合　计	**7122070**	**2623180**	**934942**	**186555**	**2991**	**799**	**1405069**	**961044**
北　京	240299	119232	53848	10132	63	39	118847	83962
天　津	155018	63474	22654	6423	18	11	39113	31022
河　北	186303	75586	30740	4352	1	0	42253	14980
山　西	784851	292586	20274	18837	23	4	19464	4251
内蒙古	79954	17042	12573	1630	1	0	8207	1789
辽　宁	329855	84257	12955	2985	1	0	42993	20651
吉　林	184528	522622	30135	4835	4	0	33801	185330
黑龙江	214003	80710	43944	4138	2434	0	5805	65094
上　海	242347	94936	39235	9660	122	180	143128	41449
江　苏	380417	158219	80275	15243	38	29	144385	32322
浙　江	219027	93102	27878	6340	32	20	76265	11975
安　徽	203289	61736	31861	16452	23	15	50061	50695
福　建	213194	84494	34878	14852	12	58	96006	36883
江　西	201308	73583	36082	2306	7	2	41722	37483
山　东	386393	84033	90974	7923	5	2	41989	37810
河　南	257477	83708	32808	2481	0	0	79526	79454
湖　北	152639	31013	21000	4318	38	15	14547	3168
湖　南	297193	46295	67811	4304	12	2	18859	6202
广　东	469411	131604	45549	7342	88	255	94176	34197
广　西	184276	63084	18015	5512	27	34	46751	2460
海　南	21599	8859	1871	1695	2	0	1564	230
重　庆	93947	38502	13799	5112	4	4	53028	37165
四　川	378872	82265	52923	10144	11	10	40999	7594
贵　州	81170	18507	8540	2109	1	0	5511	10065
云　南	181866	75586	35399	1472	6	116	57725	38263
西　藏	16428	6424	1394	111	0	0	15	1210
陕　西	790829	72617	51510	10959	6	3	53306	69747
甘　肃	20445	4989	3876	2437	0	0	1372	1416
青　海	27449	13371	1920	58	4	0	9253	1948
宁　夏	47020	9722	4429	789	0	0	8841	1444
新　疆	80663	31022	5792	1604	8	0	15557	10785

2-7 续表 2

地　区	学会从业人员(人)	#女性从业人员	#社会聘用人员	学会团体会员(个)
合　计	**20418**	**6710**	**4214**	**184357**
北　京	808	357	314	8121
天　津	1210	450	149	5670
河　北	533	182	138	8629
山　西	641	191	120	5941
内蒙古	800	158	48	3348
辽　宁	428	180	82	4595
吉　林	437	134	104	8409
黑龙江	955	97	35	1654
上　海	1174	461	420	15911
江　苏	1034	398	143	7010
浙　江	792	311	212	10321
安　徽	645	201	111	5359
福　建	670	232	225	10184
江　西	635	211	108	4599
山　东	632	231	133	6189
河　南	455	118	108	6412
湖　北	699	142	74	4806
湖　南	479	167	92	8479
广　东	908	431	379	13031
广　西	712	260	174	4818
海　南	271	14	78	1149
重　庆	497	183	126	6782
四　川	662	184	110	7171
贵　州	653	281	68	2050
云　南	726	259	219	10862
西　藏	312	75	2	878
陕　西	802	187	191	4054
甘　肃	319	70	19	846
青　海	123	47	26	631
宁　夏	973	315	78	2432
新　疆	433	147	128	4016

三、学术交流活动

简要说明

本篇统计资料为：

一、汇总数据，反映中国科协、地方科协和全国学会、省级学会开展的各类学术交流活动总体情况。

二、地方科协和省级学会统计数据，分别反映各省级科协及其所属学会、副省级城市、省会城市科协、地级科协、县级科协开展的各类学术交流活动。

三、统计指标，主要反映在中国境内开展的国内学术会议、国际学术会议、港澳台地区学术会议；按学术交流的内容主要分为：高端前沿学术会议、综合交叉学术会议、学术服务会议；还反映了各类学术会议的交流论文数量。

3-1 2014年各级科协学术交流活动汇总表

指标	科协合计		小计		中国科协机关及直属单位					
					高端前沿学术会议		综合交叉学术会议		学术服务会议	
	2013	2014	2013	2014	2013	2014	2013	2014	2013	2014
国内学术会议(次)	5895	5672	51	60	38	38	12	12	1	10
#学术年会	80	101	5	6	2	1	3	5	0	0
参加人数(人次)	840753	751429	12794	9933	2434	2575	9710	5910	650	1448
#企业科技工作者	241350	237996	15	300	15	50	0	250	0	0
交流论文(篇)	109155	101660	2444	1699	598	425	1743	1009	103	265
境内国际学术会议(次)	218	252	4	13	1	2	1	4	2	7
参加人数(人次)	62072	60075	5680	7936	800	1420	180	760	4700	5756
#企业科技工作者	23937	21044	875	681	795	0	80	681	0	0
#境外专家学者	8229	4185	3057	627	5	110	2	79	3050	438
交流论文(篇)	13304	8174	4515	2472	5	285	10	1	4500	2186
港澳台地区学术会议(次)	51	39	1	2	0	0	0	1	1	1
参加人数(人次)	16993	15327	140	420	0	0	0	220	140	200
#企业科技工作者	3458	3278	64	288	0	0	0	150	64	138
交流论文(篇)	1863	988	8	74	0	0	0	50	8	24

3-1 续表 1

指　　标	小计		省级科协					
			高端前沿学术会议		综合交叉学术会议		学术服务会议	
	2013	2014	2013	2014	2013	2014	2013	2014
国内学术会议(次)	431	425	113	151	157	182	161	92
#学术年会	31	31	7	7	13	13	11	11
参加人数(人次)	120668	112837	21034	27840	75210	61318	24424	23679
#企业科技工作者	16116	13482	3042	5785	7269	3477	5805	4220
交流论文(篇)	27602	20973	7286	4356	15880	15318	4436	1299
境内国际学术会议(次)	31	46	21	30	5	11	5	5
参加人数(人次)	8270	7819	5886	5858	1550	1401	834	560
#企业科技工作者	2425	2162	1223	1668	841	294	361	200
#境外专家学者	887	426	614	314	243	67	30	45
交流论文(篇)	952	1138	682	873	124	205	146	60
港澳台地区学术会议(次)	20	19	2	1	15	10	3	8
参加人数(人次)	3247	2021	1020	300	1631	849	596	872
#企业科技工作者	686	292	55	20	381	30	250	242
交流论文(篇)	981	655	195	160	563	176	223	319

3-1 续表 2

指 标	小计		副省级城市科协、省会城市科协					
			高端前沿学术会议		综合交叉学术会议		学术服务会议	
	2013	2014	2013	2014	2013	2014	2013	2014
国内学术会议(次)	1055	1149	102	197	260	300	693	652
#学术年会	2	7	1	0	1	5	0	2
参加人数(人次)	168045	183936	12620	27660	70285	73870	85140	82406
#企业科技工作者	49264	54601	3258	7448	17760	23805	28246	23348
交流论文(篇)	12462	14217	1776	3933	7343	6341	3343	3943
境内国际学术会议(次)	73	75	35	25	25	33	13	17
参加人数(人次)	17639	15555	8104	4605	6443	4530	3092	6420
#企业科技工作者	5173	5384	2746	1890	1294	1475	1133	2019
#境外专家学者	879	666	567	334	222	188	90	144
交流论文(篇)	2250	1241	1307	647	601	347	342	247
港澳台地区学术会议(次)	11	6	6	2	2	1	3	3
参加人数(人次)	1276	852	813	300	105	150	358	402
#企业科技工作者	441	500	410	180	0	100	31	220
交流论文(篇)	108	91	74	28	1	12	33	51

3-1　续表 3

指　　标	地级科协							
	小计		高端前沿学术会议		综合交叉学术会议		学术服务会议	
	2013	2014	2013	2014	2013	2014	2013	2014
国内学术会议(次)	2746	2703	216	326	1020	886	1510	1491
#学术年会	42	57	1	11	1	20	40	26
参加人数(人次)	387180	339300	50981	41015	140813	113819	195386	184466
#企业科技工作者	129144	127501	18472	14785	47261	45780	63411	66936
交流论文(篇)	43889	43539	4442	5099	19775	16673	19672	21767
境内国际学术会议(次)	67	72	29	38	28	19	10	15
参加人数(人次)	15272	15677	6884	9685	5783	3721	2605	2271
#企业科技工作者	9094	8261	5087	5315	2560	2020	1447	926
#境外专家学者	2581	1356	1202	956	1255	285	124	115
交流论文(篇)	4915	2744	1576	1393	2621	876	718	475
港澳台地区学术会议(次)	3	3	2	2	0	0	1	1
参加人数(人次)	1900	1600	1300	900	0	0	600	700
#企业科技工作者	120	150	120	150	0	0	0	0
交流论文(篇)	450	75	440	63	0	0	10	12

3-1 续表 4

指 标	小计		县级科协					
			高端前沿学术会议		综合交叉学术会议		学术服务会议	
	2013	2014	2013	2014	2013	2014	2013	2014
国内学术会议(次)	1612	1335	171	112	518	417	923	806
#学术年会	—	—	—	—	—	—	—	—
参加人数(人次)	152066	105423	20694	16982	41611	30802	89761	57639
#企业科技工作者	46811	42112	8876	7458	12004	11906	25931	22748
交流论文(篇)	22758	21232	2856	1244	9244	8391	10658	11597
境内国际学术会议(次)	43	46	24	17	12	14	7	15
参加人数(人次)	15211	13088	11125	7666	2171	2002	1915	3420
#企业科技工作者	6370	4556	2959	2534	1652	1556	1759	466
#境外专家学者	825	1110	731	803	80	274	14	33
交流论文(篇)	672	579	492	303	149	178	31	98
港澳台地区学术会议(次)	16	9	6	2	5	4	5	3
参加人数(人次)	10430	10434	10123	10001	258	287	49	146
#企业科技工作者	2147	2048	2069	2000	50	12	28	36
交流论文(篇)	316	93	272	51	39	38	5	4

3-2 2014年全国学会、省级学会学术交流活动汇总表

指标	学会合计		中国科协所属全国学会							
			小计		高端前沿学术会议		综合交叉学术会议		学术服务会议	
	2013	2014	2013	2014	2013	2014	2013	2014	2013	2014
国内学术会议(次)	18446	18681	3690	4018	1349	1573	1419	1498	922	947
#学术年会	1460	1818	1055	1228	341	552	456	445	258	231
参加人数(人次)	2817736	3148437	895596	1036843	303399	386143	390080	418732	202117	231968
#企业科技工作者	484870	562367	140731	169825	39683	63463	61579	65377	39469	40985
交流论文(篇)	695567	685741	305807	293188	96368	90099	135545	132215	73894	70874
境内国际学术会议(次)	1733	1600	558	555	302	345	181	144	75	66
参加人数(人次)	333452	372584	186191	202351	76197	138986	75580	33739	34414	29626
#企业科技工作者	88224	112583	50666	68992	13099	56712	33355	8087	4212	4193
#境外专家学者	39720	38490	28530	26531	12302	16106	11582	7267	4646	3158
交流论文(篇)	97219	98479	63170	64150	24621	36214	28247	18957	10302	8979
港澳台地区学术会议(次)	350	348	84	82	40	49	33	26	11	7
参加人数(人次)	39269	38224	8948	10817	3920	6056	3539	3824	1489	937
#企业科技工作者	7147	8602	1840	1822	610	693	742	887	488	242
交流论文(篇)	10655	11442	3026	4229	1663	1925	1092	2009	271	295

3-2 续表 1

指 标	小计		中国科协委托管理学会					
			高端前沿学术会议		综合交叉学术会议		学术服务会议	
	2013	2014	2013	2014	2013	2014	2013	2014
国内学术会议(次)	72	110	13	33	44	53	15	24
#学术年会	8	14	1	2	3	7	4	5
参加人数(人次)	9438	13365	1952	3203	5065	8451	2421	1711
#企业科技工作者	1689	2901	205	559	756	1592	728	750
交流论文(篇)	2222	3083	430	1006	1140	1902	652	175
境内国际学术会议(次)	5	17	5	13	0	3	0	1
参加人数(人次)	781	2554	781	1884	0	570	0	100
#企业科技工作者	22	348	22	308	0	40	0	0
#境外专家学者	60	343	60	301	0	42	0	0
交流论文(篇)	256	474	256	381	0	93	0	0
港澳台地区学术会议(次)	1	1	1	0	0	1	0	0
参加人数(人次)	300	300	300	0	0	300	0	0
#企业科技工作者	0	0	0	0	0	0	0	0
交流论文(篇)	50	50	50	0	0	50	0	0

3-2 续表 2

指标	小计		省级学会					
			高端前沿学术会议		综合交叉学术会议		学术服务会议	
	2013	2014	2013	2014	2013	2014	2013	2014
国内学术会议(次)	14684	14553	3793	4076	5515	5211	5376	5266
#学术年会	397	576	145	205	160	200	92	171
参加人数(人次)	1912702	2098229	563203	622253	700545	616929	648954	859047
#企业科技工作者	342450	389641	105969	120094	120014	137164	116467	132383
交流论文(篇)	387538	389470	125724	123743	145686	138005	116128	127722
境内国际学术会议(次)	1170	1028	583	591	379	255	208	182
参加人数(人次)	146480	167679	87198	97754	42984	40436	16298	29489
#企业科技工作者	37536	43243	19203	21599	13386	13909	4947	7735
#境外专家学者	11130	11616	7760	7666	2510	2631	860	1319
交流论文(篇)	33793	33855	20718	19584	8304	10056	4771	4215
港澳台地区学术会议(次)	265	265	112	126	94	89	59	50
参加人数(人次)	30021	27107	11619	14221	7549	7651	10853	5235
#企业科技工作者	5307	6780	2758	4307	1909	1988	640	485
交流论文(篇)	7579	7163	3372	3595	1312	2045	2895	1523

3-3 2014年各省级科协学术交流活动

地区	合计(次)	国内学术会议						
		高端前沿学术会议	综合交叉学术会议	学术服务会议	合计(次)	#学术年会		
						高端前沿学术会议	综合交叉学术会议	学术服务会议
合计	**425**	**151**	**182**	**92**	**31**	**7**	**13**	**11**
北京	2	0	2	0	0	0	0	0
天津	2	2	0	0	0	0	0	0
河北	3	1	1	1	0	0	0	0
山西	2	1	1	0	1	1	0	0
内蒙古	36	1	35	0	1	0	1	0
辽宁	2	0	0	2	1	0	0	1
吉林	26	22	1	3	1	0	1	0
黑龙江	7	1	5	1	1	0	1	0
上海	20	4	16	0	1	0	1	0
江苏	22	13	0	9	1	0	0	1
浙江	1	1	0	0	1	1	0	0
安徽	1	0	1	0	0	0	0	0
福建	3	0	2	1	1	0	1	0
江西	44	0	1	43	2	0	0	2
山东	24	15	5	4	5	0	4	1
河南	86	0	86	0	1	0	1	0
湖北	2	0	2	0	1	0	1	0
湖南	11	1	5	5	0	0	0	0
广东	7	0	1	6	0	0	0	0
广西	4	0	4	0	0	0	0	0
海南	0	0	0	0	0	0	0	0
重庆	21	21	0	0	10	4	0	6
四川	1	0	0	1	0	0	0	0
贵州	10	10	0	0	0	0	0	0
云南	0	0	0	0	0	0	0	0
西藏	1	1	0	0	1	1	0	0
陕西	2	0	1	1	0	0	0	0
甘肃	28	16	4	8	0	0	0	0
青海	13	4	4	5	0	0	0	0
宁夏	17	12	5	0	0	0	0	0
新疆	25	25	0	0	2	0	2	0
新疆生产建设兵团	2	0	0	2	0	0	0	0

3-3 续表 1

地区	国内学术会议参加人数							
	合计(人次)	高端前沿学术会议	综合交叉学术会议	学术服务会议	#企业科技工作者			
					合计(人次)	高端前沿学术会议	综合交叉学术会议	学术服务会议
合计	**112837**	**27840**	**61318**	**23679**	**13482**	**5785**	**3477**	**4220**
北京	200	0	200	0	0	0	0	0
天津	600	600	0	0	0	0	0	0
河北	238	60	140	38	50	0	50	0
山西	2060	2000	60	0	0	0	0	0
内蒙古	3120	120	3000	0	238	110	128	0
辽宁	2200	0	0	2200	200	0	0	200
吉林	1670	970	300	400	130	80	50	0
黑龙江	1940	230	1500	210	425	55	270	100
上海	30000	350	29650	0	0	0	0	0
江苏	1970	910	0	1060	620	230	0	390
浙江	3200	3200	0	0	450	450	0	0
安徽	200	0	200	0	10	0	10	0
福建	1580	0	1300	280	200	0	200	0
江西	6350	0	280	6070	450	0	100	350
山东	8758	5200	2898	660	3969	2150	1519	300
河南	12800	0	12800	0	0	0	0	0
湖北	890	0	890	0	0	0	0	0
湖南	1011	300	700	11	0	0	0	0
广东	1400	0	200	1200	0	0	0	0
广西	1900	0	1200	700	300	0	200	100
海南	0	0	0	0	0	0	0	0
重庆	14500	6900	0	7600	3770	1200	0	2570
四川	400	0	0	400	0	0	0	0
贵州	1500	1500	0	0	0	0	0	0
云南	0	0	0	0	0	0	0	0
西藏	500	500	0	0	60	60	0	0
陕西	300	0	200	100	0	0	0	0
甘肃	1600	800	400	400	180	50	50	80
青海	1650	200	1200	250	30	0	0	30
宁夏	5000	3500	1200	300	1800	1200	500	100
新疆	3500	500	3000	0	600	200	400	0
新疆生产建设兵团	1800	0	0	1800	0	0	0	0

3-3 续表 2

地 区	合 计 (篇)	国内学术会议交流论文		
		高端前沿学术会议	综合交叉学术会议	学术服务会议
合 计	**20973**	**4356**	**15318**	**1299**
北 京	20	0	20	0
天 津	100	100	0	0
河 北	27	5	10	12
山 西	75	60	15	0
内 蒙 古	1000	4	996	0
辽 宁	39	0	0	39
吉 林	394	95	289	10
黑 龙 江	900	210	600	90
上 海	2000	50	1950	0
江 苏	25	13	0	12
浙 江	1200	1200	0	0
安 徽	150	0	150	0
福 建	128	0	100	28
江 西	490	0	83	407
山 东	470	180	255	35
河 南	9620	0	9620	0
湖 北	150	0	150	0
湖 南	731	80	640	11
广 东	85	0	79	6
广 西	80	0	80	0
海 南	0	0	0	0
重 庆	1300	1300	0	0
四 川	232	0	0	232
贵 州	30	30	0	0
云 南	0	0	0	0
西 藏	46	46	0	0
陕 西	76	0	71	5
甘 肃	240	80	80	80
青 海	205	53	80	72
宁 夏	200	150	50	0
新 疆	700	700	0	0
新疆生产建设兵团	260	0	0	260

3-3 续表 3

地区	境内国际学术会议 合计(次)	境内国际学术会议 高端前沿学术会议	境内国际学术会议 综合交叉学术会议	境内国际学术会议 学术服务会议	境内国际学术会议交流论文 合计(篇)	境内国际学术会议交流论文 高端前沿学术会议	境内国际学术会议交流论文 综合交叉学术会议	境内国际学术会议交流论文 学术服务会议
合计	**46**	**30**	**11**	**5**	**1138**	**873**	**205**	**60**
北京	0	0	0	0	0	0	0	0
天津	1	1	0	0	40	40	0	0
河北	6	0	6	0	160	0	160	0
山西	1	0	1	0	1	0	1	0
内蒙古	0	0	0	0	0	0	0	0
辽宁	0	0	0	0	0	0	0	0
吉林	0	0	0	0	0	0	0	0
黑龙江	1	1	0	0	10	10	0	0
上海	3	3	0	0	33	33	0	0
江苏	0	0	0	0	0	0	0	0
浙江	3	3	0	0	48	48	0	0
安徽	0	0	0	0	0	0	0	0
福建	0	0	0	0	0	0	0	0
江西	2	0	0	2	10	0	0	10
山东	0	0	0	0	0	0	0	0
河南	0	0	0	0	0	0	0	0
湖北	5	2	2	1	163	120	40	3
湖南	0	0	0	0	0	0	0	0
广东	0	0	0	0	0	0	0	0
广西	1	1	0	0	5	5	0	0
海南	0	0	0	0	0	0	0	0
重庆	11	10	0	1	414	399	0	15
四川	0	0	0	0	0	0	0	0
贵州	1	0	0	1	32	0	0	32
云南	0	0	0	0	0	0	0	0
西藏	3	3	0	0	80	80	0	0
陕西	0	0	0	0	0	0	0	0
甘肃	0	0	0	0	0	0	0	0
青海	1	0	1	0	4	0	4	0
宁夏	5	5	0	0	60	60	0	0
新疆	2	1	1	0	78	78	0	0
新疆生产建设兵团	0	0	0	0	0	0	0	0

3-3 续表 4

地区	境内国际学术会议参加人数							
	合计(人次)	高端前沿学术会议	综合交叉学术会议	学术服务会议	#企业科技工作者			
					合计(人次)	高端前沿学术会议	综合交叉学术会议	学术服务会议
合计	**7819**	**5858**	**1401**	**560**	**2162**	**1668**	**294**	**200**
北京	0	0	0	0	0	0	0	0
天津	40	40	0	0	0	0	0	0
河北	600	0	600	0	0	0	0	0
山西	11	0	11	0	0	0	0	0
内蒙古	0	0	0	0	0	0	0	0
辽宁	0	0	0	0	0	0	0	0
吉林	0	0	0	0	0	0	0	0
黑龙江	150	150	0	0	100	100	0	0
上海	550	550	0	0	20	20	0	0
江苏	0	0	0	0	0	0	0	0
浙江	700	700	0	0	100	100	0	0
安徽	0	0	0	0	0	0	0	0
福建	0	0	0	0	0	0	0	0
江西	200	0	0	200	0	0	0	0
山东	0	0	0	0	0	0	0	0
河南	0	0	0	0	0	0	0	0
湖北	638	418	160	60	448	298	120	30
湖南	0	0	0	0	0	0	0	0
广东	0	0	0	0	0	0	0	0
广西	80	80	0	0	50	50	0	0
海南	0	0	0	0	0	0	0	0
重庆	3150	3050	0	100	920	900	0	20
四川	0	0	0	0	0	0	0	0
贵州	200	0	0	200	150	0	0	150
云南	0	0	0	0	0	0	0	0
西藏	500	500	0	0	120	120	0	0
陕西	0	0	0	0	0	0	0	0
甘肃	0	0	0	0	0	0	0	0
青海	300	0	300	0	54	0	54	0
宁夏	250	250	0	0	80	80	0	0
新疆	450	120	330	0	120	0	120	0
新疆生产建设兵团	0	0	0	0	0	0	0	0

3-3 续表 5

地 区	境内国际学术会议参加人数			
	合 计 (人次)	#境外专家学者		
		高端前沿学术会议	综合交叉学术会议	学术服务会 议
合 计	**426**	**314**	**67**	**45**
北 京	0	0	0	0
天 津	11	11	0	0
河 北	20	0	20	0
山 西	0	0	0	0
内 蒙 古	0	0	0	0
辽 宁	0	0	0	0
吉 林	0	0	0	0
黑 龙 江	50	50	0	0
上 海	15	15	0	0
江 苏	0	0	0	0
浙 江	33	33	0	0
安 徽	0	0	0	0
福 建	0	0	0	0
江 西	20	0	0	20
山 东	0	0	0	0
河 南	0	0	0	0
湖 北	0	0	0	0
湖 南	0	0	0	0
广 东	0	0	0	0
广 西	30	30	0	0
海 南	0	0	0	0
重 庆	145	130	0	15
四 川	0	0	0	0
贵 州	10	0	0	10
云 南	0	0	0	0
西 藏	0	0	0	0
陕 西	0	0	0	0
甘 肃	0	0	0	0
青 海	7	0	7	0
宁 夏	30	30	0	0
新 疆	55	15	40	0
新疆生产建设兵团	0	0	0	0

3-3 续表 6

地　区	港澳台地区学术会议				港澳台地区学术会议交流论文			
	合　计(次)	高端前沿学术会议	综合交叉学术会议	学术服务会　议	合　计(篇)	高端前沿学术会议	综合交叉学术会议	学术服务会　议
合　计	**19**	**1**	**10**	**8**	**655**	**160**	**176**	**319**
北　京	0	0	0	0	0	0	0	0
天　津	0	0	0	0	0	0	0	0
河　北	0	0	0	0	0	0	0	0
山　西	0	0	0	0	0	0	0	0
内蒙古	3	0	0	3	35	0	0	35
辽　宁	0	0	0	0	0	0	0	0
吉　林	0	0	0	0	0	0	0	0
黑龙江	0	0	0	0	0	0	0	0
上　海	0	0	0	0	0	0	0	0
江　苏	2	0	1	1	86	0	1	85
浙　江	1	1	0	0	160	160	0	0
安　徽	1	0	1	0	6	0	6	0
福　建	2	0	1	1	143	0	4	139
江　西	1	0	0	1	10	0	0	10
山　东	0	0	0	0	0	0	0	0
河　南	0	0	0	0	0	0	0	0
湖　北	3	0	1	2	126	0	76	50
湖　南	0	0	0	0	0	0	0	0
广　东	1	0	1	0	11	0	11	0
广　西	0	0	0	0	0	0	0	0
海　南	0	0	0	0	0	0	0	0
重　庆	0	0	0	0	0	0	0	0
四　川	0	0	0	0	0	0	0	0
贵　州	0	0	0	0	0	0	0	0
云　南	0	0	0	0	0	0	0	0
西　藏	0	0	0	0	0	0	0	0
陕　西	3	0	3	0	6	0	6	0
甘　肃	0	0	0	0	0	0	0	0
青　海	2	0	2	0	72	0	72	0
宁　夏	0	0	0	0	0	0	0	0
新　疆	0	0	0	0	0	0	0	0
新疆生产建设兵团	0	0	0	0	0	0	0	0

3-3 续表 7

地区	港澳台地区学术会议参加人数							
	合计(人次)	高端前沿学术会议	综合交叉学术会议	学术服务会议	#企业科技工作者			
					合计(人次)	高端前沿学术会议	综合交叉学术会议	学术服务会议
合计	**2021**	**300**	**849**	**872**	**292**	**20**	**30**	**242**
北京	0	0	0	0	0	0	0	0
天津	0	0	0	0	0	0	0	0
河北	0	0	0	0	0	0	0	0
山西	0	0	0	0	0	0	0	0
内蒙古	190	0	0	190	60	0	0	60
辽宁	0	0	0	0	0	0	0	0
吉林	0	0	0	0	0	0	0	0
黑龙江	0	0	0	0	0	0	0	0
上海	0	0	0	0	0	0	0	0
江苏	550	0	200	350	160	0	10	150
浙江	300	300	0	0	20	20	0	0
安徽	29	0	29	0	0	0	0	0
福建	500	0	300	200	0	0	0	0
江西	6	0	0	6	6	0	0	6
山东	0	0	0	0	0	0	0	0
河南	0	0	0	0	0	0	0	0
湖北	236	0	110	126	46	0	20	26
湖南	0	0	0	0	0	0	0	0
广东	20	0	20	0	0	0	0	0
广西	0	0	0	0	0	0	0	0
海南	0	0	0	0	0	0	0	0
重庆	0	0	0	0	0	0	0	0
四川	0	0	0	0	0	0	0	0
贵州	0	0	0	0	0	0	0	0
云南	0	0	0	0	0	0	0	0
西藏	0	0	0	0	0	0	0	0
陕西	16	0	16	0	0	0	0	0
甘肃	0	0	0	0	0	0	0	0
青海	174	0	174	0	0	0	0	0
宁夏	0	0	0	0	0	0	0	0
新疆	0	0	0	0	0	0	0	0
新疆生产建设兵团	0	0	0	0	0	0	0	0

3-4 2014年各副省级城市科协、省会城市科协学术交流活动

城市	国内学术会议							
	合计(次)	高端前沿学术会议	综合交叉学术会议	学术服务会议	#学术年会			
					合计(次)	高端前沿学术会议	综合交叉学术会议	学术服务会议
合计	**1149**	**197**	**300**	**652**	**7**	**0**	**5**	**2**
副省级城市小计	**782**	**172**	**250**	**360**	**5**	**0**	**4**	**1**
宁波*	34	3	5	26	1	0	1	0
厦门*	0	0	0	0	0	0	0	0
深圳*	21	12	6	3	0	0	0	0
青岛*	56	30	1	25	1	0	1	0
大连*	77	1	2	74	0	0	0	0
省会城市小计	**961**	**151**	**286**	**524**	**5**	**0**	**3**	**2**
石家庄	2	2	0	0	0	0	0	0
太原	1	0	1	0	0	0	0	0
呼和浩特	4	0	0	4	0	0	0	0
沈阳*	56	18	20	18	1	0	0	1
长春*	0	0	0	0	0	0	0	0
哈尔滨*	18	3	6	9	0	0	0	0
南京*	1	0	1	0	1	0	1	0
杭州*	217	33	49	135	0	0	0	0
合肥	6	0	2	4	0	0	0	0
福州	1	0	0	1	1	0	0	1
南昌	4	0	2	2	0	0	0	0
济南*	70	5	30	35	1	0	1	0
郑州	295	8	24	263	0	0	0	0
武汉*	50	24	17	9	0	0	0	0
长沙	1	0	1	0	1	0	1	0
广州*	0	0	0	0	0	0	0	0
南宁	0	0	0	0	0	0	0	0
海口	0	0	0	0	0	0	0	0
成都*	120	30	90	0	0	0	0	0
贵阳	35	15	20	0	0	0	0	0
昆明	0	0	0	0	0	0	0	0
拉萨	0	0	0	0	0	0	0	0
西安*	62	13	23	26	0	0	0	0
兰州	15	0	0	15	0	0	0	0
西宁	0	0	0	0	0	0	0	0
银川	0	0	0	0	0	0	0	0
乌鲁木齐	3	0	0	3	0	0	0	0

注：城市名称后带“*”的为副省级城市，包括省会城市中带“*”的。

3-4 续表 1

城市	国内学术会议参加人数 合计(人次)	高端前沿学术会议	综合交叉学术会议	学术服务会议	#企业科技工作者 合计(人次)	高端前沿学术会议	综合交叉学术会议	学术服务会议
合计	**183936**	**37660**	**73870**	**82406**	**54601**	**7448**	**23805**	**23348**
副省级城市小计	**141557**	**25200**	**67692**	**48665**	**45651**	**7288**	**21825**	**16538**
宁波*	4790	290	1900	2600	2010	200	295	1515
厦门*	0	0	0	0	0	0	0	0
深圳*	3100	1200	1000	900	0	0	0	0
青岛*	15600	3600	9000	3000	0	0	0	0
大连*	7700	400	1600	5700	2900	100	600	2200
省会城市小计	**152746**	**22170**	**60370**	**70206**	**49691**	**7148**	**22910**	**19633**
石家庄	600	600	0	0	0	0	0	0
太原	206	0	206	0	0	0	0	0
呼和浩特	350	0	0	350	0	0	0	0
沈阳*	20000	5000	8000	7000	8000	2000	2500	3500
长春*	0	0	0	0	0	0	0	0
哈尔滨*	4800	800	1000	3000	300	20	80	200
南京*	10000	0	10000	0	4000	0	4000	0
杭州*	22064	5010	6490	10564	7241	1558	1940	3743
合肥	480	0	120	360	50	0	20	30
福州	200	0	0	200	100	0	0	100
南昌	753	0	362	391	0	0	0	0
济南*	12000	500	5000	6500	3000	300	1200	1500
郑州	36000	1600	2650	31750	8000	160	1260	6580
武汉*	9003	5600	2902	501	1200	800	320	80
长沙	2300	0	2300	0	700	0	700	0
广州*	0	0	0	0	0	0	0	0
南宁	0	0	0	0	0	0	0	0
海口	0	0	0	0	0	0	0	0
成都*	11500	500	11000	0	3500	210	3290	0
贵阳	800	260	540	0	0	0	0	0
昆明	0	0	0	0	0	0	0	0
拉萨	0	0	0	0	0	0	0	0
西安*	21000	2300	9800	8900	13500	2100	7600	3800
兰州	320	0	0	320	100	0	0	100
西宁	0	0	0	0	0	0	0	0
银川	0	0	0	0	0	0	0	0
乌鲁木齐	370	0	0	370	0	0	0	0

3-4 续表 2

城市	合计(篇)	国内学术会议交流论文		
		高端前沿学术会议	综合交叉学术会议	学术服务会议
合计	**14217**	**3933**	**6341**	**3943**
副省级城市小计	**11868**	**3856**	**5431**	**2581**
宁波*	543	60	80	403
厦门*	0	0	0	0
深圳*	25	15	5	5
青岛*	2600	1400	1000	200
大连*	77	1	2	74
省会城市小计	**10972**	**2457**	**5254**	**3261**
石家庄	12	12	0	0
太原	125	0	125	0
呼和浩特	1	0	0	1
沈阳*	1200	500	400	300
长春*	0	0	0	0
哈尔滨*	260	20	80	160
南京*	500	0	500	0
杭州*	1490	520	200	770
合肥	530	0	80	450
福州	195	0	0	195
南昌	42	0	23	19
济南*	800	100	300	400
郑州	410	55	200	155
武汉*	1601	1000	501	100
长沙	432	0	432	0
广州*	0	0	0	0
南宁	0	0	0	0
海口	0	0	0	0
成都*	2300	120	2180	0
贵阳	60	10	50	0
昆明	0	0	0	0
拉萨	0	0	0	0
西安*	472	120	183	169
兰州	540	0	0	540
西宁	0	0	0	0
银川	1	0	0	1
乌鲁木齐	1	0	0	1

注：城市名称后带“*”的为副省级城市，包括省会城市中带“*”的。

3-4 续表 3

城市	境内国际学术会议 合计（次）	高端前沿学术会议	综合交叉学术会议	学术服务会议	境内国际学术会议交流论文 合计（篇）	高端前沿学术会议	综合交叉学术会议	学术服务会议
合计	**75**	**25**	**33**	**17**	**1241**	**647**	**347**	**247**
副省级城市小计	**70**	**25**	**32**	**13**	**1178**	**647**	**314**	**217**
宁波*	12	2	4	6	310	50	100	160
厦门*	0	0	0	0	0	0	0	0
深圳*	7	3	2	2	3	1	1	1
青岛*	1	1	0	0	150	150	0	0
大连*	0	0	0	0	0	0	0	0
省会城市小计	**55**	**19**	**27**	**9**	**778**	**446**	**246**	**86**
石家庄	0	0	0	0	0	0	0	0
太原	0	0	0	0	0	0	0	0
呼和浩特	0	0	0	0	0	0	0	0
沈阳*	12	6	4	2	300	150	100	50
长春*	0	0	0	0	0	0	0	0
哈尔滨*	0	0	0	0	0	0	0	0
南京*	0	0	0	0	0	0	0	0
杭州*	7	5	2	0	335	240	95	0
合肥	0	0	0	0	0	0	0	0
福州	0	0	0	0	0	0	0	0
南昌	0	0	0	0	0	0	0	0
济南*	3	1	1	1	10	1	3	6
郑州	4	0	0	4	30	0	0	30
武汉*	2	2	0	0	18	18	0	0
长沙	0	0	0	0	0	0	0	0
广州*	0	0	0	0	0	0	0	0
南宁	1	0	1	0	33	0	33	0
海口	0	0	0	0	0	0	0	0
成都*	22	3	19	0	20	5	15	0
贵阳	0	0	0	0	0	0	0	0
昆明	0	0	0	0	0	0	0	0
拉萨	0	0	0	0	0	0	0	0
西安*	4	2	0	2	32	32	0	0
兰州	0	0	0	0	0	0	0	0
西宁	0	0	0	0	0	0	0	0
银川	0	0	0	0	0	0	0	0
乌鲁木齐	0	0	0	0	0	0	0	0

3-4 续表 4

城　　市	合　计 (人次)	境内国际学术会议参加人数		
		高端前沿 学术会议	综合交叉 学术会议	学术服务 会　　议
合　　计	**15555**	**4605**	**4530**	**6420**
副省级城市小计	**11255**	**4605**	**2900**	**3750**
宁　　波*	3150	500	1000	1650
厦　　门*	0	0	0	0
深　　圳*	1400	600	400	400
青　　岛*	700	700	0	0
大　　连*	0	0	0	0
省会城市小计	**10305**	**2805**	**3130**	**4370**
石 家 庄	0	0	0	0
太　　原	0	0	0	0
呼和浩特	0	0	0	0
沈　　阳*	2500	900	800	800
长　　春*	0	0	0	0
哈 尔 滨*	0	0	0	0
南　　京*	0	0	0	0
杭　　州*	1480	1050	430	0
合　　肥	0	0	0	0
福　　州	0	0	0	0
南　　昌	0	0	0	0
济　　南*	600	150	250	200
郑　　州	2670	0	0	2670
武　　汉*	500	500	0	0
长　　沙	0	0	0	0
广　　州*	0	0	0	0
南　　宁	1630	0	1630	0
海　　口	0	0	0	0
成　　都*	25	5	20	0
贵　　阳	0	0	0	0
昆　　明	0	0	0	0
拉　　萨	0	0	0	0
西　　安*	900	200	0	700
兰　　州	0	0	0	0
西　　宁	0	0	0	0
银　　川	0	0	0	0
乌鲁木齐	0	0	0	0

注：城市名称后带“*”的为副省级城市，包括省会城市中带“*”的。

3-4 续表 5

城市	境内国际学术会议参加人数							
	合计(人次)	#企业科技工作者			合计(人次)	#境外专家学者		
		高端前沿学术会议	综合交叉学术会议	学术服务会议		高端前沿学术会议	综合交叉学术会议	学术服务会议
合计	**5384**	**1890**	**1475**	**2019**	**666**	**334**	**188**	**144**
副省级城市小计	**4994**	**1890**	**1395**	**1709**	**657**	**334**	**184**	**139**
宁波*	1569	260	500	809	179	35	63	81
厦门*	0	0	0	0	0	0	0	0
深圳*	1400	600	400	400	3	1	1	1
青岛*	300	300	0	0	80	80	0	0
大连*	0	0	0	0	0	0	0	0
省会城市小计	**2115**	**730**	**575**	**810**	**404**	**218**	**124**	**62**
石家庄	0	0	0	0	0	0	0	0
太原	0	0	0	0	0	0	0	0
呼和浩特	0	0	0	0	0	0	0	0
沈阳*	1000	300	300	400	200	80	70	50
长春*	0	0	0	0	0	0	0	0
哈尔滨*	0	0	0	0	0	0	0	0
南京*	0	0	0	0	0	0	0	0
杭州*	285	200	85	0	110	76	34	0
合肥	0	0	0	0	0	0	0	0
福州	0	0	0	0	0	0	0	0
南昌	0	0	0	0	0	0	0	0
济南*	300	100	100	100	10	5	2	3
郑州	310	0	0	310	5	0	0	5
武汉*	120	120	0	0	32	32	0	0
长沙	0	0	0	0	0	0	0	0
广州*	0	0	0	0	0	0	0	0
南宁	80	0	80	0	4	0	4	0
海口	0	0	0	0	0	0	0	0
成都*	20	10	10	0	20	6	14	0
贵阳	0	0	0	0	0	0	0	0
昆明	0	0	0	0	0	0	0	0
拉萨	0	0	0	0	0	0	0	0
西安*	0	0	0	0	23	19	0	4
兰州	0	0	0	0	0	0	0	0
西宁	0	0	0	0	0	0	0	0
银川	0	0	0	0	0	0	0	0
乌鲁木齐	0	0	0	0	0	0	0	0

3-4 续表 6

城　　市	港澳台地区学术会议				港澳台地区学术会议交流论文			
	合　计(次)	高端前沿学术会议	综合交叉学术会议	学术服务会　　议	合　计(篇)	高端前沿学术会议	综合交叉学术会议	学术服务会　　议
合　　计	**6**	**2**	**1**	**3**	**91**	**28**	**12**	**51**
副省级城市小计	**5**	**2**	**1**	**2**	**90**	**28**	**12**	**50**
宁　　波*	2	0	0	2	50	0	0	50
厦　　门*	0	0	0	0	0	0	0	0
深　　圳*	0	0	0	0	0	0	0	0
青　　岛*	0	0	0	0	0	0	0	0
大　　连*	0	0	0	0	0	0	0	0
省会城市小计	**4**	**2**	**1**	**1**	**41**	**28**	**12**	**1**
石 家 庄	0	0	0	0	0	0	0	0
太　　原	0	0	0	0	0	0	0	0
呼和浩特	0	0	0	0	0	0	0	0
沈　　阳*	0	0	0	0	0	0	0	0
长　　春*	0	0	0	0	0	0	0	0
哈 尔 滨*	0	0	0	0	0	0	0	0
南　　京*	0	0	0	0	0	0	0	0
杭　　州*	1	1	0	0	10	10	0	0
合　　肥	0	0	0	0	0	0	0	0
福　　州	0	0	0	0	0	0	0	0
南　　昌	0	0	0	0	0	0	0	0
济　　南*	0	0	0	0	0	0	0	0
郑　　州	0	0	0	0	0	0	0	0
武　　汉*	0	0	0	0	0	0	0	0
长　　沙	0	0	0	0	0	0	0	0
广　　州*	2	1	1	0	30	18	12	0
南　　宁	0	0	0	0	0	0	0	0
海　　口	0	0	0	0	0	0	0	0
成　　都*	0	0	0	0	0	0	0	0
贵　　阳	0	0	0	0	0	0	0	0
昆　　明	0	0	0	0	0	0	0	0
拉　　萨	0	0	0	0	0	0	0	0
西　　安*	0	0	0	0	0	0	0	0
兰　　州	0	0	0	0	0	0	0	0
西　　宁	0	0	0	0	0	0	0	0
银　　川	1	0	0	1	1	0	0	1
乌鲁木齐	0	0	0	0	0	0	0	0

注：城市名称后带“*”的为副省级城市，包括省会城市中带“*”的。

3-4 续表 7

城市	港澳台地区学术会议参加人数 合计(人次)	高端前沿学术会议	综合交叉学术会议	学术服务会议	#企业科技工作者 合计(人次)	高端前沿学术会议	综合交叉学术会议	学术服务会议
合计	**852**	**300**	**150**	**402**	**500**	**180**	**100**	**220**
副省级城市小计	**600**	**300**	**150**	**400**	**500**	**180**	**100**	**220**
宁波*	400	0	0	400	220	0	0	220
厦门*	0	0	0	0	0	0	0	0
深圳*	0	0	0	0	0	0	0	0
青岛*	0	0	0	0	0	0	0	0
大连*	0	0	0	0	0	0	0	0
省会城市小计	**452**	**300**	**150**	**2**	**280**	**180**	**100**	**0**
石家庄	0	0	0	0	0	0	0	0
太原	0	0	0	0	0	0	0	0
呼和浩特	0	0	0	0	0	0	0	0
沈阳*	0	0	0	0	0	0	0	0
长春*	0	0	0	0	0	0	0	0
哈尔滨*	0	0	0	0	0	0	0	0
南京*	0	0	0	0	0	0	0	0
杭州*	100	100	0	0	30	30	0	0
合肥	0	0	0	0	0	0	0	0
福州	0	0	0	0	0	0	0	0
南昌	0	0	0	0	0	0	0	0
济南*	0	0	0	0	0	0	0	0
郑州	0	0	0	0	0	0	0	0
武汉*	0	0	0	0	0	0	0	0
长沙	0	0	0	0	0	0	0	0
广州*	350	200	150	0	250	150	100	0
南宁	0	0	0	0	0	0	0	0
海口	0	0	0	0	0	0	0	0
成都*	0	0	0	0	0	0	0	0
贵阳	0	0	0	0	0	0	0	0
昆明	0	0	0	0	0	0	0	0
拉萨	0	0	0	0	0	0	0	0
西安*	0	0	0	0	0	0	0	0
兰州	0	0	0	0	0	0	0	0
西宁	0	0	0	0	0	0	0	0
银川	2	0	0	2	0	0	0	0
乌鲁木齐	0	0	0	0	0	0	0	0

3-5 2014年各地区地级科协学术交流活动

地区	国内学术会议 合计(次)	高端前沿学术会议	综合交叉学术会议	学术服务会议	#学术年会 合计(次)	#学术年会 高端前沿学术会议	#学术年会 综合交叉学术会议	#学术年会 学术服务会议
合计	**2703**	**326**	**886**	**1491**	**57**	**11**	**20**	**26**
北京	32	0	0	32	0	0	0	0
天津	4	2	1	1	0	0	0	0
河北	275	2	135	138	4	0	1	3
山西	21	2	17	2	0	0	0	0
内蒙古	41	0	8	33	5	0	2	3
辽宁	79	3	33	43	3	1	2	0
吉林	6	0	3	3	0	0	0	0
黑龙江	176	4	45	127	2	0	1	1
上海	241	51	44	146	7	1	2	4
江苏	461	165	116	180	7	6	0	1
浙江	86	6	14	66	0	0	0	0
安徽	58	0	14	44	1	0	0	1
福建	18	0	13	5	6	0	4	2
江西	57	3	19	35	1	0	0	1
山东	123	13	39	71	2	1	1	0
河南	296	9	148	139	2	0	1	1
湖北	174	6	70	98	0	0	0	0
湖南	114	14	50	50	5	0	1	4
广东	186	31	11	144	0	0	0	0
广西	0	0	0	0	0	0	0	0
海南	0	0	0	0	0	0	0	0
重庆	137	5	51	81	0	0	0	0
四川	40	2	27	11	0	0	0	0
贵州	17	0	3	14	0	0	0	0
云南	1	0	0	1	0	0	0	0
西藏	3	2	0	1	1	1	0	0
陕西	8	0	4	4	3	0	2	1
甘肃	29	5	14	10	4	1	1	2
青海	2	0	0	2	0	0	0	0
宁夏	2	0	0	2	1	0	0	1
新疆	6	0	6	0	2	0	2	0
新疆生产建设兵团	10	1	1	8	1	0	0	1

3-5 续表 1

地区	国内学术会议参加人数							
	合计(人次)	高端前沿学术会议	综合交叉学术会议	学术服务会议	#企业科技工作者			
					合计(人次)	高端前沿学术会议	综合交叉学术会议	学术服务会议
合计	**339300**	**41015**	**113819**	**184466**	**127501**	**14785**	**45780**	**66936**
北京	626	0	0	626	385	0	0	385
天津	600	200	200	200	300	100	100	100
河北	33538	390	16055	17093	11011	65	4975	5971
山西	881	1	800	80	170	0	160	10
内蒙古	3707	0	1182	2525	126	0	41	85
辽宁	19600	1430	7370	10800	10800	1020	4290	5490
吉林	244	0	180	64	4	0	0	4
黑龙江	12054	42	5308	6704	4235	14	1961	2260
上海	41557	7796	12671	21090	24261	3507	11763	8991
江苏	57434	16886	13386	27162	16750	6310	3516	6924
浙江	7925	853	1071	6001	1488	154	348	986
安徽	8998	0	3808	5190	2887	0	1339	1548
福建	2310	0	1290	1020	492	0	232	260
江西	8606	566	1930	6110	3759	223	1320	2216
山东	18618	3000	5643	9975	6368	922	1592	3854
河南	36944	950	18371	17623	13415	585	7249	5581
湖北	15620	1200	6220	8200	9100	600	1750	6750
湖南	12431	2050	5393	4988	1702	0	761	941
广东	24772	4110	2150	18512	6798	1128	950	4720
广西	0	0	0	0	0	0	0	0
海南	0	0	0	0	0	0	0	0
重庆	18987	500	4055	14432	9596	100	1133	8363
四川	3849	66	2948	835	2372	25	1758	589
贵州	1602	0	650	952	218	0	70	148
云南	90	0	0	90	15	0	0	15
西藏	220	20	0	200	150	0	0	150
陕西	2366	0	407	1959	620	0	109	511
甘肃	3171	155	2574	442	443	32	358	53
青海	165	0	0	165	0	0	0	0
宁夏	5	0	0	5	0	0	0	0
新疆	116	0	116	0	0	0	0	0
新疆生产建设兵团	2264	800	41	1423	36	0	5	31

3-5 续表 2

地　　区	合　计 (篇)	国内学术会议交流论文		
		高端前沿 学术会议	综合交叉 学术会议	学术服务 会　　议
合　　计	**43539**	**5099**	**16673**	**21767**
北　　京	302	0	0	302
天　　津	500	200	150	150
河　　北	2879	180	1279	1420
山　　西	146	1	125	20
内 蒙 古	481	0	196	285
辽　　宁	2418	320	1258	840
吉　　林	22	0	8	14
黑 龙 江	1275	30	672	573
上　　海	1640	458	684	498
江　　苏	6687	2912	2244	1531
浙　　江	1941	28	57	1856
安　　徽	906	0	240	666
福　　建	1274	0	1012	262
江　　西	1159	58	320	781
山　　东	3230	185	965	2080
河　　南	6149	76	2166	3907
湖　　北	5489	300	2469	2720
湖　　南	1756	68	963	725
广　　东	799	75	133	591
广　　西	0	0	0	0
海　　南	0	0	0	0
重　　庆	1922	50	423	1449
四　　川	897	58	686	153
贵　　州	229	0	167	62
云　　南	5	0	0	5
西　　藏	7	5	0	2
陕　　西	349	0	170	179
甘　　肃	680	82	220	378
青　　海	82	0	0	82
宁　　夏	2	0	0	2
新　　疆	51	0	51	0
新疆生产建设兵团	262	13	15	234

3-5 续表 3

地区	境内国际学术会议 合计（次）	境内国际学术会议 高端前沿学术会议	境内国际学术会议 综合交叉学术会议	境内国际学术会议 学术服务会议	境内国际学术会议交流论文 合计（篇）	境内国际学术会议交流论文 高端前沿学术会议	境内国际学术会议交流论文 综合交叉学术会议	境内国际学术会议交流论文 学术服务会议
合计	**72**	**38**	**19**	**15**	**2744**	**1393**	**876**	**475**
北京	0	0	0	0	0	0	0	0
天津	1	1	0	0	20	20	0	0
河北	2	1	1	0	60	10	50	0
山西	0	0	0	0	0	0	0	0
内蒙古	2	0	0	2	30	0	0	30
辽宁	2	0	0	2	240	0	0	240
吉林	2	0	0	2	4	0	0	4
黑龙江	2	0	0	2	1	0	0	1
上海	17	7	7	3	385	284	46	55
江苏	24	20	3	1	826	716	105	5
浙江	0	0	0	0	0	0	0	0
安徽	1	1	0	0	5	5	0	0
福建	0	0	0	0	0	0	0	0
江西	0	0	0	0	0	0	0	0
山东	2	1	1	0	571	1	570	0
河南	3	0	3	0	3	0	3	0
湖北	6	1	2	3	300	60	100	140
湖南	0	0	0	0	0	0	0	0
广东	2	2	0	0	201	201	0	0
广西	1	1	0	0	25	25	0	0
海南	0	0	0	0	0	0	0	0
重庆	1	1	0	0	10	10	0	0
四川	0	0	0	0	0	0	0	0
贵州	0	0	0	0	0	0	0	0
云南	0	0	0	0	0	0	0	0
西藏	0	0	0	0	0	0	0	0
陕西	0	0	0	0	0	0	0	0
甘肃	1	1	0	0	1	1	0	0
青海	0	0	0	0	0	0	0	0
宁夏	0	0	0	0	0	0	0	0
新疆	3	1	2	0	62	60	2	0
新疆生产建设兵团	0	0	0	0	0	0	0	0

3-5 续表 4

地 区	合 计（人次）	境内国际学术会议参加人数		
		高端前沿学术会议	综合交叉学术会议	学术服务会 议
合 计	**15677**	**9685**	**3721**	**2271**
北 京	0	0	0	0
天 津	140	140	0	0
河 北	600	300	300	0
山 西	0	0	0	0
内蒙古	12	0	0	12
辽 宁	300	0	0	300
吉 林	4	0	0	4
黑龙江	5	0	0	5
上 海	4690	3140	900	650
江 苏	5266	3866	1000	400
浙 江	0	0	0	0
安 徽	8	8	0	0
福 建	0	0	0	0
江 西	0	0	0	0
山 东	1040	150	890	0
河 南	2	0	2	0
湖 北	1800	280	620	900
湖 南	0	0	0	0
广 东	340	340	0	0
广 西	240	240	0	0
海 南	0	0	0	0
重 庆	20	20	0	0
四 川	0	0	0	0
贵 州	0	0	0	0
云 南	0	0	0	0
西 藏	0	0	0	0
陕 西	0	0	0	0
甘 肃	1	1	0	0
青 海	0	0	0	0
宁 夏	0	0	0	0
新 疆	1209	1200	9	0
新疆生产建设兵团	0	0	0	0

3-5 续表 5

地区	境内国际学术会议参加人数							
	合计(人次)	#企业科技工作者			合计(人次)	#境外专家学者		
		高端前沿学术会议	综合交叉学术会议	学术服务会议		高端前沿学术会议	综合交叉学术会议	学术服务会议
合计	**8261**	**5315**	**2020**	**926**	**1356**	**956**	**285**	**115**
北京	0	0	0	0	0	0	0	0
天津	130	130	0	0	10	10	0	0
河北	80	60	20	0	35	30	5	0
山西	0	0	0	0	0	0	0	0
内蒙古	0	0	0	0	0	0	0	0
辽宁	90	0	0	90	20	0	0	20
吉林	4	0	0	4	0	0	0	0
黑龙江	2	0	0	2	0	0	0	0
上海	3970	2800	640	530	417	300	72	45
江苏	1744	1284	360	100	659	539	100	20
浙江	0	0	0	0	0	0	0	0
安徽	5	5	0	0	0	0	0	0
福建	0	0	0	0	0	0	0	0
江西	0	0	0	0	0	0	0	0
山东	800	0	800	0	93	3	90	0
河南	0	0	0	0	0	0	0	0
湖北	500	100	200	200	60	12	18	30
湖南	0	0	0	0	0	0	0	0
广东	130	130	0	0	14	14	0	0
广西	205	205	0	0	32	32	0	0
海南	0	0	0	0	0	0	0	0
重庆	0	0	0	0	2	2	0	0
四川	0	0	0	0	0	0	0	0
贵州	0	0	0	0	0	0	0	0
云南	0	0	0	0	0	0	0	0
西藏	0	0	0	0	0	0	0	0
陕西	0	0	0	0	0	0	0	0
甘肃	1	1	0	0	0	0	0	0
青海	0	0	0	0	0	0	0	0
宁夏	0	0	0	0	0	0	0	0
新疆	600	600	0	0	14	14	0	0
新疆生产建设兵团	0	0	0	0	0	0	0	0

3-5 续表 6

地 区	合 计(次)	港澳台地区学术会议			合 计(篇)	港澳台地区学术会议交流论文		
		高端前沿学术会议	综合交叉学术会议	学术服务会 议		高端前沿学术会议	综合交叉学术会议	学术服务会 议
合 计	**3**	**2**	**0**	**1**	**75**	**63**	**0**	**12**
北 京	0	0	0	0	0	0	0	0
天 津	0	0	0	0	0	0	0	0
河 北	0	0	0	0	0	0	0	0
山 西	0	0	0	0	0	0	0	0
内 蒙 古	0	0	0	0	0	0	0	0
辽 宁	0	0	0	0	0	0	0	0
吉 林	0	0	0	0	0	0	0	0
黑 龙 江	0	0	0	0	0	0	0	0
上 海	0	0	0	0	0	0	0	0
江 苏	1	1	0	0	52	52	0	0
浙 江	0	0	0	0	0	0	0	0
安 徽	0	0	0	0	0	0	0	0
福 建	0	0	0	0	0	0	0	0
江 西	0	0	0	0	0	0	0	0
山 东	0	0	0	0	0	0	0	0
河 南	0	0	0	0	0	0	0	0
湖 北	0	0	0	0	0	0	0	0
湖 南	0	0	0	0	0	0	0	0
广 东	0	0	0	0	0	0	0	0
广 西	0	0	0	0	0	0	0	0
海 南	0	0	0	0	0	0	0	0
重 庆	0	0	0	0	0	0	0	0
四 川	0	0	0	0	0	0	0	0
贵 州	0	0	0	0	0	0	0	0
云 南	0	0	0	0	0	0	0	0
西 藏	0	0	0	0	0	0	0	0
陕 西	0	0	0	0	0	0	0	0
甘 肃	0	0	0	0	0	0	0	0
青 海	0	0	0	0	0	0	0	0
宁 夏	0	0	0	0	0	0	0	0
新 疆	0	0	0	0	0	0	0	0
新疆生产建设兵团	2	1	0	1	23	11	0	12

3-5 续表 7

地区	港澳台地区学术会议参加人数							
	合计(人次)	高端前沿学术会议	综合交叉学术会议	学术服务会议	#企业科技工作者			
					合计(人次)	高端前沿学术会议	综合交叉学术会议	学术服务会议
合计	**1600**	**900**	**0**	**700**	**150**	**150**	**0**	**0**
北京	0	0	0	0	0	0	0	0
天津	0	0	0	0	0	0	0	0
河北	0	0	0	0	0	0	0	0
山西	0	0	0	0	0	0	0	0
内蒙古	0	0	0	0	0	0	0	0
辽宁	0	0	0	0	0	0	0	0
吉林	0	0	0	0	0	0	0	0
黑龙江	0	0	0	0	0	0	0	0
上海	0	0	0	0	0	0	0	0
江苏	300	300	0	0	150	150	0	0
浙江	0	0	0	0	0	0	0	0
安徽	0	0	0	0	0	0	0	0
福建	0	0	0	0	0	0	0	0
江西	0	0	0	0	0	0	0	0
山东	0	0	0	0	0	0	0	0
河南	0	0	0	0	0	0	0	0
湖北	0	0	0	0	0	0	0	0
湖南	0	0	0	0	0	0	0	0
广东	0	0	0	0	0	0	0	0
广西	0	0	0	0	0	0	0	0
海南	0	0	0	0	0	0	0	0
重庆	0	0	0	0	0	0	0	0
四川	0	0	0	0	0	0	0	0
贵州	0	0	0	0	0	0	0	0
云南	0	0	0	0	0	0	0	0
西藏	0	0	0	0	0	0	0	0
陕西	0	0	0	0	0	0	0	0
甘肃	0	0	0	0	0	0	0	0
青海	0	0	0	0	0	0	0	0
宁夏	0	0	0	0	0	0	0	0
新疆	0	0	0	0	0	0	0	0
新疆生产建设兵团	1300	600	0	700	0	0	0	0

3-6　2014年各地区县级科协学术交流活动

地　区	合　计（次）	国内学术会议		
		高端前沿学术会议	综合交叉学术会议	学术服务会　议
合　计	**1335**	**112**	**417**	**806**
北　京	2	0	1	1
天　津	0	0	0	0
河　北	8	0	7	1
山　西	2	1	0	1
内蒙古	4	0	1	3
辽　宁	2	0	1	1
吉　林	2	0	0	2
黑龙江	41	0	28	13
上　海	56	0	0	56
江　苏	571	48	169	354
浙　江	134	36	43	55
安　徽	12	0	4	8
福　建	26	0	7	19
江　西	23	2	5	16
山　东	55	5	17	33
河　南	21	0	6	15
湖　北	132	7	54	71
湖　南	82	4	24	54
广　东	23	3	12	8
广　西	0	0	0	0
海　南	0	0	0	0
重　庆	1	0	1	0
四　川	29	4	7	18
贵　州	4	0	2	2
云　南	0	0	0	0
西　藏	0	0	0	0
陕　西	7	0	4	3
甘　肃	93	2	23	68
青　海	2	0	0	2
宁　夏	1	0	1	0
新　疆	2	0	0	2

3-6 续表 1

地区	国内学术会议参加人数							
	合计(人次)	高端前沿学术会议	综合交叉学术会议	学术服务会议	#企业科技工作者			
					合计(人次)	高端前沿学术会议	综合交叉学术会议	学术服务会议
合计	**105423**	**16982**	**30802**	**57639**	**42112**	**7458**	**11906**	**22748**
北京	120	0	60	60	0	0	0	0
天津	0	0	0	0	0	0	0	0
河北	953	0	453	500	102	0	52	50
山西	222	210	0	12	63	58	0	5
内蒙古	220	0	170	50	121	0	105	16
辽宁	560	0	100	460	470	0	50	420
吉林	200	0	0	200	0	0	0	0
黑龙江	1195	0	398	797	154	0	30	124
上海	4500	0	0	4500	1420	0	0	1420
江苏	31715	6130	10239	15346	18101	2488	4225	11388
浙江	13564	4488	3499	5577	7019	3092	1916	2011
安徽	1307	0	540	767	527	0	82	445
福建	1912	0	595	1317	616	0	177	439
江西	2042	150	469	1423	494	50	101	343
山东	6483	795	1499	4189	1879	246	695	938
河南	195	0	85	110	42	0	10	32
湖北	13605	453	5496	7656	2709	116	1345	1248
湖南	4193	17	1029	3147	1311	8	408	895
广东	13974	4500	4820	4654	5058	1400	2150	1508
广西	0	0	0	0	0	0	0	0
海南	0	0	0	0	0	0	0	0
重庆	32	0	32	0	0	0	0	0
四川	2339	3	100	2236	77	0	12	65
贵州	1651	0	320	1331	495	0	210	285
云南	0	0	0	0	0	0	0	0
西藏	0	0	0	0	0	0	0	0
陕西	705	0	77	628	394	0	0	394
甘肃	3708	236	813	2659	1048	0	330	718
青海	18	0	0	18	3	0	0	3
宁夏	8	0	8	0	8	0	8	0
新疆	2	0	0	2	1	0	0	1

3-6 续表 2

地　区	合　计 (篇)	国内学术会议交流论文		
		高端前沿 学术会议	综合交叉 学术会议	学术服务 会　议
合　计	**21232**	**1244**	**8391**	**11597**
北　京	13	0	8	5
天　津	0	0	0	0
河　北	139	0	136	3
山　西	18	13	0	5
内蒙古	20	0	11	9
辽　宁	29	0	8	21
吉　林	20	0	0	20
黑龙江	196	0	86	110
上　海	186	0	0	186
江　苏	10684	876	4080	5728
浙　江	1067	125	462	480
安　徽	146	0	81	65
福　建	466	0	82	384
江　西	198	1	25	172
山　东	581	46	178	357
河　南	64	0	32	32
湖　北	2404	45	1107	1252
湖　南	1819	11	536	1272
广　东	138	24	63	51
广　西	0	0	0	0
海　南	0	0	0	0
重　庆	25	0	25	0
四　川	408	5	60	343
贵　州	1863	0	1214	649
云　南	0	0	0	0
西　藏	0	0	0	0
陕　西	59	0	17	42
甘　肃	654	98	177	379
青　海	30	0	0	30
宁　夏	3	0	3	0
新　疆	2	0	0	2

3-6 续表 3

地　区	境内国际学术会议 合计（次）	高端前沿学术会议	综合交叉学术会议	学术服务会议	境内国际学术会议交流论文 合计（篇）	高端前沿学术会议	综合交叉学术会议	学术服务会议
合　计	**46**	**17**	**14**	**15**	**579**	**303**	**178**	**98**
北　京	0	0	0	0	0	0	0	0
天　津	0	0	0	0	0	0	0	0
河　北	0	0	0	0	0	0	0	0
山　西	0	0	0	0	0	0	0	0
内蒙古	1	1	0	0	5	5	0	0
辽　宁	0	0	0	0	0	0	0	0
吉　林	0	0	0	0	0	0	0	0
黑龙江	0	0	0	0	0	0	0	0
上　海	0	0	0	0	0	0	0	0
江　苏	19	8	5	6	299	239	48	12
浙　江	1	1	0	0	14	14	0	0
安　徽	0	0	0	0	0	0	0	0
福　建	0	0	0	0	0	0	0	0
江　西	0	0	0	0	0	0	0	0
山　东	3	0	3	0	107	0	107	0
河　南	0	0	0	0	0	0	0	0
湖　北	5	0	2	3	83	0	14	69
湖　南	1	0	0	1	2	0	0	2
广　东	6	4	1	1	61	45	6	10
广　西	0	0	0	0	0	0	0	0
海　南	0	0	0	0	0	0	0	0
重　庆	0	0	0	0	0	0	0	0
四　川	9	3	2	4	7	0	2	5
贵　州	0	0	0	0	0	0	0	0
云　南	0	0	0	0	0	0	0	0
西　藏	0	0	0	0	0	0	0	0
陕　西	0	0	0	0	0	0	0	0
甘　肃	0	0	0	0	0	0	0	0
青　海	0	0	0	0	0	0	0	0
宁　夏	1	0	1	0	1	0	1	0
新　疆	0	0	0	0	0	0	0	0

3-6 续表 4

地 区	合 计（人次）	境内国际学术会议参加人数		
		高端前沿学术会议	综合交叉学术会议	学术服务会 议
合 计	**13088**	**7666**	**2002**	**3420**
北 京	0	0	0	0
天 津	0	0	0	0
河 北	0	0	0	0
山 西	0	0	0	0
内 蒙 古	52	52	0	0
辽 宁	0	0	0	0
吉 林	0	0	0	0
黑 龙 江	0	0	0	0
上 海	0	0	0	0
江 苏	2848	1912	730	206
浙 江	200	200	0	0
安 徽	0	0	0	0
福 建	0	0	0	0
江 西	0	0	0	0
山 东	708	0	708	0
河 南	0	0	0	0
湖 北	185	0	52	133
湖 南	80	0	0	80
广 东	9000	5500	500	3000
广 西	0	0	0	0
海 南	0	0	0	0
重 庆	0	0	0	0
四 川	4	2	1	1
贵 州	0	0	0	0
云 南	0	0	0	0
西 藏	0	0	0	0
陕 西	0	0	0	0
甘 肃	0	0	0	0
青 海	0	0	0	0
宁 夏	11	0	11	0
新 疆	0	0	0	0

3-6 续表 5

地 区	境内国际学术会议参加人数							
	合 计(人次)	#企业科技工作者			合 计(人次)	#境外专家学者		
		高端前沿学术会议	综合交叉学术会议	学术服务会 议		高端前沿学术会议	综合交叉学术会议	学术服务会 议
合 计	**4556**	**2534**	**1556**	**466**	**1110**	**803**	**274**	**33**
北 京	0	0	0	0	0	0	0	0
天 津	0	0	0	0	0	0	0	0
河 北	0	0	0	0	0	0	0	0
山 西	0	0	0	0	0	0	0	0
内 蒙 古	31	31	0	0	3	3	0	0
辽 宁	0	0	0	0	0	0	0	0
吉 林	0	0	0	0	0	0	0	0
黑 龙 江	0	0	0	0	0	0	0	0
上 海	0	0	0	0	0	0	0	0
江 苏	1784	1152	470	162	918	760	151	7
浙 江	150	150	0	0	10	10	0	0
安 徽	0	0	0	0	0	0	0	0
福 建	0	0	0	0	0	0	0	0
江 西	0	0	0	0	0	0	0	0
山 东	675	0	675	0	122	0	122	0
河 南	0	0	0	0	0	0	0	0
湖 北	28	0	5	23	0	0	0	0
湖 南	80	0	0	80	6	0	0	6
广 东	1800	1200	400	200	50	30	0	20
广 西	0	0	0	0	0	0	0	0
海 南	0	0	0	0	0	0	0	0
重 庆	0	0	0	0	0	0	0	0
四 川	3	1	1	1	0	0	0	0
贵 州	0	0	0	0	0	0	0	0
云 南	0	0	0	0	0	0	0	0
西 藏	0	0	0	0	0	0	0	0
陕 西	0	0	0	0	0	0	0	0
甘 肃	0	0	0	0	0	0	0	0
青 海	0	0	0	0	0	0	0	0
宁 夏	5	0	5	0	1	0	1	0
新 疆	0	0	0	0	0	0	0	0

3-6 续表 6

地区	港澳台地区学术会议 合计(次)	高端前沿学术会议	综合交叉学术会议	学术服务会议	港澳台地区学术会议交流论文 合计(篇)	高端前沿学术会议	综合交叉学术会议	学术服务会议
合计	**9**	**2**	**4**	**3**	**93**	**51**	**38**	**4**
北京	0	0	0	0	0	0	0	0
天津	0	0	0	0	0	0	0	0
河北	0	0	0	0	0	0	0	0
山西	0	0	0	0	0	0	0	0
内蒙古	0	0	0	0	0	0	0	0
辽宁	0	0	0	0	0	0	0	0
吉林	0	0	0	0	0	0	0	0
黑龙江	0	0	0	0	0	0	0	0
上海	0	0	0	0	0	0	0	0
江苏	1	1	0	0	1	1	0	0
浙江	1	0	1	0	30	0	30	0
安徽	0	0	0	0	0	0	0	0
福建	1	0	0	1	2	0	0	2
江西	0	0	0	0	0	0	0	0
山东	1	0	1	0	5	0	5	0
河南	0	0	0	0	0	0	0	0
湖北	0	0	0	0	0	0	0	0
湖南	3	0	1	2	4	0	2	2
广东	1	1	0	0	50	50	0	0
广西	0	0	0	0	0	0	0	0
海南	0	0	0	0	0	0	0	0
重庆	0	0	0	0	0	0	0	0
四川	0	0	0	0	0	0	0	0
贵州	0	0	0	0	0	0	0	0
云南	0	0	0	0	0	0	0	0
西藏	0	0	0	0	0	0	0	0
陕西	0	0	0	0	0	0	0	0
甘肃	0	0	0	0	0	0	0	0
青海	0	0	0	0	0	0	0	0
宁夏	1	0	1	0	1	0	1	0
新疆	0	0	0	0	0	0	0	0

3-6 续表 7

地　区	港澳台地区学术会议参加人数 合计（人次）	高端前沿学术会议	综合交叉学术会议	学术服务会议	#企业科技工作者 合计（人次）	高端前沿学术会议	综合交叉学术会议	学术服务会议
合　计	**10434**	**10001**	**287**	**146**	**2048**	**2000**	**12**	**36**
北　京	0	0	0	0	0	0	0	0
天　津	0	0	0	0	0	0	0	0
河　北	0	0	0	0	0	0	0	0
山　西	0	0	0	0	0	0	0	0
内蒙古	0	0	0	0	0	0	0	0
辽　宁	0	0	0	0	0	0	0	0
吉　林	0	0	0	0	0	0	0	0
黑龙江	0	0	0	0	0	0	0	0
上　海	0	0	0	0	0	0	0	0
江　苏	1	1	0	0	0	0	0	0
浙　江	200	0	200	0	0	0	0	0
安　徽	0	0	0	0	0	0	0	0
福　建	125	0	0	125	20	0	0	20
江　西	0	0	0	0	0	0	0	0
山　东	80	0	80	0	10	0	10	0
河　南	0	0	0	0	0	0	0	0
湖　北	0	0	0	0	0	0	0	0
湖　南	26	0	5	21	17	0	1	16
广　东	10000	10000	0	0	2000	2000	0	0
广　西	0	0	0	0	0	0	0	0
海　南	0	0	0	0	0	0	0	0
重　庆	0	0	0	0	0	0	0	0
四　川	0	0	0	0	0	0	0	0
贵　州	0	0	0	0	0	0	0	0
云　南	0	0	0	0	0	0	0	0
西　藏	0	0	0	0	0	0	0	0
陕　西	0	0	0	0	0	0	0	0
甘　肃	0	0	0	0	0	0	0	0
青　海	0	0	0	0	0	0	0	0
宁　夏	2	0	2	0	1	0	1	0
新　疆	0	0	0	0	0	0	0	0

3-7 2014年各地区省级学会学术交流活动

地区	国内学术会议							
	合计(次)	高端前沿学术会议	综合交叉学术会议	学术服务会议	#学术年会			
					合计(次)	高端前沿学术会议	综合交叉学术会议	学术服务会议
合计	**14553**	**4076**	**5211**	**5266**	**576**	**205**	**200**	**171**
北京	1088	386	315	387	31	4	18	9
天津	774	214	297	263	41	15	13	13
河北	517	200	203	114	35	17	13	5
山西	256	58	101	97	9	5	1	3
内蒙古	130	52	53	25	24	8	9	7
辽宁	319	60	57	202	12	4	5	3
吉林	477	133	152	192	6	2	1	3
黑龙江	201	44	62	95	50	12	11	27
上海	2327	486	1399	442	235	101	83	51
江苏	604	236	151	217	13	6	5	2
浙江	811	186	228	397	0	0	0	0
安徽	322	57	74	191	0	0	0	0
福建	688	126	201	361	0	0	0	0
江西	377	172	66	139	5	0	0	5
山东	818	264	251	303	0	0	0	0
河南	369	30	109	230	1	0	0	1
湖北	288	65	140	83	0	0	0	0
湖南	387	99	126	162	4	2	0	2
广东	1080	493	308	279	3	3	0	0
广西	406	78	120	208	17	3	3	11
海南	2	0	1	1	1	0	0	1
重庆	294	59	133	102	0	0	0	0
四川	416	154	108	154	57	15	25	17
贵州	217	58	53	106	7	3	3	1
云南	184	71	76	37	2	0	1	1
西藏	22	9	5	8	8	3	1	4
陕西	563	110	185	268	6	1	4	1
甘肃	142	36	67	39	0	0	0	0
青海	145	27	51	67	5	0	2	3
宁夏	126	6	66	54	4	1	2	1
新疆	203	107	53	43	0	0	0	0

3-7 续表 1

地区	国内学术会议参加人数							
	合计(人次)	高端前沿学术会议	综合交叉学术会议	学术服务会议	#企业科技工作者			
					合计(人次)	高端前沿学术会议	综合交叉学术会议	学术服务会议
合计	**2098229**	**622253**	**616929**	**859047**	**389641**	**120094**	**137164**	**132383**
北京	323774	46345	42509	234920	26491	6592	9118	10781
天津	105827	43385	40135	22307	14909	4257	4725	5927
河北	68001	36384	18123	13494	6975	1125	2745	3105
山西	32744	5334	9962	17448	6864	700	2720	3444
内蒙古	14893	5512	7348	2033	3272	1672	1128	472
辽宁	44159	7726	7194	29239	12283	3069	3206	6008
吉林	62555	22772	17679	22104	8842	1377	4404	3061
黑龙江	26835	3208	5566	18061	2356	307	338	1711
上海	219285	60527	121176	37582	45007	11487	22107	11413
江苏	112543	36076	27874	48593	16995	4613	5404	6978
浙江	113823	24474	32153	57196	23088	6715	3308	13065
安徽	53546	12147	13106	28293	8089	1635	2593	3861
福建	79378	14281	23687	41410	16548	2137	5235	9176
江西	34904	14235	6623	14046	6856	991	1529	4336
山东	124384	50939	36742	36703	28851	11770	12337	4744
河南	47435	4803	14690	27942	13332	1658	8063	3611
湖北	22322	5326	8114	8882	4944	765	1307	2872
湖南	37625	10234	14643	12748	13145	3967	4539	4639
广东	168385	96820	41509	30056	62774	37263	15690	9821
广西	43061	10550	15168	17343	10200	3560	1714	4926
海南	94	0	4	90	35	0	0	35
重庆	45832	11197	18565	16070	10489	1241	4695	4553
四川	115297	39458	24521	51318	14524	7192	3782	3550
贵州	30564	6478	9377	14709	4371	851	1889	1631
云南	31129	13762	11771	5596	5783	852	3277	1654
西藏	2546	2367	37	142	138	110	16	12
陕西	70178	16400	19626	34152	14206	2792	6448	4966
甘肃	7214	2457	3613	1144	1077	192	732	153
青海	14124	968	5016	8140	2049	378	667	1004
宁夏	20217	2080	13287	4850	3278	170	2923	185
新疆	25555	16008	7111	2436	1870	656	525	689

3-7 续表 2

地　区	合　计（篇）	国内学术会议交流论文		
		高端前沿学术会议	综合交叉学术会议	学术服务会　议
合　计	**389470**	**123743**	**138005**	**127722**
北　京	19742	7125	8024	4593
天　津	14304	4487	6958	2859
河　北	12570	4620	4631	3319
山　西	5689	656	1768	3265
内蒙古	3052	1895	920	237
辽　宁	8524	1228	988	6308
吉　林	11617	5044	4153	2420
黑龙江	4409	550	2094	1765
上　海	35735	7031	25112	3592
江　苏	33055	8626	12806	11623
浙　江	30474	5138	8660	16676
安　徽	10970	2624	2716	5630
福　建	20454	4009	5768	10677
江　西	10064	5552	1154	3358
山　东	41904	17466	13696	10742
河　南	13739	1953	3072	8714
湖　北	6088	1235	3042	1811
湖　南	6656	1715	3038	1903
广　东	28966	20831	5824	2311
广　西	13495	2034	7609	3852
海　南	58	0	4	54
重　庆	6705	2076	2591	2038
四　川	12891	4236	2924	5731
贵　州	5977	1981	1490	2506
云　南	8701	5668	2004	1029
西　藏	81	50	7	24
陕　西	15124	3482	4125	7517
甘　肃	1725	391	1115	219
青　海	2852	166	410	2276
宁　夏	721	70	487	164
新　疆	3128	1804	815	509

3-7 续表 3

地区	境内国际学术会议 合计(次)	境内国际学术会议 高端前沿学术会议	境内国际学术会议 综合交叉学术会议	境内国际学术会议 学术服务会议	境内国际学术会议交流论文 合计(篇)	境内国际学术会议交流论文 高端前沿学术会议	境内国际学术会议交流论文 综合交叉学术会议	境内国际学术会议交流论文 学术服务会议
合计	**1028**	**591**	**255**	**182**	**33855**	**19584**	**10056**	**4215**
北京	87	50	26	11	2295	1004	983	308
天津	38	22	10	6	796	440	225	131
河北	14	5	7	2	597	87	55	455
山西	26	11	10	5	112	17	88	7
内蒙古	3	3	0	0	205	205	0	0
辽宁	32	10	5	17	311	112	37	162
吉林	27	18	6	3	1874	675	877	322
黑龙江	18	12	2	4	856	174	73	609
上海	151	83	53	15	5343	3369	1722	252
江苏	83	38	19	26	2447	1424	815	208
浙江	93	47	21	25	2746	2184	487	75
安徽	12	6	4	2	282	82	80	120
福建	26	17	6	3	810	504	102	204
江西	25	22	1	2	266	244	2	20
山东	51	30	9	12	4016	1190	2061	765
河南	21	11	7	3	794	163	600	31
湖北	25	19	5	1	830	640	71	119
湖南	35	18	9	8	1127	653	460	14
广东	48	32	9	7	2639	2221	370	48
广西	39	18	9	12	658	336	121	201
海南	0	0	0	0	0	0	0	0
重庆	22	16	4	2	1629	1300	314	15
四川	42	28	6	8	679	510	88	81
贵州	7	6	1	0	65	59	6	0
云南	5	4	1	0	59	51	8	0
西藏	0	0	0	0	1	1	0	0
陕西	75	53	18	4	2220	1791	384	45
甘肃	6	4	2	0	34	22	12	0
青海	10	5	2	3	43	14	8	21
宁夏	0	0	0	0	0	0	0	0
新疆	6	2	3	1	121	112	7	2

3-7 续表 4

地区	合计(人次)	境内国际学术会议参加人数		
		高端前沿学术会议	综合交叉学术会议	学术服务会议
合计	**167679**	**97754**	**40436**	**29489**
北京	10317	6328	2461	1528
天津	4557	2055	1156	1346
河北	2209	1003	142	1064
山西	1219	218	599	402
内蒙古	370	370	0	0
辽宁	1041	500	386	155
吉林	3359	1413	995	951
黑龙江	11983	875	172	10936
上海	44415	29161	13372	1882
江苏	10691	5923	2352	2416
浙江	13150	9387	3149	614
安徽	1962	1112	580	270
福建	3836	2781	195	860
江西	902	642	60	200
山东	8699	3461	4402	836
河南	3054	882	2050	122
湖北	2700	2255	145	300
湖南	3394	2222	959	213
广东	10711	7769	2572	370
广西	5448	2960	326	2162
海南	0	0	0	0
重庆	3349	2810	416	123
四川	4929	3700	725	504
贵州	2081	481	800	800
云南	488	318	170	0
西藏	0	0	0	0
陕西	10194	7951	1823	420
甘肃	534	508	26	0
青海	1804	449	360	995
宁夏	0	0	0	0
新疆	283	220	43	20

3-7 续表 5

地区	境内国际学术会议参加人数							
	合计（人次）	#企业科技工作者			合计（人次）	#境外专家学者		
		高端前沿学术会议	综合交叉学术会议	学术服务会议		高端前沿学术会议	综合交叉学术会议	学术服务会议
合计	**43243**	**21599**	**13909**	**7735**	**11616**	**7666**	**2631**	**1319**
北京	2120	559	670	891	494	279	178	37
天津	2221	645	694	882	203	179	9	15
河北	425	1	198	226	118	52	39	27
山西	449	83	114	252	68	25	41	2
内蒙古	150	150	0	0	50	50	0	0
辽宁	542	117	290	135	93	68	6	19
吉林	548	280	68	200	1230	795	312	123
黑龙江	701	12	16	673	207	73	98	36
上海	10785	3777	6339	669	2876	1594	1005	277
江苏	4002	2057	240	1705	704	498	125	81
浙江	2950	1292	1449	209	581	473	85	23
安徽	315	105	48	162	98	59	19	20
福建	854	622	102	130	1056	992	10	54
江西	122	67	55	0	78	56	2	20
山东	1007	506	229	272	191	115	39	37
河南	388	92	190	106	83	66	16	1
湖北	673	642	28	3	411	367	27	17
湖南	763	476	264	23	158	79	70	9
广东	7728	5689	1798	241	972	637	247	88
广西	1482	881	151	450	721	351	110	260
海南	0	0	0	0	0	0	0	0
重庆	1682	1525	139	18	163	129	28	6
四川	1047	758	175	114	424	286	31	107
贵州	120	70	20	30	52	34	10	8
云南	311	141	170	0	37	34	3	0
西藏	0	0	0	0	0	0	0	0
陕西	1355	917	333	105	429	331	85	13
甘肃	0	0	0	0	12	7	5	0
青海	487	130	124	233	80	17	24	39
宁夏	0	0	0	0	0	0	0	0
新疆	16	5	5	6	27	20	7	0

3-7 续表 6

地　区	港澳台地区学术会议				港澳台地区学术会议交流论文			
	合　计(次)	高端前沿学术会议	综合交叉学术会议	学术服务会　议	合　计(篇)	高端前沿学术会议	综合交叉学术会议	学术服务会　议
合　计	**265**	**126**	**89**	**50**	**7163**	**3595**	**2045**	**1523**
北　京	10	5	5	0	336	136	200	0
天　津	6	3	3	0	217	12	205	0
河　北	3	2	1	0	20	18	2	0
山　西	4	0	2	2	5	0	1	4
内蒙古	0	0	0	0	0	0	0	0
辽　宁	2	0	1	1	2	0	1	1
吉　林	7	7	0	0	89	89	0	0
黑龙江	2	0	2	0	32	0	32	0
上　海	17	9	7	1	343	212	71	60
江　苏	17	7	6	4	512	105	388	19
浙　江	23	11	7	5	63	42	10	11
安　徽	0	0	0	0	0	0	0	0
福　建	42	11	18	13	2031	459	449	1123
江　西	4	2	1	1	6	3	1	2
山　东	12	6	2	4	355	330	23	2
河　南	0	0	0	0	0	0	0	0
湖　北	7	4	2	1	97	7	88	2
湖　南	10	3	5	2	220	57	99	64
广　东	35	22	10	3	2072	1731	317	24
广　西	30	13	7	10	471	187	86	198
海　南	0	0	0	0	0	0	0	0
重　庆	1	1	0	0	3	3	0	0
四　川	4	1	0	3	14	1	0	13
贵　州	8	4	4	0	13	6	7	0
云　南	3	3	0	0	3	3	0	0
西　藏	0	0	0	0	0	0	0	0
陕　西	17	12	5	0	258	194	64	0
甘　肃	0	0	0	0	0	0	0	0
青　海	1	0	1	0	1	0	1	0
宁　夏	0	0	0	0	0	0	0	0
新　疆	0	0	0	0	0	0	0	0

3-7 续表 7

地 区	港澳台地区学术会议参加人数							
	合 计(人次)	高端前沿学术会议	综合交叉学术会议	学术服务会 议	#企业科技工作者			
					合 计(人次)	高端前沿学术会议	综合交叉学术会议	学术服务会 议
合 计	**27107**	**14221**	**7651**	**5235**	**6780**	**4307**	**1988**	**485**
北 京	1131	379	752	0	215	20	195	0
天 津	332	12	320	0	20	0	20	0
河 北	311	308	3	0	0	0	0	0
山 西	18	0	10	8	4	0	2	2
内 蒙 古	0	0	0	0	0	0	0	0
辽 宁	12	0	2	10	2	0	0	2
吉 林	399	394	5	0	63	56	7	0
黑 龙 江	84	0	84	0	5	0	5	0
上 海	1217	489	578	150	327	41	286	0
江 苏	985	212	690	83	227	53	121	53
浙 江	641	246	352	43	323	98	213	12
安 徽	0	0	0	0	0	0	0	0
福 建	7186	1742	2191	3253	894	458	326	110
江 西	47	11	30	6	17	1	10	6
山 东	1045	940	38	67	151	125	3	23
河 南	0	0	0	0	0	0	0	0
湖 北	227	11	210	6	103	1	102	0
湖 南	349	65	218	66	250	58	133	59
广 东	8157	6618	1400	139	3539	3043	466	30
广 西	3665	1988	310	1367	581	298	95	188
海 南	0	0	0	0	0	0	0	0
重 庆	27	27	0	0	10	10	0	0
四 川	50	13	0	37	0	0	0	0
贵 州	16	8	8	0	4	0	4	0
云 南	3	3	0	0	0	0	0	0
西 藏	0	0	0	0	0	0	0	0
陕 西	1002	755	247	0	45	45	0	0
甘 肃	0	0	0	0	0	0	0	0
青 海	203	0	203	0	0	0	0	0
宁 夏	0	0	0	0	0	0	0	0
新 疆	0	0	0	0	0	0	0	0

四、科技期刊

简要说明

本篇统计资料为：

一、汇总数据，反映中国科协、地方科协和全国学会、省级学会主办科技期刊的总体情况。

二、地方科协和省级学会统计数据，分别反映各省级科协及其所属学会、副省级城市、省会城市科协、地级科协、县级科协主办科技期刊的种数、总印数和发表论文数。

三、统计指标，反映中文学术期刊、科普期刊、技术期刊、英文学术期刊的种数、印数等。

4-1 2014年各级科协科技期刊汇总表

指标	科协合计		中国科协机关及直属单位		省级科协	
	2013	2014	2013	2014	2013	2014
主办科技期刊种数(种)	497	448	9	10	66	61
#中文学术期刊	50	55	6	6	9	8
#科普期刊	402	363	3	4	52	50
#技术期刊	45	30	0	0	5	3
#英文学术期刊	0	0	0	0	0	0
科技期刊总印数(万册)	4680	4658	99	154	4250	4199
#中文学术期刊	110	81	47	40	16	13
#科普期刊	4528	4540	52	114	4208	4165
#技术期刊	42	37	0	0	26	20
#英文学术期刊	0	0	0	0	0	0
科技期刊发表论文数(篇)	22795	19382	1030	1165	11255	10283
#英文期刊发表论文数	0	0	0	0	0	0

4-1　续表

指　标	副省级城市、省会城市科协		地级科协		县级科协	
	2013	2014	2013	2014	2013	2014
主办科技期刊种数(种)	10	11	105	116	307	250
#中文学术期刊	3	4	15	23	17	14
#科普期刊	7	7	86	88	254	214
#技术期刊	0	0	4	5	36	22
#英文学术期刊	0	0	0	0	0	0
科技期刊总印数(万册)	50	28	108	120	173	157
#中文学术期刊	39	12	5	9	3	7
#科普期刊	11	16	102	110	155	134
#技术期刊	0	0	1	1	15	16
#英文学术期刊	0	0	0	0	0	0
科技期刊发表论文数(篇)	707	1307	3528	3751	6275	2876
#英文期刊发表论文数	0	0	0	0	0	0

4-2 2014年全国学会、省级学会科技期刊汇总表

指　　标	学会合计		全 国 学 会				省级学会	
			所属学会		委托管理学会			
	2013	2014	2013	2014	2013	2014	2013	2014
主办科技期刊种数(种)	2182	2127	1046	1041	5	6	1131	1080
#中文学术期刊	1449	1431	729	734	3	4	717	693
#科普期刊	237	215	87	79	0	0	150	136
#技术期刊	386	365	138	124	0	0	248	241
#英文学术期刊	110	116	92	104	2	2	16	10
科技期刊总印数(万册)	9026	8916	5611	5623	12	13	3403	3280
#中文学术期刊	3860	4181	2255	2589	12	12	1593	1579
#科普期刊	4040	3624	2722	2380	0	0	1318	1243
#技术期刊	1071	1043	586	594	0	0	485	449
#英文学术期刊	55	69	48	59	0.26	0.27	7	9
科技期刊发表论文数(篇)	598938	615129	377113	390867	727	848	221098	223414
#英文期刊发表论文数	14090	16207	12787	14647	73	107	1230	1453

4-3 2014年各省级科协科技期刊

地 区	主办科技期刊种数(种)	#中文学术期刊	#科普期刊	#技术期刊	#英文学术期刊
合 计	**61**	**8**	**50**	**3**	**0**
北 京	1	0	1	0	0
天 津	1	1	0	0	0
河 北	1	1	0	0	0
山 西	9	2	4	3	0
内蒙古	1	0	1	0	0
辽 宁	0	0	0	0	0
吉 林	1	0	1	0	0
黑龙江	1	0	1	0	0
上 海	1	0	1	0	0
江 苏	4	0	4	0	0
浙 江	2	1	1	0	0
安 徽	0	0	0	0	0
福 建	3	2	1	0	0
江 西	2	0	2	0	0
山 东	2	0	2	0	0
河 南	2	0	2	0	0
湖 北	2	1	1	0	0
湖 南	1	0	1	0	0
广 东	0	0	0	0	0
广 西	2	0	2	0	0
海 南	0	0	0	0	0
重 庆	11	0	11	0	0
四 川	5	0	5	0	0
贵 州	0	0	0	0	0
云 南	2	0	2	0	0
西 藏	0	0	0	0	0
陕 西	0	0	0	0	0
甘 肃	2	0	2	0	0
青 海	0	0	0	0	0
宁 夏	0	0	0	0	0
新 疆	5	0	5	0	0
新疆生产建设兵团	0	0	0	0	0

4-3 续表

地 区	科技期刊总印数(册)	#中文学术期刊	#科普期刊	#技术期刊	#英文学术期刊	科技期刊发表论文数(篇)	#英文期刊发表论文数
合 计	**41985477**	**133630**	**41651847**	**200000**	**0**	**10283**	**0**
北 京	22500	0	22500	0	0	23	0
天 津	230	230	0	0	0	162	0
河 北	12000	12000	0	0	0	900	0
山 西	543600	22000	321600	200000	0	2701	0
内蒙古	27600	0	27600	0	0	450	0
辽 宁	0	0	0	0	0	0	0
吉 林	120000	0	120000	0	0	35	0
黑龙江	580000	0	580000	0	0	120	0
上 海	246000	0	246000	0	0	72	0
江 苏	2826720	0	2826720	0	0	1400	0
浙 江	1034400	14400	1020000	0	0	803	0
安 徽	0	0	0	0	0	0	0
福 建	45600	40000	5600	0	0	758	0
江 西	30000	0	30000	0	0	24	0
山 东	732000	0	732000	0	0	118	0
河 南	594400	0	594400	0	0	170	0
湖 北	85000	45000	40000	0	0	1080	0
湖 南	2950000	0	2950000	0	0	750	0
广 东	0	0	0	0	0	0	0
广 西	868700	0	868700	0	0	183	0
海 南	0	0	0	0	0	0	0
重 庆	27606000	0	27606000	0	0	253	0
四 川	2057400	0	2057400	0	0	50	0
贵 州	0	0	0	0	0	0	0
云 南	823327	0	823327	0	0	1	0
西 藏	0	0	0	0	0	0	0
陕 西	0	0	0	0	0	0	0
甘 肃	10000	0	10000	0	0	200	0
青 海	0	0	0	0	0	0	0
宁 夏	0	0	0	0	0	0	0
新 疆	770000	0	770000	0	0	30	0
新疆生产建设兵团	0	0	0	0	0	0	0

4-4 2014年各副省级城市科协、省会城市科协科技期刊

城市	主办科技期刊种数(种)	#中文学术期刊	#科普期刊	#技术期刊	#英文学术期刊
合　计	**11**	**4**	**7**	**0**	**0**
副省级城市小计	**4**	**2**	**2**	**0**	**0**
宁　波*	0	0	0	0	0
厦　门*	0	0	0	0	0
深　圳*	1	1	0	0	0
青　岛*	1	0	1	0	0
大　连*	0	0	0	0	0
省会城市小计	**9**	**3**	**6**	**0**	**0**
石家庄	0	0	0	0	0
太　原	1	0	1	0	0
呼和浩特	0	0	0	0	0
沈　阳*	0	0	0	0	0
长　春*	0	0	0	0	0
哈尔滨*	0	0	0	0	0
南　京*	1	0	1	0	0
杭　州*	0	0	0	0	0
合　肥	1	1	0	0	0
福　州	0	0	0	0	0
南　昌	0	0	0	0	0
济　南*	0	0	0	0	0
郑　州	2	1	1	0	0
武　汉*	1	1	0	0	0
长　沙	0	0	0	0	0
广　州*	0	0	0	0	0
南　宁	0	0	0	0	0
海　口	0	0	0	0	0
成　都*	0	0	0	0	0
贵　阳	1	0	1	0	0
昆　明	1	0	1	0	0
拉　萨	0	0	0	0	0
西　安*	0	0	0	0	0
兰　州	0	0	0	0	0
西　宁	0	0	0	0	0
银　川	0	0	0	0	0
乌鲁木齐	1	0	1	0	0

注：城市名称后带“*”的为副省级城市，包括省会城市中带“*”的。

4-4 续表

城　市	科技期刊总印数(册)	#中文学术期刊	#科普期刊	#技术期刊	#英文学术期刊	科技期刊发表论文数(篇)	#英文期刊发表论文数
合　计	**279500**	**118200**	**161300**	**0**	**0**	**1307**	**0**
副省级城市小计	**93000**	**65000**	**28000**	**0**	**0**	**558**	**0**
宁　波*	0	0	0	0	0	0	0
厦　门*	0	0	0	0	0	0	0
深　圳*	35000	35000	0	0	0	65	0
青　岛*	12000	0	12000	0	0	8	0
大　连*	0	0	0	0	0	0	0
省会城市小计	**232500**	**83200**	**149300**	**0**	**0**	**1234**	**0**
石家庄	0	0	0	0	0	0	0
太　原	36000	0	36000	0	0	60	0
呼和浩特	0	0	0	0	0	0	0
沈　阳*	0	0	0	0	0	0	0
长　春*	0	0	0	0	0	0	0
哈尔滨*	0	0	0	0	0	0	0
南　京*	16000	0	16000	0	0	5	0
杭　州*	0	0	0	0	0	0	0
合　肥	13200	13200	0	0	0	180	0
福　州	0	0	0	0	0	0	0
南　昌	0	0	0	0	0	0	0
济　南*	0	0	0	0	0	0	0
郑　州	88000	40000	48000	0	0	500	0
武　汉*	30000	30000	0	0	0	480	0
长　沙	0	0	0	0	0	0	0
广　州*	0	0	0	0	0	0	0
南　宁	0	0	0	0	0	0	0
海　口	0	0	0	0	0	0	0
成　都*	0	0	0	0	0	0	0
贵　阳	3300	0	3300	0	0	5	0
昆　明	40000	0	40000	0	0	3	0
拉　萨	0	0	0	0	0	0	0
西　安*	0	0	0	0	0	0	0
兰　州	0	0	0	0	0	0	0
西　宁	0	0	0	0	0	0	0
银　川	0	0	0	0	0	0	0
乌鲁木齐	6000	0	6000	0	0	1	0

4-5 2014年各地区地级科协科技期刊

地区	主办科技期刊种数(种)	#中文学术期刊	#科普期刊	#技术期刊	#英文学术期刊
合计	**116**	**23**	**88**	**5**	**0**
北京	1	0	1	0	0
天津	0	0	0	0	0
河北	4	0	4	0	0
山西	4	0	4	0	0
内蒙古	1	0	1	0	0
辽宁	2	0	1	1	0
吉林	0	0	0	0	0
黑龙江	0	0	0	0	0
上海	6	0	6	0	0
江苏	5	1	4	0	0
浙江	9	0	9	0	0
安徽	3	1	2	0	0
福建	0	0	0	0	0
江西	3	0	3	0	0
山东	4	0	3	1	0
河南	1	0	1	0	0
湖北	2	0	2	0	0
湖南	21	13	7	1	0
广东	4	1	3	0	0
广西	0	0	0	0	0
海南	0	0	0	0	0
重庆	2	0	2	0	0
四川	1	0	1	0	0
贵州	1	0	1	0	0
云南	11	3	8	0	0
西藏	0	0	0	0	0
陕西	1	0	1	0	0
甘肃	3	0	3	0	0
青海	5	0	5	0	0
宁夏	4	0	4	0	0
新疆	9	1	6	2	0
新疆生产建设兵团	9	3	6	0	0

4-5 续表

地　区	科技期刊总印数(册)	#中文学术期刊	#科普期刊	#技术期刊	#英文学术期刊	科技期刊发表论文数(篇)	#英文期刊发表论文数
合　计	**1201572**	**89650**	**1100942**	**10980**	**0**	**3751**	**0**
北　京	15000	0	15000	0	0	60	0
天　津	0	0	0	0	0	0	0
河　北	19200	0	19200	0	0	38	0
山　西	24200	0	24200	0	0	20	0
内蒙古	9800	0	9800	0	0	20	0
辽　宁	8580	0	8400	180	0	6	0
吉　林	0	0	0	0	0	0	0
黑龙江	0	0	0	0	0	0	0
上　海	10100	0	10100	0	0	6	0
江　苏	88042	6000	82042	0	0	146	0
浙　江	218200	0	218200	0	0	41	0
安　徽	74600	32000	42600	0	0	84	0
福　建	0	0	0	0	0	0	0
江　西	22400	0	22400	0	0	102	0
山　东	13900	0	8900	5000	0	117	0
河　南	2000	0	2000	0	0	60	0
湖　北	120000	0	120000	0	0	13	0
湖　南	31800	21000	10000	800	0	716	0
广　东	11500	3500	8000	0	0	318	0
广　西	0	0	0	0	0	0	0
海　南	0	0	0	0	0	0	0
重　庆	26000	0	26000	0	0	61	0
四　川	600	0	600	0	0	35	0
贵　州	4000	0	4000	0	0	8	0
云　南	46650	3150	43500	0	0	420	0
西　藏	0	0	0	0	0	0	0
陕　西	8000	0	8000	0	0	20	0
甘　肃	108000	0	108000	0	0	38	0
青　海	20900	0	20900	0	0	33	0
宁　夏	32000	0	32000	0	0	5	0
新　疆	33000	3000	25000	5000	0	138	0
新疆生产建设兵团	253100	21000	232100	0	0	1246	0

4-6 2014年各地区县级科协科技期刊

地　区	主办科技期刊种数(种)	#中文学术期刊	#科普期刊	#技术期刊	#英文学术期刊
合　计	**250**	**14**	**214**	**22**	**0**
北　京	0	0	0	0	0
天　津	0	0	0	0	0
河　北	8	0	6	2	0
山　西	27	0	26	1	0
内蒙古	19	0	17	2	0
辽　宁	14	2	11	1	0
吉　林	0	0	0	0	0
黑龙江	5	1	3	1	0
上　海	0	0	0	0	0
江　苏	22	2	17	3	0
浙　江	18	3	15	0	0
安　徽	2	0	2	0	0
福　建	3	0	3	0	0
江　西	3	0	2	1	0
山　东	30	0	30	0	0
河　南	5	0	5	0	0
湖　北	13	0	13	0	0
湖　南	23	1	22	0	0
广　东	3	0	3	0	0
广　西	0	0	0	0	0
海　南	1	0	1	0	0
重　庆	0	0	0	0	0
四　川	14	2	11	1	0
贵　州	0	0	0	0	0
云　南	0	0	0	0	0
西　藏	4	0	3	1	0
陕　西	20	2	13	5	0
甘　肃	3	0	3	0	0
青　海	6	0	4	2	0
宁　夏	5	1	3	1	0
新　疆	2	0	1	1	0

4-6 续表

地区	科技期刊总印数(册)	#中文学术期刊	#科普期刊	#技术期刊	#英文学术期刊	科技期刊发表论文数(篇)	#英文期刊发表论文数
合计	**1574793**	**71435**	**1341838**	**161520**	**0**	**2876**	**0**
北京	0	0	0	0	0	0	0
天津	0	0	0	0	0	0	0
河北	43280	0	8280	35000	0	23	0
山西	177480	0	172480	5000	0	271	0
内蒙古	77200	0	77120	80	0	38	0
辽宁	44550	500	43350	700	0	103	0
吉林	0	0	0	0	0	0	0
黑龙江	29000	3000	24000	2000	0	234	0
上海	0	0	0	0	0	0	0
江苏	248502	16000	187502	45000	0	280	0
浙江	120300	4200	116100	0	0	321	0
安徽	8000	0	8000	0	0	260	0
福建	24400	0	24400	0	0	26	0
江西	8500	0	7500	1000	0	44	0
山东	133840	0	133840	0	0	86	0
河南	176100	0	176100	0	0	253	0
湖北	109760	0	109760	0	0	85	0
湖南	44801	1000	43801	0	0	480	0
广东	32900	0	32900	0	0	4	0
广西	0	0	0	0	0	0	0
海南	4500	0	4500	0	0	1	0
重庆	0	0	0	0	0	0	0
四川	126600	45000	76600	5000	0	91	0
贵州	0	0	0	0	0	0	0
云南	0	0	0	0	0	0	0
西藏	3500	0	2500	1000	0	1	0
陕西	88080	435	57405	30240	0	67	0
甘肃	3100	0	3100	0	0	167	0
青海	28000	0	15000	13000	0	4	0
宁夏	24400	1300	16100	7000	0	21	0
新疆	18000	0	1500	16500	0	16	0

4-7 2014年各地区省级学会科技期刊

地　区	主办科技期刊种数(种)	#中文学术期刊	#科普期刊	#技术期刊	#英文学术期刊
合　计	**1080**	**693**	**136**	**241**	**10**
北　京	30	22	2	6	0
天　津	44	31	4	9	0
河　北	33	20	5	8	0
山　西	37	19	6	12	0
内蒙古	16	10	3	3	0
辽　宁	43	21	4	17	1
吉　林	28	18	6	4	0
黑龙江	16	9	1	6	0
上　海	77	48	11	15	3
江　苏	46	28	4	14	0
浙　江	54	39	5	10	0
安　徽	55	34	7	12	2
福　建	66	50	10	6	0
江　西	40	26	5	8	1
山　东	48	31	2	13	2
河　南	28	17	3	8	0
湖　北	26	17	3	6	0
湖　南	36	19	8	9	0
广　东	64	41	6	17	0
广　西	41	27	4	9	1
海　南	0	0	0	0	0
重　庆	34	21	8	5	0
四　川	30	23	3	4	0
贵　州	24	15	3	6	0
云　南	35	21	6	8	0
西　藏	12	8	3	1	0
陕　西	51	32	6	13	0
甘　肃	12	9	1	2	0
青　海	17	13	1	3	0
宁　夏	9	8	0	1	0
新　疆	28	16	6	6	0

4-7 续表

地区	科技期刊总印数(册)	#中文学术期刊	#科普期刊	#技术期刊	#英文学术期刊	科技期刊发表论文数(篇)	#英文期刊发表论文数
合计	**32803958**	**15787201**	**12434645**	**4487924**	**94188**	**223414**	**1453**
北京	1079680	673680	200000	206000	0	5461	0
天津	1198460	608660	348500	241300	0	5960	0
河北	887800	452200	359000	76600	0	14903	0
山西	254580	160880	23900	69800	0	4818	0
内蒙古	135850	97950	1300	36600	0	2959	0
辽宁	886300	501600	20200	351500	13000	12468	350
吉林	316300	93300	158000	65000	0	3798	0
黑龙江	549352	99852	6000	443500	0	6032	0
上海	4161470	787570	2835000	468900	70000	14297	692
江苏	963814	565963	47101	350750	0	9116	0
浙江	2144011	708131	1312180	123700	0	7510	0
安徽	1621650	456150	1070500	88000	7000	12359	150
福建	7052570	6761770	229500	61300	0	10105	0
江西	325017	198765	98300	27951	1	6365	19
山东	1131526	468110	310000	349230	4186	12660	241
河南	484000	328500	75600	79900	0	5876	0
湖北	439400	144500	255500	39400	0	6746	0
湖南	1878672	234172	1289400	355100	0	6817	0
广东	3320816	522984	2545670	252162	0	8070	0
广西	340115	185113	56300	98701	1	5404	1
海南	0	0	0	0	0	0	0
重庆	346450	201500	126550	18400	0	4560	0
四川	799123	629423	11700	158000	0	5610	0
贵州	147106	126606	6500	14000	0	18193	0
云南	591696	137956	333240	120500	0	12186	0
西藏	155994	50864	105000	130	0	1264	0
陕西	1125625	350101	588124	187400	0	9468	0
甘肃	56700	54100	2000	600	0	1033	0
青海	200200	74200	5000	121000	0	5133	0
宁夏	77300	41300	0	36000	0	1399	0
新疆	132381	71301	14580	46500	0	2844	0

五、科普活动

简要说明

本篇统计资料为：

一、汇总数据，反映中国科协、地方科协和全国学会、省级学会开展科普活动总体情况。

二、地方科协和省级学会统计数据，分别反映各省级科协及其所属学会、副省级城市、省会城市科协、地级科协、县级科协在科普日、科技周期间以及日常开展科普活动的情况。

三、统计指标，反映科普活动数量、参加科普活动的科技人员数量、学会参加科普活动的数量、科普活动覆盖面等。

5-1　2014年各级科协科普活动汇总表

指　　标	科协合计		中国科协机关及直属单位					
			小计		科普日			
					科技进村		科教进社区	
	2013	2014	2013	2014	2013	2014	2013	2014
举办科普宣讲活动(次)	234379	226828	820	1821	0	0	0	0
#院士科普报告会	2893	2835	16	71	0	0	0	0
#举办专题展览	28392	33892	92	76	0	0	0	0
#流动科技馆巡展	8872	11129	220	380	0	0	0	0
#开展科技咨询	94031	102316	16	0	0	0	0	0
宣讲活动受众人数(万人次)	15059	16370	1113	1806	0	0	0	0
#流动科技馆巡展受众人数	2735	4558	720	1538	0	0	0	0
播放科技广播、影视节目(小时)	159210	178477	341	415	0	0	0	0
#电台电视台播放科技节目	55958	60045	279	274	0	0	0	0
举办实用技术培训(次)	203658	229265	151	16	0	0	0	0
实用技术培训人数(万人次)	3054	2966	2	0.2	0	0	0	0
推广新技术、新品种(项)	39128	57267	30	3	0	0	0	0
参加活动科技人员总数(人次)	2445249	2796074	8389	8684	0	0	0	0
#专家人数	321420	328652	967	977	0	0	0	0
参加活动的学会、协会、研究会(个次)	103695	108161	81	77	0	0	0	0
覆盖村(个)	370607	424578	0	0	0	0	—	—
覆盖社区(个)	87751	96270	0	0	—	—	0	0

5-1 续表 1

指标	中国科协机关及直属单位									
	科技周				日常				其他	
	科技进村		科教进社区		科技进村		科教进社区			
	2013	2014	2013	2014	2013	2014	2013	2014	2013	2014
举办科普宣讲活动(次)	0	0	0	0	0	0	0	0	820	1821
#院士科普报告会	0	0	0	0	0	0	0	0	16	71
#举办专题展览	0	0	0	0	0	0	0	0	92	76
#流动科技馆巡展	0	0	0	0	0	0	0	0	220	380
#开展科技咨询	0	0	0	0	0	0	0	0	16	0
宣讲活动受众人数(万人次)	0	0	0	0	0	0	0	0	1113	1806
#流动科技馆巡展受众人数	0	0	0	0	0	0	0	0	720	1538
播放科技广播、影视节目(小时)	0	0	0	0	0	0	0	0	341	415
#电台电视台播放科技节目	0	0	0	0	0	0	0	0	279	274
举办实用技术培训(次)	0	0	0	0	0	0	0	0	151	16
实用技术培训人数(万人次)	0	0	0	0	0	0	0	0	2	0
推广新技术、新品种(项)	0	0	0	0	0	0	0	0	30	3
参加活动科技人员总数(人次)	0	0	0	0	0	0	0	0	8389	8684
#专家人数	0	0	0	0	0	0	0	0	967	977
参加活动的学会、协会、研究会(个次)	0	0	0	0	0	0	0	0	81	77
覆盖村(个)	0	0	—	—	0	0	—	—	—	—
覆盖社区(个)	—	—	0	0	—	—	0	0	—	—

5-1 续表 2

指标	小计		省级科协 科普日 科技进村		科普日 科教进社区		科技周 科技进村		科技周 科教进社区	
	2013	2014	2013	2014	2013	2014	2013	2014	2013	2014
举办科普宣讲活动(次)	8744	8625	302	688	1346	847	475	442	1280	1244
#院士科普报告会	1259	989	5	17	90	29	5	7	250	21
#举办专题展览	927	1171	39	101	155	187	66	92	169	178
#流动科技馆巡展	647	736	66	38	119	49	42	8	65	22
#开展科技咨询	2435	1889	90	243	146	376	163	134	201	240
宣讲活动受众人数(万人次)	2672	2883	115	91	233	269	112	117	319	375
#流动科技馆巡展受众人数	533	1170	51	7	14	34	11	3	18	38
播放科技广播、影视节目(小时)	21193	23981	99	263	200	8672	100	230	166	326
#电台电视台播放科技节目	573	729	49	97	37	47	52	61	43	39
举办实用技术培训(次)	7075	8296	114	611	134	172	122	191	55	108
实用技术培训人数(万人次)	90	117	3	18	3	2	3	3	1	2
推广新技术、新品种(项)	1056	1350	184	67	15	38	142	64	24	24
参加活动科技人员总数(人次)	256212	406251	3892	30777	45631	55609	6105	13241	54553	68609
#专家人数	17140	16643	617	895	1818	1741	804	843	1458	1165
参加活动的学会、协会、研究会(个次)	5590	4104	275	782	624	545	379	315	764	412
覆盖村(个)	45772	92246	5541	18182	—	—	15958	753	—	—
覆盖社区(个)	9950	7718	—	—	3012	3045	—	—	2695	2099

5-1　续表 3

指　　标	省级科协					
	日常				其他	
	科技进村		科教进社区			
	2013	2014	2013	2014	2013	2014
举办科普宣讲活动(次)	1711	1361	1721	1275	1909	2768
#院士科普报告会	6	32	608	61	295	822
#举办专题展览	109	93	241	210	148	310
#流动科技馆巡展	98	301	121	89	136	229
#开展科技咨询	1153	518	341	274	341	104
宣讲活动受众人数(万人次)	174	157	710	418	1010	1455
#流动科技馆巡展受众人数	43	28	146	168	249	891
播放科技广播、影视节目(小时)	3497	2003	3938	6898	13194	5590
#电台电视台播放科技节目	144	92	115	178	132	215
举办实用技术培训(次)	5172	5322	195	360	1283	1532
实用技术培训人数(万人次)	52	69	5	5	22	19
推广新技术、新品种(项)	601	582	47	163	43	412
参加活动科技人员总数(人次)	26069	57629	82715	123499	37247	56887
#专家人数	6957	7368	2310	1868	3176	2763
参加活动的学会、协会、研究会(个次)	1587	977	1054	554	907	519
覆盖村(个)	24273	73311	—	—	—	—
覆盖社区(个)	—	—	4243	2574	—	—

5-1 续表 4

指标	副省级城市科协、省会城市科协									
	小计		科普日				科技周			
			科技进村		科教进社区		科技进村		科教进社区	
	2013	2014	2013	2014	2013	2014	2013	2014	2013	2014
举办科普宣讲活动(次)	6349	6751	156	263	359	399	210	144	325	319
#院士科普报告会	167	93	5	6	24	16	0	7	18	12
#举办专题展览	523	510	51	46	64	63	38	30	55	56
#流动科技馆巡展	504	465	30	39	40	66	20	18	37	40
#开展科技咨询	749	700	53	65	81	80	42	48	79	64
宣讲活动受众人数(万人次)	301	313	15	11	48	65	16	8	30	23
#流动科技馆巡展受众人数	98	84	4	2	10	29	4	2	10	3
播放科技广播、影视节目(小时)	3121	3118	18	119	52	125	36	73	123	61
#电台电视台播放科技节目	966	1181	6	71	15	51	12	46	34	49
举办实用技术培训(次)	4055	4459	251	227	157	134	261	202	235	239
实用技术培训人数(万人次)	41	29	4	3	4	1	4	2	4	2
推广新技术、新品种(项)	677	795	120	110	77	66	95	94	67	71
参加活动科技人员总数(人次)	78554	77435	6097	8108	11647	7606	14316	4240	6256	5723
#专家人数	16359	10952	1994	1437	2456	1146	1909	1463	2209	1535
参加活动的学会、协会、研究会(个次)	2269	2001	280	169	471	368	279	213	304	324
覆盖村(个)	2660	3071	629	658	—	—	446	494	—	—
覆盖社区(个)	4272	7868	—	—	1055	1704	—	—	822	1892

5-1 续表 5

指 标	副省级城市科协、省会城市科协					
	日常				其他	
	科技进村		科教进社区			
	2013	2014	2013	2014	2013	2014
举办科普宣讲活动(次)	549	496	4191	4680	559	450
#院士科普报告会	16	11	29	18	75	23
#举办专题展览	73	92	185	167	57	56
#流动科技馆巡展	144	81	183	137	50	84
#开展科技咨询	214	150	182	225	98	68
宣讲活动受众人数(万人次)	38	32	83	112	71	61
#流动科技馆巡展受众人数	17	14	34	16	19	17
播放科技广播、影视节目(小时)	218	207	588	1885	2085	648
#电台电视台播放科技节目	185	161	320	278	394	525
举办实用技术培训(次)	736	668	680	1745	1735	1244
实用技术培训人数(万人次)	12	9	7	5	7	6
推广新技术、新品种(项)	216	174	65	165	37	115
参加活动科技人员总数(人次)	19462	12979	12220	24235	8556	14544
#专家人数	3022	1657	2986	1602	1783	2112
参加活动的学会、协会、研究会(个次)	337	294	303	420	295	213
覆盖村(个)	1585	1919	—	—	—	—
覆盖社区(个)	—	—	2395	4272	—	—

5-1 续表 6

指标	地级科协									
	小计		科普日				科技周			
			科技进村		科教进社区		科技进村		科教进社区	
	2013	2014	2013	2014	2013	2014	2013	2014	2013	2014
举办科普宣讲活动(次)	36157	42604	3203	3438	5324	6184	3154	4060	6726	7473
#院士科普报告会	495	604	31	21	80	75	18	22	69	115
#举办专题展览	7825	8708	650	793	1437	1581	669	853	1824	1881
#流动科技馆巡展	2737	3151	204	184	398	429	160	211	418	510
#开展科技咨询	13554	15257	1602	1517	1979	2416	1570	2091	2226	2633
宣讲活动受众人数(万人次)	2757	2656	290	261	408	361	257	265	505	446
#流动科技馆巡展受众人数	463	562	53	47	54	61	23	33	57	89
播放科技广播、影视节目(小时)	25661	32209	1432	1278	4044	3498	1461	1598	2856	5887
#电台电视台播放科技节目	11829	9246	797	695	2042	616	648	658	1157	803
举办实用技术培训(次)	24737	25691	3770	2997	1667	1608	3506	3336	2032	1732
实用技术培训人数(万人次)	364	328	47	38	22	17	49	45	25	22
推广新技术、新品种(项)	6400	6420	1147	947	406	412	999	1319	410	602
参加活动科技人员总数(人次)	767018	693669	65046	65009	48484	58695	74094	73130	57774	65329
#专家人数	52571	55297	8680	6828	7017	6750	6887	7742	6642	7528
参加活动的学会、协会、研究会(个次)	17555	18495	2547	2257	2468	2672	2363	2263	2256	2410
覆盖村(个)	38674	37565	9849	8262	—	—	8361	9299	—	—
覆盖社区(个)	17376	19406	—	—	4518	5692	—	—	5103	5504

5-1 续表 7

指标	地级科协					
	日常				其他	
	科技进村		科教进社区			
	2013	2014	2013	2014	2013	2014
举办科普宣讲活动(次)	4574	4957	11077	13672	2099	2820
#院士科普报告会	38	26	109	155	150	190
#举办专题展览	784	1134	2161	2095	300	371
#流动科技馆巡展	366	399	973	978	218	440
#开展科技咨询	2711	2455	3153	3771	313	374
宣讲活动受众人数(万人次)	477	463	561	622	259	238
#流动科技馆巡展受众人数	98	86	107	163	71	82
播放科技广播、影视节目(小时)	2885	6921	8540	5361	4445	7667
#电台电视台播放科技节目	1863	2141	4078	2775	1246	1560
举办实用技术培训(次)	9058	10170	3587	4443	1117	1405
实用技术培训人数(万人次)	128	126	54	44	39	36
推广新技术、新品种(项)	2433	1872	642	744	363	524
参加活动科技人员总数(人次)	422654	324073	68543	71740	30423	35693
#专家人数	11217	11915	9024	10964	3104	3570
参加活动的学会、协会、研究会(个次)	3587	3848	3083	3961	1251	1084
覆盖村(个)	20464	20004	—	—	—	—
覆盖社区(个)	—	—	7755	8210	—	—

5-1 续表 8

指标	县级科协									
	小计		科普日				科技周			
			科技进村		科教进社区		科技进村		科教进社区	
	2013	2014	2013	2014	2013	2014	2013	2014	2013	2014
举办科普宣讲活动(次)	182309	167027	16293	19516	14098	24149	18353	18531	13920	17161
#院士科普报告会	956	1078	109	114	177	183	79	92	150	143
#举办专题展览	19025	23427	2279	2750	2888	3378	2395	2767	2607	3324
#流动科技馆巡展	4764	6397	720	665	649	757	536	559	603	741
#开展科技咨询	77277	84470	10766	11746	7348	8011	11324	11383	7711	8540
宣讲活动受众人数(万人次)	8216	8712	1012	1132	1078	1099	1048	1015	1050	1034
#流动科技馆巡展受众人数	921	1204	80	118	112	138	59	56	112	96
播放科技广播、影视节目(小时)	108892	118754	5795	6231	4956	5851	6038	6417	5184	6376
#电台电视台播放科技节目	42311	48615	3135	3429	2352	2826	3238	3429	2746	3591
举办实用技术培训(次)	167640	190803	18532	20911	8635	9358	20156	31864	9282	9440
实用技术培训人数(万人次)	2557	2493	336	323	144	154	372	316	158	160
推广新技术、新品种(项)	30965	48699	4702	20617	1813	1934	5321	5455	1867	2317
参加活动科技人员总数(人次)	1335076	1610035	190457	254191	165982	187162	197335	196169	148985	174073
#专家人数	234383	244783	32475	35975	23929	26167	33376	32568	23332	24227
参加活动的学会、协会、研究会(个次)	78200	83484	12288	13490	8417	9199	11946	12736	8611	8455
覆盖村(个)	283501	291696	69402	73213	—	—	71523	71937	—	—
覆盖社区(个)	56153	61278	—	—	17277	18077	—	—	15993	17620

5-1 续表 9

指 标	县级科协					
	日常				其他	
	科技进村		科教进社区			
	2013	2014	2013	2014	2013	2014
举办科普宣讲活动(次)	47921	42016	67580	32600	4144	13054
#院士科普报告会	75	133	162	215	204	198
#举办专题展览	4384	5371	3819	4840	653	997
#流动科技馆巡展	1012	1332	933	1564	311	779
#开展科技咨询	23962	25825	14396	16609	1770	2356
宣讲活动受众人数(万人次)	1793	1842	1655	1770	579	820
#流动科技馆巡展受众人数	110	139	211	247	237	411
播放科技广播、影视节目(小时)	21654	24884	51988	52462	13276	16533
#电台电视台播放科技节目	12164	13899	10652	12855	8023	8586
举办实用技术培训(次)	76744	80917	19583	20373	14708	17940
实用技术培训人数(万人次)	1100	1074	299	288	149	178
推广新技术、新品种(项)	12753	12703	2617	3143	1892	2530
参加活动科技人员总数(人次)	372115	408916	204934	270141	55268	119383
#专家人数	77357	76255	36450	39976	7464	9615
参加活动的学会、协会、研究会(个次)	23085	23901	10782	11756	3071	3947
覆盖村(个)	142576	146546	—	—	—	—
覆盖社区(个)	—	—	22883	25581	—	—

5-2 2014年全国学会、省级学会科普活动汇总表

指标	学会合计		中国科协所属全国学会					
			小计		科普日			
					科技进村		科教进社区	
	2013	2014	2013	2014	2013	2014	2013	2014
举办科普宣讲活动(次)	81107	90841	6218	7449	96	111	320	372
#院士科普报告会	989	884	299	223	1	9	8	4
#举办专题展览	20016	18204	537	531	17	21	57	91
#流动科技馆巡展	1230	1455	66	96	9	5	11	5
#开展科技咨询	30161	39041	1976	2210	65	52	117	94
宣讲活动受众人数(万人次)	5193	15393	1605	11409	12	10	210	10026
#流动科技馆巡展受众人数	193	230	47	61	4	2	0.43	0.10
播放科技广播、影视节目(小时)	14603	14001	712	757	9	5	129	131
#电台电视台播放科技节目	5970	4879	197	238	0.17	2	34	52
举办实用技术培训(次)	151999	31916	4207	2017	34	31	101	149
实用技术培训人数(万人次)	2455	337	158	118	1	0.26	0.21	0.65
推广新技术、新品种(项)	16408	12061	2429	554	9	16	4	22
参加活动科技人员总数(人次)	880129	1115556	183336	149286	6733	663	41605	5661
#专家人数	132990	122365	18718	14360	634	196	563	918
参加活动的学会、协会、研究会(个次)	14869	11730	1063	945	17	25	91	88
覆盖村(个)	116694	59813	5941	5050	438	293	—	—
覆盖社区(个)	177419	50923	96119	22815	—	—	79341	10294

5-2 续表 1

指 标	中国科协所属全国学会									
	科技周				日常				其他	
	科技进村		科教进社区		科技进村		科教进社区			
	2013	2014	2013	2014	2013	2014	2013	2014	2013	2014
举办科普宣讲活动(次)	148	128	433	157	1133	1298	807	689	3281	4694
#院士科普报告会	0	0	5	2	7	8	46	7	232	193
#举办专题展览	28	21	118	43	37	61	121	57	159	237
#流动科技馆巡展	8	8	5	6	8	21	13	12	12	39
#开展科技咨询	89	57	39	41	849	983	286	427	531	556
宣讲活动受众人数(万人次)	18	16	42	372	353	362	80	106	889	517
#流动科技馆巡展受众人数	3	1	0.06	0.24	0.53	12	3	0.24	36	45
播放科技广播、影视节目(小时)	7	0	131	170	4	119	228	93	205	240
#电台电视台播放科技节目	2	0	47	53	1	12	48	52	66	68
举办实用技术培训(次)	63	26	161	170	2803	533	121	86	924	1022
实用技术培训人数(万人次)	4	0.32	0.63	0.62	138	104	0.86	0.74	14	11
推广新技术、新品种(项)	16	11	17	21	62	76	98	13	2223	395
参加活动科技人员总数(人次)	4243	682	6200	30007	15621	13459	13507	8779	95427	90035
#专家人数	1005	237	2868	524	3822	1920	2378	2158	7448	8407
参加活动的学会、协会、研究会(个次)	37	27	72	93	228	66	156	245	462	401
覆盖村(个)	1370	821	—	—	4133	3936	—	—	—	—
覆盖社区(个)	—	—	15554	11216	—	—	1224	1305	—	—

5-2 续表 2

指标	中国科协委托管理全国学会									
	小计		科普日				科技周			
			科技进村		科教进社区		科技进村		科教进社区	
	2013	2014	2013	2014	2013	2014	2013	2014	2013	2014
举办科普宣讲活动(次)	263	310	4	10	41	50	0	16	67	29
#院士科普报告会	1	27	0	0	0	0	0	0	0	0
#举办专题展览	58	21	0	0	12	4	0	0	24	1
#流动科技馆巡展	3	6	0	0	0	1	0	0	0	1
#开展科技咨询	196	133	4	10	28	45	0	16	43	27
宣讲活动受众人数(万人次)	33	31	0.10	0.29	2	2	0	0.09	3	2
#流动科技馆巡展受众人数	0.36	4	0	0	0	0.1	0	0	0	0.60
播放科技广播、影视节目(小时)	18	18	0	0	15	0	0	0	2	0
#电台电视台播放科技节目	18	18	0	0	15	0	0	0	2	0
举办实用技术培训(次)	30	38	0	0	0	0	0	0	0	0
实用技术培训人数(万人次)	0.13	0.14	0	0	0	0	0	0	0	0
推广新技术、新品种(项)	11	48	0	1	0	0	0	1	0	0
参加活动科技人员总数(人次)	18799	4257	38	142	10609	356	0	155	3410	425
#专家人数	1646	1957	6	86	496	141	0	110	270	224
参加活动的学会、协会、研究会(个次)	9	83	1	0	2	2	0	0	2	6
覆盖村(个)	14	32	1	9	—	—	0	15	—	—
覆盖社区(个)	69	119	—	—	18	49	—	—	29	28

5-2 续表 3

指标	中国科协委托管理全国学会					
	日常				其他	
	科技进村		科教进社区			
	2013	2014	2013	2014	2013	2014
举办科普宣讲活动(次)	20	7	121	37	10	161
#院士科普报告会	0	0	1	1	0	26
#举办专题展览	1	0	15	10	6	6
#流动科技馆巡展	0	0	0	1	3	3
#开展科技咨询	19	7	101	23	1	5
宣讲活动受众人数(万人次)	0.53	0.07	27	22	0.48	5
#流动科技馆巡展受众人数	0	0	0	0.30	0.36	3
播放科技广播、影视节目(小时)	0.30	0	0.50	0	0	18
#电台电视台播放科技节目	0.30	0	0.50	0	0	18
举办实用技术培训(次)	0	0	0	33	30	5
实用技术培训人数(万人次)	0	0	0	0	0.13	0.08
推广新技术、新品种(项)	0	1	0	0.07	11	45
参加活动科技人员总数(人次)	224	75	2631	490	1887	2614
#专家人数	48	28	728	190	98	1178
参加活动的学会、协会、研究会(个次)	1	1	2	3	1	71
覆盖村(个)	13	8	—	—	—	—
覆盖社区(个)	—	—	22	42	—	—

5-2 续表 4

指标	省级学会									
	小计		科普日				科技周			
			科技进村		科教进社区		科技进村		科教进社区	
	2013	2014	2013	2014	2013	2014	2013	2014	2013	2014
举办科普宣讲活动(次)	74626	83082	3595	6314	5601	5999	4022	8583	8389	9611
#院士科普报告会	689	634	29	22	50	48	23	12	51	56
#举办专题展览	19421	17652	1275	1048	1548	1052	1660	1309	2389	3575
#流动科技馆巡展	1161	1353	70	72	302	356	49	72	111	138
#开展科技咨询(次)	27989	36698	1729	2512	2310	2510	1672	5141	4241	3592
宣讲活动受众人数(万人次)	3555	3953	171	203	599	410	162	130	267	187
#流动科技馆巡展受众人数	146	166	6	12	29	34	8	6	10	13
播放科技广播、影视节目(小时)	13873	13226	2615	517	3037	669	431	427	652	564
#电台电视台播放科技节目	5756	4624	897	210	1453	99	223	143	115	89
举办实用技术培训(次)	147762	29861	2553	3775	949	916	1906	2324	871	852
实用技术培训人数(万人次)	2297	219	17	17	10	6	14	11	7	5
推广新技术、新品种(项)	13968	11459	2003	520	195	460	3147	466	152	341
参加活动科技人员总数(人次)	677994	962013	58494	53163	95352	84651	45589	53611	94891	75410
#专家人数	112626	106048	14862	15356	13011	12709	5829	5234	19434	8099
参加活动的学会、协会、研究会(个次)	13797	10702	872	971	1057	980	966	907	987	879
覆盖村(个)	110739	54731	24666	13220	—	—	22022	8499	—	—
覆盖社区(个)	81231	27989	—	—	16237	5800	—	—	15250	4608

5-2 续表 5

指标	省级学会					
	日常				其他	
	科技进村		科教进社区			
	2013	2014	2013	2014	2013	2014
举办科普宣讲活动(次)	18503	18940	22715	20544	11801	13091
#院士科普报告会	71	19	143	75	322	402
#举办专题展览	4019	3291	7685	6373	845	1004
#流动科技馆巡展	275	145	291	385	63	185
#开展科技咨询(次)	10120	11857	5746	8478	2171	2608
宣讲活动受众人数(万人次)	482	423	607	1220	1268	1380
#流动科技馆巡展受众人数	38	2	30	28	25	71
播放科技广播、影视节目(小时)	2602	1503	1990	2666	2546	6879
#电台电视台播放科技节目	1443	933	472	638	1153	2511
举办实用技术培训(次)	132504	13793	5133	4240	3846	3961
实用技术培训人数(万人次)	2193	91	13	50	44	39
推广新技术、新品种(项)	4540	2303	1361	983	2570	6386
参加活动科技人员总数(人次)	133970	158070	98347	119763	151351	417345
#专家人数	26139	26032	18674	17651	14677	20967
参加活动的学会、协会、研究会(个次)	1757	2360	2631	2603	5527	2002
覆盖村(个)	64051	33012	—	—	—	—
覆盖社区(个)	—	—	49744	17581	—	—

5-3 2014年各省级科协科普活动

地　区	合　计(次)	举办科普宣讲活动						
		科普日		科技周		日常		其他
		科技进村	科教进社区	科技进村	科教进社区	科技进村	科教进社区	
合　计	**8625**	**688**	**847**	**442**	**1244**	**1361**	**1275**	**2768**
北　京	1700	6	0	223	813	431	64	163
天　津	613	21	137	1	15	90	185	164
河　北	58	4	11	4	4	4	20	11
山　西	345	6	15	4	7	11	9	293
内蒙古	53	2	7	2	8	6	10	18
辽　宁	140	0	6	0	1	11	4	118
吉　林	102	40	2	0	2	30	27	1
黑龙江	857	344	32	16	50	113	152	150
上　海	323	12	69	9	30	28	75	100
江　苏	503	42	164	26	119	54	75	23
浙　江	108	5	12	3	10	5	18	55
安　徽	122	1	2	2	2	13	12	90
福　建	219	5	4	0	1	113	3	93
江　西	50	1	3	2	3	0	0	41
山　东	808	6	20	2	19	4	26	731
河　南	146	7	14	2	2	34	35	52
湖　北	5	0	1	0	0	0	0	4
湖　南	35	2	5	1	2	2	11	12
广　东	164	0	37	20	1	1	92	13
广　西	74	3	6	1	20	4	1	39
海　南	53	3	2	2	2	3	3	38
重　庆	265	5	77	3	18	6	14	142
四　川	3	3	0	0	0	0	0	0
贵　州	69	2	16	1	3	6	40	1
云　南	365	1	83	0	5	12	8	256
西　藏	80	31	10	5	5	17	11	1
陕　西	122	7	11	12	1	2	0	89
甘　肃	123	25	6	11	11	0	70	0
青　海	301	52	33	27	24	51	45	69
宁　夏	585	34	32	46	25	248	199	1
新　疆	222	15	27	17	38	62	63	0
新疆生产建设兵团	12	3	3	0	3	0	3	0

5-3 续表 1

地区	合计(人次)	宣讲活动受众人数						
		科普日		科技周		日常		其他
		科技进村	科教进社区	科技进村	科教进社区	科技进村	科教进社区	
合计	**28833224**	**912921**	**2692187**	**1169845**	**3752060**	**1566489**	**4184951**	**14554771**
北京	2518230	2000	0	323000	1267000	259000	345300	321930
天津	994328	27000	428007	9000	201110	10800	21400	297011
河北	83937	13000	12935	12356	13561	12489	13896	5700
山西	691800	21500	54600	20000	17100	26000	25000	527600
内蒙古	315816	2376	2671	2909	4297	6893	4975	291695
辽宁	275700	0	2700	0	2000	50500	2500	218000
吉林	191500	12000	3000	0	20000	29000	127000	500
黑龙江	552800	29500	88000	5000	60700	59600	300500	9500
上海	387550	11000	124300	5000	82750	21000	46100	97400
江苏	1943322	300000	751700	300000	465551	106300	17321	2450
浙江	2548900	500	3000	300	3000	500	3600	2538000
安徽	668720	1000	2000	2000	2000	10000	10000	641720
福建	1220755	5	2500	0	1	57967	400002	760280
江西	1120991	1000	8054	1000	10252	0	0	1100685
山东	4711300	254300	773600	360200	1174000	390000	1468000	291200
河南	2335500	5000	30000	3000	10000	70000	60000	2157500
湖北	8200	0	3500	0	0	0	0	4700
湖南	470463	3000	3850	1000	4500	1800	4000	452313
广东	386277	0	85500	3500	10000	550	283027	3700
广西	1789500	2500	4800	1100	125500	3000	600	1652000
海南	219800	4000	3000	2500	2600	4100	3600	200000
重庆	1181190	1410	69500	830	39500	950	6400	1062600
四川	4800	4800	0	0	0	0	0	0
贵州	474500	2000	8000	500	3000	2000	458500	500
云南	360494	2000	70620	0	30550	2400	5280	249644
西藏	10400	4300	1850	550	800	300	1600	1000
陕西	1511110	5900	47000	5200	3000	1100	0	1448910
甘肃	328000	90000	4000	30000	4000	0	200000	0
青海	497641	53530	53300	33800	40688	60240	39850	216233
宁夏	423300	17300	17200	23900	112000	40000	210900	2000
新疆	585400	40000	21000	23200	38600	340000	122600	0
新疆生产建设兵团	21000	2000	12000	0	4000	0	3000	0

5-3 续表 2

地区	举办科普宣讲活动							
	合计(次)	#院士科普报告会						
		科普日		科技周		日常		其他
		科技进村	科教进社区	科技进村	科教进社区	科技进村	科教进社区	
合　计	**989**	**17**	**29**	**7**	**21**	**32**	**61**	**822**
北　京	28	1	0	0	2	4	0	21
天　津	10	0	4	0	0	0	0	6
河　北	15	0	0	0	0	0	15	0
山　西	12	1	5	0	3	0	0	3
内蒙古	2	0	0	0	0	0	0	2
辽　宁	37	0	0	0	0	0	0	37
吉　林	1	0	0	0	0	0	1	0
黑龙江	5	2	1	0	1	0	1	0
上　海	16	1	1	1	1	1	1	10
江　苏	59	0	5	0	4	23	27	0
浙　江	5	0	0	0	0	0	0	5
安　徽	6	0	0	0	0	0	0	6
福　建	23	0	0	0	0	0	0	23
江　西	1	0	0	0	0	0	0	1
山　东	635	0	0	0	0	0	0	635
河　南	0	0	0	0	0	0	0	0
湖　北	0	0	0	0	0	0	0	0
湖　南	4	0	1	0	2	0	1	0
广　东	8	0	4	0	0	0	4	0
广　西	2	0	0	0	0	0	0	2
海　南	0	0	0	0	0	0	0	0
重　庆	23	0	0	0	0	0	1	22
四　川	0	0	0	0	0	0	0	0
贵　州	3	0	0	0	0	0	3	0
云　南	0	0	0	0	0	0	0	0
西　藏	23	10	3	1	2	4	2	1
陕　西	2	0	0	0	0	0	0	2
甘　肃	6	0	0	3	3	0	0	0
青　海	47	1	0	0	0	0	0	46
宁　夏	0	0	0	0	0	0	0	0
新　疆	12	0	4	2	2	0	4	0
新疆生产建设兵团	4	1	1	0	1	0	1	0

5-3 续表 3

地　区	举办科普宣讲活动							
	合　计 (次)	#举办专题展览						
		科普日		科技周		日常		其他
		科技进村	科教进社区	科技进村	科教进社区	科技进村	科教进社区	
合　计	**1171**	**101**	**187**	**92**	**178**	**93**	**210**	**310**
北　京	195	0	0	54	83	11	16	31
天　津	222	2	73	1	14	0	0	132
河　北	12	1	1	2	1	2	3	2
山　西	22	3	2	3	1	5	3	5
内蒙古	23	1	3	2	5	3	4	5
辽　宁	5	0	4	0	0	0	0	1
吉　林	26	2	0	0	0	2	21	1
黑龙江	154	55	18	8	34	16	23	0
上　海	38	2	8	2	2	5	16	3
江　苏	1	0	1	0	0	0	0	0
浙　江	11	0	0	0	0	0	0	11
安　徽	27	0	1	1	1	3	2	19
福　建	7	0	2	0	0	0	1	4
江　西	26	1	2	2	2	0	0	19
山　东	24	3	5	0	5	0	11	0
河　南	69	3	11	1	2	24	25	3
湖　北	5	0	1	0	0	0	0	4
湖　南	5	1	2	0	0	0	1	1
广　东	53	0	1	0	1	0	45	6
广　西	15	0	2	0	2	0	0	11
海　南	30	0	0	0	0	0	0	30
重　庆	47	0	27	0	7	0	6	7
四　川	3	3	0	0	0	0	0	0
贵　州	0	0	0	0	0	0	0	0
云　南	14	0	4	0	2	0	7	1
西　藏	31	12	2	3	2	7	5	0
陕　西	21	2	5	2	0	0	0	12
甘　肃	5	0	0	3	2	0	0	0
青　海	32	2	4	2	3	9	10	2
宁　夏	30	5	6	5	6	4	4	0
新　疆	15	1	2	1	2	2	7	0
新疆生产建设兵团	3	2	0	0	1	0	0	0

5-3 续表 4

地区	举办科普宣讲活动							
	合计(次)	#流动科技馆巡展						
		科普日		科技周		日常		其他
		科技进村	科教进社区	科技进村	科教进社区	科技进村	科教进社区	
合计	**736**	**38**	**49**	**8**	**22**	**301**	**89**	**229**
北京	18	0	0	0	0	0	0	18
天津	0	0	0	0	0	0	0	0
河北	6	1	1	1	1	1	1	0
山西	27	0	2	0	0	0	0	25
内蒙古	10	0	0	0	0	0	0	10
辽宁	0	0	0	0	0	0	0	0
吉林	0	0	0	0	0	0	0	0
黑龙江	97	20	2	0	1	68	6	0
上海	5	0	1	0	1	0	3	0
江苏	49	0	3	0	4	31	11	0
浙江	6	0	0	0	0	0	0	6
安徽	8	0	0	0	0	0	0	8
福建	37	5	1	0	0	0	0	31
江西	20	0	0	0	0	0	0	20
山东	25	1	6	0	7	2	9	0
河南	16	0	0	0	0	0	0	16
湖北	0	0	0	0	0	0	0	0
湖南	11	0	0	0	0	0	0	11
广东	44	0	16	0	0	1	27	0
广西	16	0	2	0	1	0	0	13
海南	3	0	0	0	0	0	0	3
重庆	8	0	0	0	0	0	0	8
四川	0	0	0	0	0	0	0	0
贵州	14	0	0	0	0	0	14	0
云南	17	0	4	0	2	0	0	11
西藏	3	3	0	0	0	0	0	0
陕西	35	0	0	0	0	0	0	35
甘肃	17	0	5	0	2	0	10	0
青海	28	4	3	3	2	1	1	14
宁夏	203	4	1	4	0	188	6	0
新疆	9	0	0	0	0	9	0	0
新疆生产建设兵团	4	0	2	0	1	0	1	0

5-3 续表 5

地区	宣讲活动受众人数							
	合计(人次)	#流动科技馆巡展受众人数						
		科普日		科技周		日常		其他
		科技进村	科教进社区	科技进村	科教进社区	科技进村	科教进社区	
合计	**11696799**	**66125**	**343209**	**30814**	**377952**	**284548**	**1681099**	**8913052**
北京	300000	0	0	0	0	0	0	300000
天津	0	0	0	0	0	0	0	0
河北	42250	8620	6489	8314	7951	5698	5178	0
山西	454000	0	4000	0	0	0	0	450000
内蒙古	236695	0	0	0	0	0	0	236695
辽宁	0	0	0	0	0	0	0	0
吉林	0	0	0	0	0	0	0	0
黑龙江	344000	20000	50000	0	30000	24000	220000	0
上海	6000	0	2000	0	1000	0	3000	0
江苏	235822	0	90000	0	60001	85000	821	0
浙江	42500	0	0	0	0	0	0	42500
安徽	400000	0	0	0	0	0	0	400000
福建	700205	5	200	0	0	0	0	700000
江西	1000000	0	0	0	0	0	0	1000000
山东	856000	1000	47000	0	230000	8000	570000	0
河南	2000000	0	0	0	0	0	0	2000000
湖北	0	0	0	0	0	0	0	0
湖南	421713	0	0	0	0	0	0	421713
广东	127350	0	66000	0	0	550	60800	0
广西	1054000	0	2000	0	2000	0	0	1050000
海南	85000	0	0	0	0	0	0	85000
重庆	470000	0	0	0	0	0	0	470000
四川	0	0	0	0	0	0	0	0
贵州	450000	0	0	0	0	0	450000	0
云南	305264	0	33120	0	25000	0	0	247144
西藏	500	500	0	0	0	0	0	0
陕西	1370000	0	0	0	0	0	0	1370000
甘肃	155000	0	2000	0	3000	0	150000	0
青海	290000	34000	28000	20000	17000	31000	20000	140000
宁夏	215500	2000	400	2500	0	10300	200300	0
新疆	120000	0	0	0	0	120000	0	0
新疆生产建设兵团	15000	0	12000	0	2000	0	1000	0

5-3 续表 6

地区	举办科普宣讲活动							
	合计（次）	#开展科技咨询						
		科普日		科技周		日常		其他
		科技进村	科教进社区	科技进村	科教进社区	科技进村	科教进社区	
合计	**1889**	**243**	**376**	**134**	**240**	**518**	**274**	**104**
北京	419	2	0	50	150	213	4	0
天津	161	10	26	0	0	45	80	0
河北	14	2	8	1	1	1	1	0
山西	23	2	3	1	2	5	5	5
内蒙古	0	0	0	0	0	0	0	0
辽宁	0	0	0	0	0	0	0	0
吉林	24	8	0	0	0	16	0	0
黑龙江	237	102	11	8	4	23	89	0
上海	0	0	0	0	0	0	0	0
江苏	288	42	155	26	36	0	6	23
浙江	27	0	10	0	5	0	12	0
安徽	60	1	1	1	1	10	10	36
福建	109	0	1	0	0	106	0	2
江西	2	0	1	0	1	0	0	0
山东	12	1	1	1	1	1	0	7
河南	29	4	3	0	0	10	10	2
湖北	0	0	0	0	0	0	0	0
湖南	3	1	1	1	0	0	0	0
广东	0	0	0	0	0	0	0	0
广西	15	2	2	1	3	4	1	2
海南	15	3	2	2	2	3	3	0
重庆	74	5	39	3	11	6	7	3
四川	0	0	0	0	0	0	0	0
贵州	45	2	16	1	3	6	16	1
云南	83	0	73	0	0	10	0	0
西藏	23	6	5	1	1	6	4	0
陕西	25	3	0	0	0	2	0	20
甘肃	19	10	1	5	3	0	0	0
青海	122	24	17	15	16	23	25	2
宁夏	57	12	0	17	0	27	0	1
新疆	2	1	0	0	0	1	0	0
新疆生产建设兵团	1	0	0	0	0	0	1	0

5-3 续表 7

地区	合计(项)	推广新技术、新品种						
		科普日		科技周		日常		其他
		科技进村	科教进社区	科技进村	科教进社区	科技进村	科教进社区	
合　计	**1350**	**67**	**38**	**64**	**24**	**582**	**163**	**412**
北　京	51	0	0	0	0	51	0	0
天　津	0	0	0	0	0	0	0	0
河　北	53	6	6	5	6	25	5	0
山　西	133	0	4	0	1	0	0	128
内蒙古	525	29	2	36	2	348	108	0
辽　宁	0	0	0	0	0	0	0	0
吉　林	64	10	0	6	0	13	35	0
黑龙江	5	5	0	0	0	0	0	0
上　海	0	0	0	0	0	0	0	0
江　苏	23	0	8	0	7	0	0	8
浙　江	1	0	0	0	0	0	0	1
安　徽	0	0	0	0	0	0	0	0
福　建	0	0	0	0	0	0	0	0
江　西	92	0	0	0	0	92	0	0
山　东	310	3	1	0	0	35	2	269
河　南	0	0	0	0	0	0	0	0
湖　北	0	0	0	0	0	0	0	0
湖　南	0	0	0	0	0	0	0	0
广　东	0	0	0	0	0	0	0	0
广　西	0	0	0	0	0	0	0	0
海　南	22	3	2	2	2	5	5	3
重　庆	2	0	0	0	0	0	0	2
四　川	0	0	0	0	0	0	0	0
贵　州	0	0	0	0	0	0	0	0
云　南	1	0	0	0	0	0	0	1
西　藏	19	4	6	2	0	5	2	0
陕　西	1	0	0	0	0	1	0	0
甘　肃	14	1	2	3	3	1	4	0
青　海	22	6	2	3	3	6	2	0
宁　夏	7	0	0	7	0	0	0	0
新　疆	0	0	0	0	0	0	0	0
新疆生产建设兵团	5	0	5	0	0	0	0	0

5-3 续表 8

地区	合计（分钟）	播放科技广播、影视节目						
		科普日		科技周		日常		其他
		科技进村	科教进社区	科技进村	科教进社区	科技进村	科教进社区	
合计	**1438858**	**15772**	**520295**	**13773**	**19570**	**120205**	**413871**	**335372**
北京	1918	3	0	0	0	1910	5	0
天津	4100	0	840	1580	1360	0	320	0
河北	1079	153	146	162	153	123	142	200
山西	61840	0	0	0	0	0	58400	3440
内蒙古	14713	426	1032	441	1296	812	706	10000
辽宁	47200	0	0	0	0	0	0	47200
吉林	149700	0	0	0	0	0	149700	0
黑龙江	6300	4000	30	0	30	0	240	2000
上海	7520	0	2562	0	275	0	4683	0
江苏	1050	0	0	0	0	0	1050	0
浙江	5065	0	0	0	0	0	5035	30
安徽	0	0	0	0	0	0	0	0
福建	85000	5000	0	0	0	5000	0	75000
江西	1200	0	0	0	0	0	0	1200
山东	243500	3000	11400	4600	10700	101500	112300	0
河南	200	0	0	0	0	0	0	200
湖北	0	0	0	0	0	0	0	0
湖南	27230	0	0	0	0	0	0	27230
广东	510	0	180	0	30	50	250	0
广西	39900	0	0	0	0	0	0	39900
海南	1800	0	0	0	0	0	0	1800
重庆	124702	0	80	0	0	0	0	124622
四川	0	0	0	0	0	0	0	0
贵州	120	0	0	0	0	0	0	120
云南	2330	0	0	0	0	1000	0	1330
西藏	1380	140	55	40	35	750	360	0
陕西	1171	70	0	0	1	0	0	1100
甘肃	150	0	0	0	150	0	0	0
青海	5040	680	760	200	840	1020	1540	0
宁夏	507040	0	500460	4500	0	1040	1040	0
新疆	96800	2300	2450	2250	4700	7000	78100	0
新疆生产建设兵团	300	0	300	0	0	0	0	0

5-3 续表 9

地区	播放科技广播、影视节目							
	合计(分钟)	#电台电视台播放科技节目						
		科普日		科技周		日常		其他
		科技进村	科教进社区	科技进村	科教进社区	科技进村	科教进社区	
合计	**43717**	**5829**	**2823**	**3673**	**2316**	**5521**	**10665**	**12890**
北京	0	0	0	0	0	0	0	0
天津	2820	0	840	1140	840	0	0	0
河北	634	83	71	72	75	69	64	200
山西	2830	0	0	0	0	0	0	2830
内蒙古	4713	426	1032	441	1296	812	706	0
辽宁	1560	0	0	0	0	0	0	1560
吉林	1680	0	0	0	0	0	1680	0
黑龙江	4300	2800	20	0	20	0	60	1400
上海	0	0	0	0	0	0	0	0
江苏	1050	0	0	0	0	0	1050	0
浙江	5065	0	0	0	0	0	5035	30
安徽	0	0	0	0	0	0	0	0
福建	0	0	0	0	0	0	0	0
江西	0	0	0	0	0	0	0	0
山东	0	0	0	0	0	0	0	0
河南	0	0	0	0	0	0	0	0
湖北	0	0	0	0	0	0	0	0
湖南	15	0	0	0	0	0	0	15
广东	30	0	30	0	0	0	0	0
广西	485	0	0	0	0	0	0	485
海南	0	0	0	0	0	0	0	0
重庆	4300	0	80	0	0	0	0	4220
四川	0	0	0	0	0	0	0	0
贵州	120	0	0	0	0	0	0	120
云南	1930	0	0	0	0	1000	0	930
西藏	1025	110	50	20	25	480	340	0
陕西	1170	70	0	0	0	0	0	1100
甘肃	0	0	0	0	0	0	0	0
青海	960	240	300	0	60	120	240	0
宁夏	2080	0	0	0	0	1040	1040	0
新疆	6950	2100	400	2000	0	2000	450	0
新疆生产建设兵团	0	0	0	0	0	0	0	0

5-3 续表 10

地区	合计(次)	举办实用技术培训						
		科普日		科技周		日常		其他
		科技进村	科教进社区	科技进村	科教进社区	科技进村	科教进社区	
合　计	**8296**	**611**	**172**	**191**	**108**	**5322**	**360**	**1532**
北　京	218	3	0	10	0	193	7	5
天　津	0	0	0	0	0	0	0	0
河　北	204	19	17	18	15	116	19	0
山　西	389	219	1	4	1	4	2	158
内蒙古	34	5	7	5	4	4	4	5
辽　宁	2	0	0	0	0	0	0	2
吉　林	84	35	0	15	0	20	14	0
黑龙江	246	82	8	16	37	71	32	0
上　海	60	12	1	7	1	15	2	22
江　苏	2	0	0	0	0	0	0	2
浙　江	0	0	0	0	0	0	0	0
安　徽	5	0	0	0	0	0	0	5
福　建	66	4	0	0	0	60	0	2
江　西	4410	0	0	0	0	4410	0	0
山　东	160	4	1	1	0	128	20	6
河　南	16	0	0	0	0	3	3	10
湖　北	1300	0	0	0	0	0	0	1300
湖　南	1	1	0	0	0	0	0	0
广　东	0	0	0	0	0	0	0	0
广　西	23	8	0	0	0	15	0	0
海　南	58	4	3	5	5	23	18	0
重　庆	7	0	0	0	0	0	0	7
四　川	0	0	0	0	0	0	0	0
贵　州	67	0	0	0	0	37	30	0
云　南	4	3	0	0	0	0	0	1
西　藏	45	35	3	1	1	3	2	0
陕　西	44	4	3	1	0	13	16	7
甘　肃	12	0	0	0	0	12	0	0
青　海	731	152	121	76	41	158	183	0
宁　夏	86	17	4	28	3	30	4	0
新　疆	19	4	0	4	0	7	4	0
新疆生产建设兵团	3	0	3	0	0	0	0	0

5-3 续表 11

地 区	合 计(人次)	实用技术培训人数						
		科普日		科技周		日常		其他
		科技进村	科教进社区	科技进村	科教进社区	科技进村	科教进社区	
合　计	**1166371**	**178552**	**16648**	**30570**	**15546**	**687489**	**45446**	**192120**
北　京	34640	600	0	2000	0	31610	150	280
天　津	0	0	0	0	0	0	0	0
河　北	19223	1724	1253	1657	1589	11654	1346	0
山　西	75902	48652	100	500	150	2200	500	23800
内蒙古	11082	1762	1972	1719	1663	1274	1192	1500
辽　宁	350	0	0	0	0	0	0	350
吉　林	10700	4550	0	1950	0	2600	1600	0
黑龙江	41980	19750	1256	1345	7102	6215	6312	0
上　海	2486	510	64	360	52	480	100	920
江　苏	300	0	0	0	0	0	0	300
浙　江	0	0	0	0	0	0	0	0
安　徽	260	0	0	0	0	0	0	260
福　建	3150	50	0	0	0	2950	0	150
江　西	361200	0	0	0	0	361200	0	0
山　东	24926	417	60	200	0	21929	2000	320
河　南	2790	0	0	0	0	600	600	1590
湖　北	158700	0	0	0	0	0	0	158700
湖　南	130	130	0	0	0	0	0	0
广　东	0	0	0	0	0	0	0	0
广　西	163000	73000	0	0	0	90000	0	0
海　南	7360	460	470	780	630	3250	1770	0
重　庆	2550	0	0	0	0	0	0	2550
四　川	0	0	0	0	0	0	0	0
贵　州	18500	0	0	0	0	9500	9000	0
云　南	600	400	0	0	0	0	0	200
西　藏	1833	864	163	146	190	300	170	0
陕　西	7246	723	460	150	0	1847	2866	1200
甘　肃	100000	0	0	0	0	100000	0	0
青　海	62300	16700	10110	9120	3960	8880	13530	0
宁　夏	25363	2560	240	3643	210	18400	310	0
新　疆	29300	5700	0	7000	0	12600	4000	0
新疆生产建设兵团	500	0	500	0	0	0	0	0

5-3 续表 12

地区	参加活动科技人员总数							
	合计（人次）	科普日		科技周		日常		其他
		科技进村	科教进社区	科技进村	科教进社区	科技进村	科教进社区	
合计	**406251**	**30777**	**55609**	**13241**	**68609**	**57629**	**123499**	**56887**
北京	15539	31	0	455	12733	1280	500	540
天津	6979	77	5215	31	425	343	322	566
河北	659	68	118	62	57	234	45	75
山西	1987	192	853	10	85	59	60	728
内蒙古	1466	112	98	124	121	316	235	460
辽宁	3450	0	202	0	2	2	2	3242
吉林	3098	260	50	130	100	490	1568	500
黑龙江	58061	11628	74	19	79	28031	8730	9500
上海	7109	145	1736	80	612	600	1376	2560
江苏	61163	10000	23122	5000	15631	606	5760	1044
浙江	21531	50	120	30	100	50	181	21000
安徽	335	3	6	6	6	39	36	239
福建	5239	5	330	0	3	2609	2057	235
江西	6023	5	42	10	35	5300	0	631
山东	22642	1856	3098	3605	4150	4890	4020	1023
河南	1343	90	140	30	50	280	290	463
湖北	1360	0	300	0	0	0	0	1060
湖南	447	25	40	15	19	6	42	300
广东	5695	0	1583	490	30	500	2385	707
广西	3933	117	62	8	1076	146	12	2512
海南	552	19	17	26	28	112	88	262
重庆	5118	26	485	17	104	46	79	4361
四川	15	15	0	0	0	0	0	0
贵州	361	60	10	40	12	140	92	7
云南	5349	7	2229	0	134	200	125	2654
西藏	565	300	56	10	19	95	65	20
陕西	2125	61	857	52	20	228	52	855
甘肃	38280	80	80	90	30	2000	36000	0
青海	20234	5303	3531	2642	1803	3511	2121	1323
宁夏	866	157	87	179	70	266	87	20
新疆	104690	70	11060	80	31065	5250	57165	0
新疆生产建设兵团	37	15	8	0	10	0	4	0

5-3 续表 13

地区	参加活动科技人员总数							
	合计(人次)	#专家人数						
		科普日		科技周		日常		其他
		科技进村	科教进社区	科技进村	科教进社区	科技进村	科教进社区	
合计	**16643**	**895**	**1741**	**843**	**1165**	**7368**	**1868**	**2763**
北京	1270	26	0	66	369	660	90	59
天津	400	18	126	8	11	76	155	6
河北	187	16	14	15	12	113	14	3
山西	274	72	30	8	14	23	9	118
内蒙古	192	11	6	9	5	51	20	90
辽宁	62	0	0	0	0	0	0	62
吉林	445	120	5	80	10	120	70	40
黑龙江	173	76	16	8	11	27	35	0
上海	1366	56	460	15	120	210	450	55
江苏	733	40	119	20	44	290	192	28
浙江	320	5	60	15	50	20	60	110
安徽	79	1	2	2	2	13	12	47
福建	350	0	124	0	0	167	0	59
江西	4161	0	22	0	12	4120	0	7
山东	2792	118	205	345	309	760	277	778
河南	893	50	94	20	35	135	195	364
湖北	144	0	100	0	0	0	0	44
湖南	51	8	13	6	7	0	17	0
广东	86	0	20	20	0	0	46	0
广西	316	16	14	1	8	23	1	253
海南	207	12	10	14	13	49	41	68
重庆	229	5	101	2	35	6	16	64
四川	6	6	0	0	0	0	0	0
贵州	60	10	4	14	12	20	0	0
云南	243	4	82	0	5	150	0	2
西藏	46	23	5	2	3	5	8	0
陕西	370	32	30	25	10	36	31	206
甘肃	47	0	0	0	0	36	11	0
青海	568	84	33	29	19	48	55	300
宁夏	482	68	37	104	35	193	45	0
新疆	85	12	9	15	14	17	18	0
新疆生产建设兵团	6	6	0	0	0	0	0	0

5-3 续表 14

地区	合计(个次)	参加活动的学会、协会、研究会						
		科普日		科技周		日常		其他
		科技进村	科教进社区	科技进村	科教进社区	科技进村	科教进社区	
合计	**4104**	**782**	**545**	**315**	**412**	**977**	**554**	**519**
北京	670	6	0	59	156	449	0	0
天津	349	20	72	0	7	90	160	0
河北	19	5	5	5	4	0	0	0
山西	77	0	71	0	0	0	1	5
内蒙古	0	0	0	0	0	0	0	0
辽宁	1	0	0	0	0	0	0	1
吉林	278	16	0	12	0	20	120	110
黑龙江	310	190	0	0	30	0	0	90
上海	0	0	0	0	0	0	0	0
江苏	161	35	30	45	45	4	2	0
浙江	61	5	12	3	10	5	10	16
安徽	28	0	7	0	7	7	7	0
福建	53	0	30	0	0	1	0	22
江西	0	0	0	0	0	0	0	0
山东	339	17	41	52	26	80	62	61
河南	40	10	8	5	3	5	5	4
湖北	1	0	0	0	0	0	0	1
湖南	2	0	1	0	0	0	1	0
广东	36	0	5	6	0	0	20	5
广西	0	0	0	0	0	0	0	0
海南	75	5	5	8	8	32	17	0
重庆	100	2	58	1	14	1	5	19
四川	13	13	0	0	0	0	0	0
贵州	121	63	38	8	7	4	0	1
云南	106	0	74	0	1	30	1	0
西藏	256	43	21	4	3	80	45	60
陕西	95	15	10	5	5	0	0	60
甘肃	22	3	0	5	6	3	5	0
青海	136	23	12	8	6	8	15	64
宁夏	215	41	25	39	24	58	28	0
新疆	540	270	20	50	50	100	50	0
新疆生产建设兵团	0	0	0	0	0	0	0	0

5-3 续表 15

地 区	覆盖村 合 计(个)	科普日科技进村	科技周科技进村	日 常科技进村	覆盖社区 合 计(个)	科普日科教进社区	科技周科教进社区	日常科教进社区
合 计	**92246**	**18182**	**753**	**73311**	**7718**	**3045**	**2099**	**2574**
北 京	372	5	77	290	344	20	274	50
天 津	110	20	0	90	257	67	7	183
河 北	181	35	10	136	55	35	10	10
山 西	12392	12360	4	28	157	23	17	117
内蒙古	25	3	4	18	55	5	7	43
辽 宁	16	0	0	16	41	6	1	34
吉 林	1970	96	62	1812	444	2	9	433
黑龙江	127	109	6	12	627	587	11	29
上 海	36	12	9	15	200	54	37	109
江 苏	120	42	26	52	358	170	79	109
浙 江	13	5	3	5	47	12	10	25
安 徽	170	30	40	100	160	40	40	80
福 建	166	5	5	156	23	6	5	12
江 西	8623	1	2	8620	9	4	5	0
山 东	66231	4758	70	61403	3839	1660	1415	764
河 南	41	10	2	29	54	11	3	40
湖 北	0	0	0	0	10	10	0	0
湖 南	5	4	1	0	17	5	2	10
广 东	131	0	130	1	120	37	1	82
广 西	31	11	1	19	31	5	25	1
海 南	93	13	17	63	55	5	17	33
重 庆	41	9	2	30	286	98	30	158
四 川	2	2	0	0	0	0	0	0
贵 州	120	103	8	9	16	4	5	7
云 南	9	1	0	8	91	80	3	8
西 藏	26	18	3	5	12	4	3	5
陕 西	141	7	16	118	41	11	1	29
甘 肃	50	0	0	50	80	0	0	80
青 海	392	317	32	43	82	27	21	34
宁 夏	374	87	125	162	102	28	34	40
新 疆	224	105	98	21	99	27	25	47
新疆生产建设兵团	14	14	0	0	6	2	2	2

5-4 2014年各副省级城市科协、省会城市科协科普活动

城市	合计(次)	举办科普宣讲活动						
		科普日		科技周		日常		其他
		科技进村	科教进社区	科技进村	科教进社区	科技进村	科教进社区	
合　计	**6751**	**263**	**399**	**144**	**319**	**496**	**4680**	**450**
副省级城市小计	**2297**	**70**	**190**	**69**	**205**	**290**	**1104**	**369**
宁　波*	114	0	1	0	0	0	13	100
厦　门*	20	3	4	3	3	4	3	0
深　圳*	130	0	20	0	15	0	85	10
青　岛*	94	0	6	0	18	26	21	23
大　连*	74	4	4	3	3	36	24	0
省会城市小计	**6319**	**256**	**364**	**138**	**280**	**430**	**4534**	**317**
石家庄	64	5	5	0	5	16	13	20
太　原	97	18	17	9	10	19	24	0
呼和浩特	22	4	3	2	3	1	3	6
沈　阳*	93	7	7	7	7	30	35	0
长　春*	0	0	0	0	0	0	0	0
哈尔滨*	45	0	8	0	6	16	15	0
南　京*	165	5	10	9	22	7	25	87
杭　州*	662	5	42	1	13	15	531	55
合　肥	42	5	6	4	3	12	12	0
福　州	98	11	12	9	9	22	31	4
南　昌	158	4	6	2	4	57	85	0
济　南*	239	13	20	8	11	46	99	42
郑　州	3302	0	0	0	2	0	3300	0
武　汉*	73	8	9	8	5	8	14	21
长　沙	52	10	12	5	5	10	10	0
广　州*	65	0	8	0	2	1	31	23
南　宁	9	0	0	0	0	0	3	6
海　口	130	20	20	20	20	20	20	10
成　都*	500	20	50	30	100	100	200	0
贵　阳	15	1	2	1	2	2	7	0
昆　明	29	0	14	0	3	1	1	10
拉　萨	26	1	2	0	1	4	5	13
西　安*	23	5	1	0	0	1	8	8
兰　州	269	84	85	8	28	21	43	0
西　宁	90	25	15	11	12	15	12	0
银　川	40	3	8	3	6	4	6	10
乌鲁木齐	11	2	2	1	1	2	1	2

注：城市名称后带“*”的为副省级城市，包括省会城市中带“*”的。

5-4 续表 1

城市	合计（人次）	宣讲活动受众人数						
		科普日		科技周		日常		其他
		科技进村	科教进社区	科技进村	科教进社区	科技进村	科教进社区	
合　　计	**3130040**	**108610**	**651703**	**77240**	**230968**	**323200**	**1124614**	**613705**
副省级城市小计	**2224340**	**45310**	**492303**	**32540**	**128068**	**216720**	**832844**	**476555**
宁　　波*	85800	0	50000	0	0	0	1500	34300
厦　　门*	19000	4500	3000	4000	2500	2500	2500	0
深　　圳*	25500	0	4000	0	3250	0	16750	1500
青　　岛*	475500	0	300500	0	35000	60000	60000	20000
大　　连*	99000	7000	7000	4000	3000	52000	26000	0
省会城市小计	**2425240**	**97110**	**287203**	**69240**	**187218**	**208700**	**1017864**	**557905**
石 家 庄	29200	2000	5000	0	2000	5200	3000	12000
太　　原	117000	2000	90000	8000	9000	3000	5000	0
呼和浩特	4500	600	600	200	600	100	600	1800
沈　　阳*	44200	3000	4000	3000	6200	13000	15000	0
长　　春*	0	0	0	0	0	0	0	0
哈 尔 滨*	14850	0	2650	0	1980	5320	4900	0
南　　京*	243625	3050	7500	3600	13700	1900	21250	192625
杭　　州*	671214	3500	18000	150	28650	11300	523364	86250
合　　肥	72080	12000	13500	2500	3500	5580	35000	0
福　　州	59900	900	1000	1000	1000	2000	4000	50000
南　　昌	78500	1600	4800	700	2600	23800	45000	0
济　　南*	210331	6200	50133	10000	19988	16500	57510	50000
郑　　州	150800	0	0	0	800	0	150000	0
武　　汉*	77470	6760	9320	5790	5000	31500	15200	3900
长　　沙	10000	2000	2000	1000	1000	2000	2000	0
广　　州*	66920	0	5200	0	3800	200	36000	21720
南　　宁	4300	0	0	0	0	0	700	3600
海　　口	9750	1500	1500	1500	1500	1500	1500	750
成　　都*	46000	3000	6000	2000	5000	10000	20000	0
贵　　阳	60350	10000	10000	10000	10000	10000	10350	0
昆　　明	111700	0	3000	0	53500	5200	20000	30000
拉　　萨	43100	1000	2200	0	3300	4200	3400	29000
西　　安*	144930	8300	25000	0	0	12500	32870	66260
兰　　州	74000	8000	4600	12000	6500	38000	4900	0
西　　宁	49420	20000	16000	5600	2600	3400	1820	0
银　　川	23000	1500	5000	2000	4000	2000	3500	5000
乌鲁木齐	8100	200	200	200	1000	500	1000	5000

5-4 续表 2

城市	举办科普宣讲活动							
	合计(次)	#院士科普报告会						
		科普日		科技周		日常		其他
		科技进村	科教进社区	科技进村	科教进社区	科技进村	科教进社区	
合　计	**93**	**6**	**16**	**7**	**12**	**11**	**18**	**23**
副省级城市小计	**77**	**3**	**11**	**4**	**10**	**11**	**18**	**20**
宁　波*	0	0	0	0	0	0	0	0
厦　门*	0	0	0	0	0	0	0	0
深　圳*	15	0	2	0	2	0	1	10
青　岛*	0	0	0	0	0	0	0	0
大　连*	19	1	1	1	1	9	6	0
省会城市小计	**59**	**5**	**13**	**6**	**9**	**2**	**11**	**13**
石家庄	0	0	0	0	0	0	0	0
太　原	10	3	2	3	2	0	0	0
呼和浩特	0	0	0	0	0	0	0	0
沈　阳*	0	0	0	0	0	0	0	0
长　春*	0	0	0	0	0	0	0	0
哈尔滨*	8	0	3	0	2	2	1	0
南　京*	4	0	0	0	0	0	3	1
杭　州*	7	0	0	0	1	0	0	6
合　肥	0	0	0	0	0	0	0	0
福　州	0	0	0	0	0	0	0	0
南　昌	0	0	0	0	0	0	0	0
济　南*	0	0	0	0	0	0	0	0
郑　州	0	0	0	0	0	0	0	0
武　汉*	20	2	4	3	4	0	4	3
长　沙	2	0	2	0	0	0	0	0
广　州*	2	0	1	0	0	0	1	0
南　宁	2	0	0	0	0	0	0	2
海　口	0	0	0	0	0	0	0	0
成　都*	0	0	0	0	0	0	0	0
贵　阳	0	0	0	0	0	0	0	0
昆　明	0	0	0	0	0	0	0	0
拉　萨	0	0	0	0	0	0	0	0
西　安*	2	0	0	0	0	0	2	0
兰　州	1	0	1	0	0	0	0	0
西　宁	0	0	0	0	0	0	0	0
银　川	1	0	0	0	0	0	0	1
乌鲁木齐	0	0	0	0	0	0	0	0

注：城市名称后带“*”的为副省级城市，包括省会城市中带“*”的。

5-4 续表 3

城市	举办科普宣讲活动							
	合计(次)	#举办专题展览						
		科普日		科技周		日常		其他
		科技进村	科教进社区	科技进村	科教进社区	科技进村	科教进社区	
合计	**510**	**46**	**63**	**30**	**56**	**92**	**167**	**56**
副省级城市小计	**288**	**21**	**36**	**10**	**32**	**48**	**93**	**48**
宁波*	1	0	1	0	0	0	0	0
厦门*	6	2	0	2	0	1	1	0
深圳*	12	0	4	0	4	0	4	0
青岛*	14	0	0	0	13	0	0	1
大连*	16	0	1	0	1	5	9	0
省会城市小计	**461**	**44**	**57**	**28**	**38**	**86**	**153**	**55**
石家庄	3	0	1	0	1	0	0	1
太原	30	5	3	2	2	8	10	0
呼和浩特	5	0	1	0	1	0	1	2
沈阳*	23	2	2	2	2	10	5	0
长春*	0	0	0	0	0	0	0	0
哈尔滨*	7	0	2	0	1	2	2	0
南京*	20	1	1	1	2	1	1	13
杭州*	29	2	0	0	1	1	3	22
合肥	6	1	1	1	1	1	1	0
福州	27	3	3	3	2	7	9	0
南昌	52	1	2	1	1	12	35	0
济南*	123	10	16	4	7	26	55	5
郑州	0	0	0	0	0	0	0	0
武汉*	12	2	3	1	1	2	3	0
长沙	0	0	0	0	0	0	0	0
广州*	21	0	6	0	0	0	10	5
南宁	0	0	0	0	0	0	0	0
海口	65	10	10	10	10	10	10	5
成都*	0	0	0	0	0	0	0	0
贵阳	7	1	1	1	1	2	1	0
昆明	4	0	1	0	2	0	1	0
拉萨	0	0	0	0	0	0	0	0
西安*	4	2	0	0	0	0	0	2
兰州	11	1	1	1	1	3	4	0
西宁	12	3	3	1	2	1	2	0
银川	0	0	0	0	0	0	0	0
乌鲁木齐	0	0	0	0	0	0	0	0

5-4 续表 4

城市	举办科普宣讲活动							
	合计(次)	#流动科技馆巡展						
		科普日		科技周		日常		其他
		科技进村	科教进社区	科技进村	科教进社区	科技进村	科教进社区	
合计	**465**	**39**	**66**	**18**	**40**	**81**	**137**	**84**
副省级城市小计	**279**	**9**	**29**	**8**	**12**	**54**	**85**	**82**
宁波*	17	0	0	0	0	0	0	17
厦门*	0	0	0	0	0	0	0	0
深圳*	21	0	10	0	1	0	10	0
青岛*	49	0	3	0	3	26	13	4
大连*	0	0	0	0	0	0	0	0
省会城市小计	**378**	**39**	**53**	**18**	**36**	**55**	**114**	**63**
石家庄	24	0	1	0	1	9	13	0
太原	3	1	1	1	0	0	0	0
呼和浩特	9	2	1	1	1	1	1	2
沈阳*	0	0	0	0	0	0	0	0
长春*	0	0	0	0	0	0	0	0
哈尔滨*	7	0	2	0	2	2	1	0
南京*	31	1	2	1	2	1	4	20
杭州*	18	0	6	0	0	1	9	2
合肥	16	2	2	1	1	5	5	0
福州	0	0	0	0	0	0	0	0
南昌	0	0	0	0	0	0	0	0
济南*	110	3	4	4	4	18	40	37
郑州	0	0	0	0	0	0	0	0
武汉*	21	3	2	3	0	6	7	0
长沙	0	0	0	0	0	0	0	0
广州*	0	0	0	0	0	0	0	0
南宁	0	0	0	0	0	0	0	0
海口	0	0	0	0	0	0	0	0
成都*	0	0	0	0	0	0	0	0
贵阳	0	0	0	0	0	0	0	0
昆明	0	0	0	0	0	0	0	0
拉萨	1	0	1	0	0	0	0	0
西安*	5	2	0	0	0	0	1	2
兰州	83	16	18	1	19	3	26	0
西宁	35	7	8	6	3	7	4	0
银川	15	2	5	0	3	2	3	0
乌鲁木齐	0	0	0	0	0	0	0	0

注：城市名称后带“*”的为副省级城市，包括省会城市中带“*”的。

5-4 续表 5

城市	宣讲活动受众人数							
	合计(人次)	#流动科技馆巡展受众人数						
		科普日		科技周		日常		其他
		科技进村	科教进社区	科技进村	科教进社区	科技进村	科教进社区	
合计	**838705**	**19990**	**289420**	**17770**	**31990**	**144042**	**162133**	**173360**
副省级城市小计	**724905**	**10540**	**271520**	**4790**	**20280**	**101162**	**143753**	**172860**
宁波*	28000	0	0	0	0	0	0	28000
厦门*	0	0	0	0	0	0	0	0
深圳*	6000	0	1000	0	1000	0	4000	0
青岛*	360000	0	250000	0	10000	60000	30000	10000
大连*	0	0	0	0	0	0	0	0
省会城市小计	**444705**	**19990**	**38420**	**17770**	**20990**	**84042**	**128133**	**135360**
石家庄	9000	0	1000	0	1000	4000	3000	0
太原	7200	1000	5700	500	0	0	0	0
呼和浩特	1500	200	200	100	200	100	200	500
沈阳*	0	0	0	0	0	0	0	0
长春*	0	0	0	0	0	0	0	0
哈尔滨*	2345	0	650	0	680	662	353	0
南京*	104010	700	6050	1500	6300	500	13200	75760
杭州*	65500	0	8000	0	0	500	52000	5000
合肥	9290	350	600	300	560	980	6500	0
福州	0	0	0	0	0	0	0	0
南昌	0	0	0	0	0	0	0	0
济南*	79400	1600	2500	2000	2300	11000	15000	45000
郑州	0	0	0	0	0	0	0	0
武汉*	44570	2260	3320	1290	0	28500	9200	0
长沙	0	0	0	0	0	0	0	0
广州*	0	0	0	0	0	0	0	0
南宁	0	0	0	0	0	0	0	0
海口	0	0	0	0	0	0	0	0
成都*	0	0	0	0	0	0	0	0
贵阳	0	0	0	0	0	0	0	0
昆明	0	0	0	0	0	0	0	0
拉萨	2000	0	2000	0	0	0	0	0
西安*	35080	5980	0	0	0	0	20000	9100
兰州	65210	4800	3900	10680	6350	34800	4680	0
西宁	9100	1600	1500	1400	1600	1500	1500	0
银川	10500	1500	3000	0	2000	1500	2500	0
乌鲁木齐	0	0	0	0	0	0	0	0

5-4 续表 6

城市	举办科普宣讲活动							
	合计(次)	#开展科技咨询						
		科普日		科技周		日常		其他
		科技进村	科教进社区	科技进村	科教进社区	科技进村	科教进社区	
合计	**700**	**65**	**80**	**48**	**64**	**150**	**225**	**68**
副省级城市小计	**275**	**9**	**16**	**10**	**18**	**44**	**127**	**51**
宁波*	0	0	0	0	0	0	0	0
厦门*	4	1	0	1	0	2	0	0
深圳*	82	0	4	0	8	0	70	0
青岛*	31	0	3	0	2	0	8	18
大连*	0	0	0	0	0	0	0	0
省会城市小计	**583**	**64**	**73**	**47**	**54**	**148**	**147**	**50**
石家庄	9	0	1	0	1	7	0	0
太原	54	9	11	3	6	11	14	0
呼和浩特	8	2	1	1	1	0	1	2
沈阳*	70	5	5	5	5	20	30	0
长春*	0	0	0	0	0	0	0	0
哈尔滨*	23	0	1	0	1	10	11	0
南京*	8	1	1	3	2	0	0	1
杭州*	21	1	1	1	0	12	0	6
合肥	20	2	3	2	1	6	6	0
福州	67	8	9	6	7	15	22	0
南昌	59	1	3	1	1	31	22	0
济南*	0	0	0	0	0	0	0	0
郑州	0	0	0	0	0	0	0	0
武汉*	18	0	0	0	0	0	0	18
长沙	50	10	10	5	5	10	10	0
广州*	8	0	0	0	0	0	3	5
南宁	2	0	0	0	0	0	2	0
海口	65	10	10	10	10	10	10	5
成都*	0	0	0	0	0	0	0	0
贵阳	3	0	1	0	1	0	1	0
昆明	15	0	3	0	1	1	0	10
拉萨	0	0	0	0	0	0	0	0
西安*	10	1	1	0	0	0	5	3
兰州	52	12	8	6	8	12	6	0
西宁	6	1	1	1	1	1	1	0
银川	15	1	3	3	3	2	3	0
乌鲁木齐	0	0	0	0	0	0	0	0

注：城市名称后带“*”的为副省级城市，包括省会城市中带“*”的。

5-4 续表 7

城市	合计(项)	推广新技术、新品种						
		科普日		科技周		日常		其他
		科技进村	科教进社区	科技进村	科教进社区	科技进村	科教进社区	
合　计	**795**	**110**	**66**	**94**	**71**	**174**	**165**	**115**
副省级城市小计	**626**	**77**	**35**	**66**	**49**	**133**	**153**	**113**
宁　波*	0	0	0	0	0	0	0	0
厦　门*	0	0	0	0	0	0	0	0
深　圳*	100	0	0	0	0	0	0	100
青　岛*	0	0	0	0	0	0	0	0
大　连*	24	5	1	5	1	6	6	0
省会城市小计	**671**	**105**	**65**	**89**	**70**	**168**	**159**	**15**
石家庄	6	3	0	0	0	3	0	0
太　原	110	20	30	20	20	10	10	0
呼和浩特	0	0	0	0	0	0	0	0
沈　阳*	155	20	0	15	10	80	30	0
长　春*	0	0	0	0	0	0	0	0
哈尔滨*	81	0	0	0	0	0	81	0
南　京*	202	42	30	40	35	25	20	10
杭　州*	2	0	0	0	0	1	0	1
合　肥	4	0	0	0	0	4	0	0
福　州	0	0	0	0	0	0	0	0
南　昌	0	0	0	0	0	0	0	0
济　南*	62	10	4	6	3	21	16	2
郑　州	0	0	0	0	0	0	0	0
武　汉*	0	0	0	0	0	0	0	0
长　沙	20	5	0	5	0	10	0	0
广　州*	0	0	0	0	0	0	0	0
南　宁	4	3	0	0	0	1	0	0
海　口	10	2	1	2	1	2	1	1
成　都*	0	0	0	0	0	0	0	0
贵　阳	10	0	0	0	0	10	0	0
昆　明	0	0	0	0	0	0	0	0
拉　萨	0	0	0	0	0	0	0	0
西　安*	0	0	0	0	0	0	0	0
兰　州	0	0	0	0	0	0	0	0
西　宁	0	0	0	0	0	0	0	0
银　川	0	0	0	0	0	0	0	0
乌鲁木齐	5	0	0	1	1	1	1	1

5-4 续表 8

城　市	合　计(分钟)	播放科技广播、影视节目						
		科普日		科技周		日常		其他
		科技进村	科教进社区	科技进村	科教进社区	科技进村	科教进社区	
合　计	**187074**	**7166**	**7500**	**4358**	**3667**	**12437**	**113093**	**38853**
副省级城市小计	**107171**	**0**	**660**	**0**	**120**	**66**	**96185**	**10140**
宁　波*	3865	0	0	0	0	0	0	3865
厦　门*	0	0	0	0	0	0	0	0
深　圳*	0	0	0	0	0	0	0	0
青　岛*	0	0	0	0	0	0	0	0
大　连*	666	0	0	0	0	66	600	0
省会城市小计	**182543**	**7166**	**7500**	**4358**	**3667**	**12371**	**112493**	**34988**
石家庄	28100	0	0	0	0	0	0	28100
太　原	1040	0	0	0	0	0	1040	0
呼和浩特	0	0	0	0	0	0	0	0
沈　阳*	0	0	0	0	0	0	0	0
长　春*	0	0	0	0	0	0	0	0
哈尔滨*	0	0	0	0	0	0	0	0
南　京*	35	0	0	0	0	0	0	35
杭　州*	95745	0	540	0	0	0	89005	6200
合　肥	3120	0	0	0	0	0	3120	0
福　州	13820	30	30	30	30	6850	6850	0
南　昌	0	0	0	0	0	0	0	0
济　南*	5500	0	0	0	0	0	5500	0
郑　州	35	0	0	0	0	0	35	0
武　汉*	40	0	0	0	0	0	0	40
长　沙	0	0	0	0	0	0	0	0
广　州*	360	0	120	0	120	0	120	0
南　宁	357	0	0	0	0	0	0	357
海　口	3000	500	500	500	500	500	500	0
成　都*	0	0	0	0	0	0	0	0
贵　阳	0	0	0	0	0	0	0	0
昆　明	0	0	0	0	0	0	0	0
拉　萨	0	0	0	0	0	0	0	0
西　安*	960	0	0	0	0	0	960	0
兰　州	28560	6200	5940	3600	2800	4820	5200	0
西　宁	1300	400	300	200	160	140	100	0
银　川	440	20	60	20	40	40	60	200
乌鲁木齐	131	16	10	8	17	21	3	56

注：城市名称后带“*”的为副省级城市，包括省会城市中带“*”的。

5-4 续表 9

城市	播放科技广播、影视节目							
	#电台电视台播放科技节目							
	合计(分钟)	科普日		科技周		日常		其他
		科技进村	科教进社区	科技进村	科教进社区	科技进村	科教进社区	
合　计	**70844**	**4246**	**3060**	**2738**	**2927**	**9676**	**16676**	**31521**
副省级城市小计	**9593**	**0**	**0**	**0**	**0**	**65**	**2983**	**6545**
宁　波*	3865	0	0	0	0	0	0	3865
厦　门*	0	0	0	0	0	0	0	0
深　圳*	0	0	0	0	0	0	0	0
青　岛*	0	0	0	0	0	0	0	0
大　连*	455	0	0	0	0	65	390	0
省会城市小计	**66524**	**4246**	**3060**	**2738**	**2927**	**9611**	**16286**	**27656**
石家庄	24920	0	0	0	0	0	0	24920
太　原	1040	0	0	0	0	0	1040	0
呼和浩特	0	0	0	0	0	0	0	0
沈　阳*	0	0	0	0	0	0	0	0
长　春*	0	0	0	0	0	0	0	0
哈尔滨*	0	0	0	0	0	0	0	0
南　京*	0	0	0	0	0	0	0	0
杭　州*	2773	0	0	0	0	0	93	2680
合　肥	3120	0	0	0	0	0	3120	0
福　州	13820	30	30	30	30	6850	6850	0
南　昌	0	0	0	0	0	0	0	0
济　南*	2500	0	0	0	0	0	2500	0
郑　州	0	0	0	0	0	0	0	0
武　汉*	0	0	0	0	0	0	0	0
长　沙	0	0	0	0	0	0	0	0
广　州*	0	0	0	0	0	0	0	0
南　宁	0	0	0	0	0	0	0	0
海　口	0	0	0	0	0	0	0	0
成　都*	0	0	0	0	0	0	0	0
贵　阳	0	0	0	0	0	0	0	0
昆　明	0	0	0	0	0	0	0	0
拉　萨	0	0	0	0	0	0	0	0
西　安*	0	0	0	0	0	0	0	0
兰　州	16860	3800	2700	2500	2700	2600	2560	0
西　宁	1300	400	300	200	160	140	100	0
银　川	60	0	20	0	20	0	20	0
乌鲁木齐	131	16	10	8	17	21	3	56

5-4 续表 10

城　　市	合　计 (次)	举办实用技术培训						
		科普日		科技周		日常		其他
		科技进村	科教进社区	科技进村	科教进社区	科技进村	科教进社区	
合　　计	**4459**	**227**	**134**	**202**	**239**	**668**	**1745**	**1244**
副省级城市小计	**3928**	**189**	**111**	**178**	**218**	**560**	**1690**	**982**
宁　　波*	900	0	0	0	0	0	0	900
厦　　门*	0	0	0	0	0	0	0	0
深　　圳*	0	0	0	0	0	0	0	0
青　　岛*	0	0	0	0	0	0	0	0
大　　连*	182	1	0	1	0	180	0	0
省会城市小计	**3377**	**226**	**134**	**201**	**239**	**488**	**1745**	**344**
石 家 庄	23	5	0	2	0	12	4	0
太　　原	24	3	4	5	5	3	4	0
呼和浩特	8	1	1	2	1	1	2	0
沈　　阳*	310	40	0	30	10	220	10	0
长　　春*	0	0	0	0	0	0	0	0
哈 尔 滨*	33	12	0	0	1	15	5	0
南　　京*	618	90	65	130	100	100	70	63
杭　　州*	9	1	0	1	0	2	0	5
合　　肥	2	0	0	0	0	2	0	0
福　　州	199	0	0	0	0	0	0	199
南　　昌	50	0	0	0	0	0	0	50
济　　南*	1847	42	44	15	105	40	1601	0
郑　　州	0	0	0	0	0	0	0	0
武　　汉*	16	1	0	1	0	2	0	12
长　　沙	22	5	5	1	1	5	5	0
广　　州*	6	0	2	0	2	0	2	0
南　　宁	6	1	0	0	2	1	0	2
海　　口	70	10	10	10	10	10	10	10
成　　都*	0	0	0	0	0	0	0	0
贵　　阳	83	2	0	1	0	55	25	0
昆　　明	1	0	1	0	0	0	0	0
拉　　萨	0	0	0	0	0	0	0	0
西　　安*	7	2	0	0	0	1	2	2
兰　　州	26	8	0	2	0	16	0	0
西　　宁	13	3	2	1	1	2	4	0
银　　川	0	0	0	0	0	0	0	0
乌鲁木齐	4	0	0	0	1	1	1	1

注：城市名称后带“*”的为副省级城市，包括省会城市中带“*”的。

5-4 续表 11

城 市	合 计(人次)	实用技术培训人数						
		科普日		科技周		日常		其他
		科技进村	科教进社区	科技进村	科教进社区	科技进村	科教进社区	
合 计	**286848**	**28542**	**12490**	**19920**	**24205**	**88800**	**48950**	**63941**
副省级城市小计	**201516**	**15582**	**10140**	**16200**	**20765**	**50260**	**39420**	**49149**
宁 波*	40000	0	0	0	0	0	0	40000
厦 门*	0	0	0	0	0	0	0	0
深 圳*	0	0	0	0	0	0	0	0
青 岛*	0	0	0	0	0	0	0	0
大 连*	21700	100	0	100	0	21500	0	0
省会城市小计	**225148**	**28442**	**12490**	**19820**	**24205**	**67300**	**48950**	**23941**
石家庄	6100	500	0	300	0	4800	500	0
太 原	1900	300	400	300	400	200	300	0
呼和浩特	360	60	50	80	50	40	80	0
沈 阳*	15300	2000	0	1500	300	11000	500	0
长 春*	0	0	0	0	0	0	0	0
哈尔滨*	8427	2832	0	0	245	3540	1810	0
南 京*	61629	9000	6500	13000	9000	11000	6700	6429
杭 州*	1290	160	0	120	0	320	0	690
合 肥	290	0	0	0	0	290	0	0
福 州	12627	0	0	0	0	0	0	12627
南 昌	1400	0	0	0	0	0	0	1400
济 南*	48420	820	3440	1330	11020	2400	29410	0
郑 州	0	0	0	0	0	0	0	0
武 汉*	1800	150	0	150	0	300	0	1200
长 沙	4400	1000	1000	200	200	1000	1000	0
广 州*	600	0	200	0	200	0	200	0
南 宁	2500	100	0	0	2100	50	0	250
海 口	3500	500	500	500	500	500	500	500
成 都*	0	0	0	0	0	0	0	0
贵 阳	24300	200	0	100	0	17000	7000	0
昆 明	200	0	200	0	0	0	0	0
拉 萨	0	0	0	0	0	0	0	0
西 安*	2350	520	0	0	0	200	800	830
兰 州	26500	10000	0	2000	0	14500	0	0
西 宁	1140	300	200	240	160	140	100	0
银 川	0	0	0	0	0	0	0	0
乌鲁木齐	115	0	0	0	30	20	50	15

5-4 续表 12

城　市	合　计（人次）	参加活动科技人员总数						
		科普日		科技周		日常		其他
		科技进村	科教进社区	科技进村	科教进社区	科技进村	科教进社区	
合　　计	**77435**	**8108**	**7606**	**4240**	**5723**	**12979**	**24235**	**14544**
副省级城市小计	**66758**	**6845**	**6343**	**3461**	**4582**	**10405**	**21270**	**13852**
宁　波*	5350	0	50	0	0	0	50	5250
厦　门*	4050	900	600	700	700	500	650	0
深　圳*	800	0	200	0	200	0	300	100
青　岛*	936	0	40	0	71	420	40	365
大　连*	730	85	25	75	15	310	220	0
省会城市小计	**65569**	**7123**	**6691**	**3465**	**4737**	**11749**	**22975**	**8829**
石家庄	221	6	6	6	6	136	56	5
太　原	3200	600	500	300	400	750	650	0
呼和浩特	51	8	6	10	5	5	5	12
沈　阳*	1145	120	20	170	20	800	15	0
长　春*	0	0	0	0	0	0	0	0
哈尔滨*	107	10	36	0	36	17	8	0
南　京*	10845	2020	994	2020	1668	1730	962	1451
杭　州*	1931	65	133	31	52	98	737	815
合　肥	450	30	35	30	35	150	170	0
福　州	460	80	110	30	30	90	40	80
南　昌	2020	80	150	40	100	620	910	120
济　南*	3120	400	160	240	180	1260	760	120
郑　州	600	0	0	0	80	0	520	0
武　汉*	5043	3025	235	125	30	110	58	1460
长　沙	520	100	100	100	20	100	100	0
广　州*	7150	0	2050	0	1010	10	1470	2610
南　宁	123	16	0	0	10	60	25	12
海　口	450	100	50	50	50	50	100	50
成　都*	21300	100	500	100	600	5000	15000	0
贵　阳	835	50	50	50	50	420	215	0
昆　明	380	0	62	0	191	7	80	40
拉　萨	210	8	8	0	10	16	10	158
西　安*	4251	120	1300	0	0	150	1000	1681
兰　州	177	32	28	20	18	56	23	0
西　宁	635	120	120	130	120	100	45	0
银　川	230	3	8	3	6	4	6	200
乌鲁木齐	115	30	30	10	10	10	10	15

注：城市名称后带“*”的为副省级城市，包括省会城市中带“*”的。

5-4 续表 13

城市	参加活动科技人员总数							
	合计(人次)	#专家人数						
		科普日		科技周		日常		其他
		科技进村	科教进社区	科技进村	科教进社区	科技进村	科教进社区	
合计	**10952**	**1437**	**1146**	**1463**	**1535**	**1657**	**1602**	**2112**
副省级城市小计	**8642**	**1131**	**763**	**1281**	**1231**	**993**	**1217**	**2026**
宁波*	510	0	0	0	0	0	0	510
厦门*	380	75	50	57	52	41	105	0
深圳*	80	0	20	0	20	0	40	0
青岛*	353	0	30	0	65	0	0	258
大连*	161	42	4	41	3	47	24	0
省会城市小计	**9468**	**1320**	**1042**	**1365**	**1395**	**1569**	**1433**	**1344**
石家庄	60	5	0	2	0	38	10	5
太原	1200	200	200	100	200	300	200	0
呼和浩特	17	4	3	4	2	2	2	0
沈阳*	272	42	10	50	10	150	10	0
长春*	0	0	0	0	0	0	0	0
哈尔滨*	70	0	25	0	28	12	5	0
南京*	4459	860	220	1110	1010	710	240	309
杭州*	730	29	53	20	27	31	510	60
合肥	90	0	0	0	0	90	0	0
福州	240	30	60	15	20	60	25	30
南昌	0	0	0	0	0	0	0	0
济南*	0	0	0	0	0	0	0	0
郑州	13	0	0	0	3	0	10	0
武汉*	215	3	3	3	3	0	3	200
长沙	50	10	10	10	0	10	10	0
广州*	451	0	68	0	13	2	180	188
南宁	15	4	0	0	6	1	0	4
海口	140	20	20	20	20	20	20	20
成都*	0	0	0	0	0	0	0	0
贵阳	165	10	10	10	10	80	45	0
昆明	95	0	56	0	19	2	10	8
拉萨	0	0	0	0	0	0	0	0
西安*	961	80	280	0	0	0	100	501
兰州	51	8	5	6	7	15	10	0
西宁	144	14	16	14	15	45	40	0
银川	30	1	3	1	2	1	3	19
乌鲁木齐	0	0	0	0	0	0	0	0

5-4 续表 14

城市	合计(个次)	参加活动的学会、协会、研究会						
		科普日		科技周		日常		其他
		科技进村	科教进社区	科技进村	科教进社区	科技进村	科教进社区	
合　计	**2001**	**169**	**368**	**213**	**324**	**294**	**420**	**213**
副省级城市小计	**864**	**52**	**153**	**82**	**140**	**91**	**245**	**101**
宁　波*	20	0	0	0	0	0	0	20
厦　门*	64	11	10	11	10	12	10	0
深　圳*	125	0	25	0	30	0	70	0
青　岛*	9	0	1	0	2	5	0	1
大　连*	115	5	5	5	5	25	70	0
省会城市小计	**1668**	**153**	**327**	**197**	**277**	**252**	**270**	**192**
石家庄	19	0	0	0	0	15	4	0
太　原	560	80	160	100	110	60	50	0
呼和浩特	8	1	1	2	1	1	2	0
沈　阳*	31	3	5	3	4	8	8	0
长　春*	0	0	0	0	0	0	0	0
哈尔滨*	29	0	13	0	16	0	0	0
南　京*	220	17	30	51	52	20	30	20
杭　州*	172	15	42	11	21	21	52	10
合　肥	31	0	0	0	0	31	0	0
福　州	60	8	10	6	10	11	15	0
南　昌	138	9	18	7	10	22	37	35
济　南*	0	0	0	0	0	0	0	0
郑　州	15	0	0	0	5	0	10	0
武　汉*	0	0	0	0	0	0	0	0
长　沙	18	5	5	2	2	2	2	0
广　州*	75	1	22	1	0	0	1	50
南　宁	64	2	0	0	0	0	0	62
海　口	0	0	0	0	0	0	0	0
成　都*	0	0	0	0	0	0	0	0
贵　阳	93	5	5	5	5	50	23	0
昆　明	66	0	5	0	30	2	14	15
拉　萨	0	0	0	0	0	0	0	0
西　安*	4	0	0	0	0	0	4	0
兰　州	0	0	0	0	0	0	0	0
西　宁	0	0	0	0	0	0	0	0
银　川	25	3	6	2	4	4	6	0
乌鲁木齐	40	4	5	7	7	5	12	0

注：城市名称后带“*”的为副省级城市，包括省会城市中带“*”的。

5-4 续表 15

城市	覆盖村 合计(个)	覆盖村 科普日科技进村	覆盖村 科技周科技进村	覆盖村 日常科技进村	覆盖社区 合计(个)	覆盖社区 科普日科教进社区	覆盖社区 科技周科教进社区	覆盖社区 日常科教进社区
合　计	**3071**	**658**	**494**	**1919**	**7868**	**1704**	**1892**	**4272**
副省级城市小计	**2020**	**327**	**208**	**1485**	**3218**	**605**	**716**	**1897**
宁　波*	0	0	0	0	18	5	0	13
厦　门*	10	3	3	4	22	7	7	8
深　圳*	0	0	0	0	80	20	20	40
青　岛*	5	0	0	5	45	6	18	21
大　连*	190	3	2	185	280	3	2	275
省会城市小计	**2866**	**652**	**489**	**1725**	**4650**	**1099**	**1176**	**2375**
石家庄	54	10	5	39	27	5	5	17
太　原	307	127	110	70	342	212	60	70
呼和浩特	12	3	3	6	12	4	4	4
沈　阳*	760	50	50	660	350	50	50	250
长　春*	0	0	0	0	0	0	0	0
哈尔滨*	192	96	0	96	121	62	55	4
南　京*	195	52	76	67	711	149	318	244
杭　州*	31	24	1	6	247	6	5	236
合　肥	35	0	0	35	66	0	0	66
福　州	29	6	3	20	90	15	10	65
南　昌	63	4	2	57	95	6	4	85
济　南*	250	60	40	150	420	100	70	250
郑　州	0	0	0	0	112	0	5	107
武　汉*	19	6	5	8	38	9	15	14
长　沙	9	5	2	2	9	5	2	2
广　州*	4	1	1	2	72	36	6	30
南　宁	63	26	0	37	5	0	2	3
海　口	30	10	10	10	30	10	10	10
成　都*	360	30	30	300	800	150	150	500
贵　阳	44	3	3	38	27	5	5	17
昆　明	2	0	0	2	14	5	1	8
拉　萨	5	1	0	4	8	2	1	5
西　安*	4	2	0	2	14	2	0	12
兰　州	54	16	15	23	161	48	27	86
西　宁	72	20	40	12	20	10	5	5
银　川	10	3	3	4	20	8	6	6
乌鲁木齐	262	97	90	75	839	200	360	279

5-5 2014年各地区地级科协科普活动

地　　区	合　计(次)	举办科普宣讲活动						
		科普日		科技周		日常		其他
		科技进村	科教进社区	科技进村	科教进社区	科技进村	科教进社区	
合　　计	**42604**	**3438**	**6184**	**4060**	**7473**	**4957**	**13672**	**2820**
北　京	7126	121	904	200	1680	267	3877	77
天　津	4171	114	644	233	1062	307	1799	12
河　北	305	34	35	43	48	61	51	33
山　西	506	62	51	43	25	66	159	100
内蒙古	1462	51	74	41	62	112	1067	55
辽　宁	2242	140	179	131	167	202	1245	178
吉　林	501	12	12	410	17	16	33	1
黑龙江	639	66	64	62	63	221	149	14
上　海	8354	914	1906	1145	2457	327	1199	406
江　苏	1807	150	227	171	305	131	720	103
浙　江	1133	245	327	106	125	121	112	97
安　徽	548	54	76	45	56	103	170	44
福　建	311	45	41	31	39	62	51	42
江　西	435	59	68	38	45	81	83	61
山　东	1553	144	142	133	145	329	357	303
河　南	1373	101	182	86	138	329	469	68
湖　北	828	100	107	60	82	146	180	153
湖　南	467	52	88	55	74	81	111	6
广　东	1312	49	114	70	80	215	307	477
广　西	347	31	32	45	29	104	52	54
海　南	0	0	0	0	0	0	0	0
重　庆	867	101	187	80	156	115	191	37
四　川	354	27	44	33	36	89	98	27
贵　州	291	18	29	12	16	105	60	51
云　南	471	66	81	43	50	102	67	62
西　藏	164	21	9	33	16	64	12	9
陕　西	209	20	35	19	28	60	36	11
甘　肃	1635	286	144	218	173	525	278	11
青　海	181	26	38	21	30	34	23	9
宁　夏	243	17	25	32	35	75	35	24
新　疆	1871	213	209	247	129	392	429	252
新疆生产建设兵团	898	99	110	174	105	115	252	43

5-5 续表 1

地　区	合　计(人次)	宣讲活动受众人数						
		科普日		科技周		日常		其他
		科技进村	科教进社区	科技进村	科教进社区	科技进村	科教进社区	
合　计	**26556290**	**2614790**	**3609074**	**2646161**	**4456688**	**4627263**	**6222873**	**2379441**
北　京	2923201	89989	542752	125322	818881	141684	1099150	105423
天　津	1179616	112788	259835	218291	288010	37479	259013	4200
河　北	469700	32800	85900	48700	93100	59540	66960	82700
山　西	222300	30000	23300	13500	13220	21250	61030	60000
内蒙古	433707	20301	34200	20501	33000	33405	98400	193900
辽　宁	848526	141006	98993	67830	77231	141400	221466	100600
吉　林	122700	3400	37810	6760	12580	16820	25330	20000
黑龙江	315940	16800	44460	20640	35720	117500	72120	8700
上　海	3002477	129269	438191	144576	826599	437989	858584	167269
江　苏	4300010	584610	551900	701880	860720	716570	818780	65550
浙　江	429768	53820	93680	40450	45842	57660	40431	97885
安　徽	297450	37245	41700	25970	34680	67385	79370	11100
福　建	375492	21909	27665	20250	21230	141662	24101	118675
江　西	587341	96300	70300	53500	73300	121104	84237	88600
山　东	1992780	184130	132960	278400	343660	444380	419670	189580
河　南	1093102	149950	164330	79400	98460	296670	246690	57602
湖　北	877650	103600	134000	138300	135800	135200	194450	36300
湖　南	434815	60230	71200	39530	49125	104780	94150	15800
广　东	1189933	117100	120200	116750	101860	203700	241120	289203
广　西	403020	25143	37355	43810	26940	85530	51052	133190
海　南	0	0	0	0	0	0	0	0
重　庆	769060	82110	130670	105620	133960	94680	169190	52830
四　川	740906	26900	66950	41760	59320	163580	317026	65370
贵　州	400011	26020	66892	15526	34484	95087	134602	27400
云　南	799538	83255	108928	40089	38808	311306	72707	144445
西　藏	40280	2750	2300	8740	6240	11950	3300	5000
陕　西	299484	43440	41020	14909	47232	46121	67602	39160
甘　肃	833128	189196	76636	75426	49841	170466	158763	112800
青　海	52600	4200	7830	7800	6020	11600	12150	3000
宁　夏	94710	2280	9820	6920	8400	6300	14780	46210
新　疆	744337	97061	51340	59052	34580	305620	166250	30434
新疆生产建设兵团	282708	47188	35957	65959	47845	28845	50399	6515

5-5 续表 2

地　区	举办科普宣讲活动							
	#院士科普报告会							
	合　计 (次)	科普日		科技周		日常		其他
		科技进村	科教进社区	科技进村	科教进社区	科技进村	科教进社区	
合　计	**604**	**21**	**75**	**22**	**115**	**26**	**155**	**190**
北　京	71	3	7	6	19	3	23	10
天　津	23	0	1	0	21	0	1	0
河　北	26	0	3	2	2	0	1	18
山　西	53	3	0	0	0	0	50	0
内 蒙 古	50	0	1	0	2	0	0	47
辽　宁	8	2	2	1	2	0	0	1
吉　林	0	0	0	0	0	0	0	0
黑 龙 江	1	0	0	0	0	0	0	1
上　海	59	0	9	0	14	0	36	0
江　苏	70	1	21	1	26	2	0	19
浙　江	20	2	6	1	3	2	2	4
安　徽	10	0	0	0	0	0	1	9
福　建	8	0	0	0	0	0	0	8
江　西	13	0	4	0	2	0	2	5
山　东	29	2	3	2	6	3	4	9
河　南	7	0	1	0	3	0	2	1
湖　北	33	1	3	0	1	1	21	6
湖　南	13	0	1	3	3	5	1	0
广　东	4	0	1	0	0	0	0	3
广　西	0	0	0	0	0	0	0	0
海　南	0	0	0	0	0	0	0	0
重　庆	7	1	1	1	1	1	1	1
四　川	3	0	1	0	0	1	0	1
贵　州	6	0	3	0	0	0	0	3
云　南	26	0	0	0	0	0	0	26
西　藏	0	0	0	0	0	0	0	0
陕　西	4	1	0	0	0	0	0	3
甘　肃	8	0	0	0	0	3	5	0
青　海	7	1	1	1	1	1	1	1
宁　夏	17	2	2	3	3	3	2	2
新　疆	24	2	4	1	6	1	2	8
新疆生产建设兵团	4	0	0	0	0	0	0	4

5-5 续表 3

地区	举办科普宣讲活动							
	合计(次)	#举办专题展览						
		科普日		科技周		日常		其他
		科技进村	科教进社区	科技进村	科教进社区	科技进村	科教进社区	
合计	**8708**	**793**	**1581**	**853**	**1881**	**1134**	**2095**	**371**
北京	1618	32	338	72	478	44	631	23
天津	860	24	183	34	279	42	297	1
河北	60	7	7	6	11	12	17	0
山西	67	5	14	7	6	26	9	0
内蒙古	121	12	23	9	21	32	24	0
辽宁	302	35	41	27	32	58	78	31
吉林	12	1	3	2	1	1	3	1
黑龙江	122	8	20	15	19	25	32	3
上海	1609	118	422	221	574	42	221	11
江苏	331	51	54	51	69	38	50	18
浙江	75	16	22	8	9	10	9	1
安徽	163	14	19	12	18	34	61	5
福建	66	7	8	5	10	8	14	14
江西	101	15	17	9	13	16	16	15
山东	314	39	48	34	46	62	73	12
河南	331	24	40	28	39	69	112	19
湖北	396	37	39	22	36	60	69	133
湖南	33	4	5	3	6	7	7	1
广东	241	14	25	31	29	43	65	34
广西	47	5	7	6	4	16	8	1
海南	0	0	0	0	0	0	0	0
重庆	156	24	26	23	19	27	33	4
四川	57	7	14	6	9	4	15	2
贵州	89	4	9	3	5	48	15	5
云南	136	14	26	13	14	23	35	11
西藏	25	4	2	7	3	8	1	0
陕西	27	2	6	0	4	6	8	1
甘肃	562	137	79	35	36	180	92	3
青海	23	1	6	4	4	2	3	3
宁夏	50	3	4	7	8	22	6	0
新疆	584	111	46	134	50	155	72	16
新疆生产建设兵团	130	18	28	19	29	14	19	3

5-5 续表 4

地区	举办科普宣讲活动							
	合计（次）	#流动科技馆巡展						
		科普日		科技周		日常		其他
		科技进村	科教进社区	科技进村	科教进社区	科技进村	科教进社区	
合计	**3151**	**184**	**429**	**211**	**510**	**399**	**978**	**440**
北京	624	10	166	10	166	2	265	5
天津	167	1	19	1	42	1	101	2
河北	44	0	3	18	23	0	0	0
山西	18	10	2	1	1	1	3	0
内蒙古	100	13	20	10	12	16	24	5
辽宁	114	7	9	4	9	10	12	63
吉林	27	4	1	1	6	3	12	0
黑龙江	35	4	7	3	3	8	9	1
上海	236	8	30	10	52	11	121	4
江苏	129	15	19	16	44	18	16	1
浙江	175	15	24	21	26	32	28	29
安徽	28	1	3	2	2	8	12	0
福建	23	1	3	1	1	11	3	3
江西	24	6	4	4	2	3	3	2
山东	407	21	22	20	16	24	71	233
河南	122	12	9	8	11	36	19	27
湖北	91	10	15	13	14	17	22	0
湖南	44	2	8	1	5	2	23	3
广东	257	8	11	9	16	76	117	20
广西	35	2	6	9	3	6	7	2
海南	0	0	0	0	0	0	0	0
重庆	0	0	0	0	0	0	0	0
四川	31	1	5	3	6	5	8	3
贵州	5	0	1	0	1	0	3	0
云南	2	0	0	0	0	0	2	0
西藏	25	0	2	4	5	3	2	9
陕西	26	1	5	0	3	9	7	1
甘肃	31	5	3	4	3	4	8	4
青海	19	2	2	2	2	1	7	3
宁夏	30	2	5	4	5	3	3	8
新疆	264	22	22	29	27	87	65	12
新疆生产建设兵团	18	1	3	3	4	2	5	0

5-5 续表 5

地区	宣讲活动受众人数							
	合计（人次）	#流动科技馆巡展受众人数						
		科普日		科技周		日常		其他
		科技进村	科教进社区	科技进村	科教进社区	科技进村	科教进社区	
合计	**5618525**	**474361**	**606304**	**334525**	**894699**	**856923**	**1633223**	**818490**
北京	640750	3000	107650	2000	208000	500	317100	2500
天津	29500	300	2700	300	6100	300	19200	600
河北	43000	0	2000	21000	20000	0	0	0
山西	34000	10500	7300	2200	2000	4000	8000	0
内蒙古	269000	8000	17800	5900	18200	11600	36900	170600
辽宁	194100	35700	14600	13600	14700	22600	42800	50100
吉林	28000	1900	1410	1410	4680	4820	13780	0
黑龙江	81080	1200	18180	1700	11500	22200	24300	2000
上海	384065	4800	71904	5100	99617	12600	184844	5200
江苏	128350	14800	16950	13800	16450	23150	42900	300
浙江	149901	13062	15678	13330	11293	25046	16792	54700
安徽	38200	1400	4600	4300	2300	13600	12000	0
福建	168492	1350	10260	2100	2110	116472	2200	34000
江西	208400	54000	41000	4600	6000	52000	46000	4800
山东	1147730	86600	69300	96750	276200	223020	273860	122000
河南	101687	17060	2250	5940	2950	21842	11389	40256
湖北	316300	43000	54500	42500	48000	48500	79800	0
湖南	42500	4000	12500	3000	3100	2000	13900	4000
广东	331273	18500	24300	24100	38000	89000	104500	32873
广西	161001	3500	9200	16200	5800	8700	15500	102101
海南	0	0	0	0	0	0	0	0
重庆	0	0	0	0	0	0	0	0
四川	217820	8000	21380	21600	16520	33200	111320	5800
贵州	92130	0	18700	0	22870	0	50560	0
云南	10000	0	0	0	0	0	10000	0
西藏	9455	0	750	2500	505	2500	200	3000
陕西	161500	25000	28200	0	26300	15000	47000	20000
甘肃	264300	81800	4800	5400	4700	5200	52400	110000
青海	17700	2000	2500	2500	1500	300	8500	400
宁夏	59350	1560	4830	3800	7350	1100	1200	39510
新疆	283700	33179	20700	18398	17400	97373	82900	13750
新疆生产建设兵团	5241	150	362	497	554	300	3378	0

5-5 续表 6

地区	举办科普宣讲活动							
	合计(次)	#开展科技咨询						
		科普日		科技周		日常		其他
		科技进村	科教进社区	科技进村	科教进社区	科技进村	科教进社区	
合计	**15257**	**1517**	**2416**	**2091**	**2633**	**2455**	**3771**	**374**
北京	1218	30	250	41	214	75	590	18
天津	2444	85	390	198	518	246	1007	0
河北	83	18	9	8	6	25	17	0
山西	172	30	29	35	17	27	34	0
内蒙古	158	23	25	16	23	41	29	1
辽宁	567	72	79	82	79	108	75	72
吉林	452	7	5	405	9	11	15	0
黑龙江	431	52	34	40	32	179	90	4
上海	2713	365	644	395	808	114	341	46
江苏	560	53	99	73	133	47	135	20
浙江	252	48	69	30	40	26	27	12
安徽	149	23	25	20	20	30	28	3
福建	147	21	21	17	18	31	31	8
江西	177	25	24	16	18	45	40	9
山东	471	59	46	58	55	131	112	10
河南	865	59	125	44	81	215	328	13
湖北	262	47	42	21	27	59	59	7
湖南	289	38	56	35	46	52	60	2
广东	252	15	24	27	23	64	87	12
广西	169	19	14	23	18	59	29	7
海南	0	0	0	0	0	0	0	0
重庆	634	64	142	48	127	80	145	28
四川	173	16	22	22	17	39	46	11
贵州	139	14	13	9	9	50	36	8
云南	227	43	31	22	27	61	22	21
西藏	63	10	4	18	8	17	6	0
陕西	110	11	18	10	12	38	16	5
甘肃	986	136	60	166	125	336	160	3
青海	88	15	12	5	17	28	9	2
宁夏	143	9	12	18	19	47	24	14
新疆	283	38	26	53	22	82	51	11
新疆生产建设兵团	580	72	66	136	65	92	122	27

5-5 续表 7

地区	合计(项)	推广新技术、新品种						
		科普日		科技周		日常		其他
		科技进村	科教进社区	科技进村	科教进社区	科技进村	科教进社区	
合　计	**6420**	**947**	**412**	**1319**	**602**	**1872**	**744**	**524**
北　京	179	17	9	91	12	44	5	1
天　津	997	89	58	251	210	215	174	0
河　北	82	23	6	9	7	22	15	0
山　西	61	16	7	10	0	19	9	0
内蒙古	105	32	0	35	0	36	0	2
辽　宁	774	136	36	267	75	178	58	24
吉　林	52	0	2	30	3	4	13	0
黑龙江	318	37	20	40	19	75	41	86
上　海	131	4	12	5	33	17	10	50
江　苏	525	65	27	84	26	202	72	49
浙　江	201	5	78	0	53	31	34	0
安　徽	45	8	2	10	0	21	0	4
福　建	13	1	0	2	1	8	1	0
江　西	92	28	3	28	3	23	5	2
山　东	377	53	16	71	18	149	52	18
河　南	334	58	15	33	10	102	20	96
湖　北	199	61	4	45	5	62	7	15
湖　南	229	46	19	20	22	63	39	20
广　东	104	8	2	15	3	30	26	20
广　西	96	9	3	15	6	47	7	9
海　南	0	0	0	0	0	0	0	0
重　庆	263	57	9	32	8	118	14	25
四　川	257	39	5	41	5	101	66	0
贵　州	30	6	1	7	0	16	0	0
云　南	100	9	5	15	3	50	9	9
西　藏	28	8	2	12	2	4	0	0
陕　西	55	7	4	7	5	26	4	2
甘　肃	195	33	22	45	26	49	17	3
青　海	19	3	0	3	2	8	3	0
宁　夏	60	7	10	9	12	8	7	7
新　疆	157	40	12	39	10	45	10	1
新疆生产建设兵团	342	42	23	48	23	99	26	81

5-5 续表 8

地 区	合 计 (分钟)	播放科技广播、影视节目						
		科普日		科技周		日常		其他
		科技进村	科教进社区	科技进村	科教进社区	科技进村	科教进社区	
合 计	**1932522**	**76658**	**209863**	**95854**	**353202**	**415250**	**321669**	**460026**
北 京	12398	350	356	811	1473	3383	5765	260
天 津	81271	7930	11190	15600	19041	11985	15525	0
河 北	5760	360	360	200	200	800	3600	240
山 西	12345	3730	630	625	650	630	5300	780
内蒙古	19026	1318	1320	1860	1980	5098	7090	360
辽 宁	70285	6435	4620	5180	12955	5375	5420	30300
吉 林	2400	200	520	0	500	0	1180	0
黑龙江	3446	185	450	267	262	1450	760	72
上 海	182725	1028	73049	2225	53555	5262	47596	10
江 苏	318800	6260	70140	5960	157080	24290	34931	20139
浙 江	64447	3626	3824	11935	7203	20824	13810	3225
安 徽	29775	955	3400	880	3980	3540	8180	8840
福 建	10180	1160	380	340	350	2950	2900	2100
江 西	10087	1465	1045	1092	1000	2325	2110	1050
山 东	39406	3395	2230	2995	2185	16700	11155	746
河 南	59247	2355	2655	1405	2050	14462	32830	3490
湖 北	41645	2350	1150	2250	1850	4150	11045	18850
湖 南	6580	230	350	180	500	2400	2800	120
广 东	287144	960	2910	1410	2050	6640	15140	258034
广 西	41410	335	530	460	2580	4240	15230	18035
海 南	0	0	0	0	0	0	0	0
重 庆	90855	3875	5365	2540	3415	17630	24610	33420
四 川	30020	2790	3480	4080	4210	7120	7130	1210
贵 州	14891	221	390	120	480	2000	5170	6510
云 南	101025	925	1250	1060	1220	90260	1355	4955
西 藏	27960	1640	300	2940	1960	2760	1080	17280
陕 西	3312	296	908	290	580	163	415	660
甘 肃	72744	1526	2821	1548	56038	2999	3462	4350
青 海	4090	500	500	400	0	1310	0	1380
宁 夏	4970	380	380	320	380	740	500	2270
新 疆	99639	12108	8380	19706	9865	24090	16780	8710
新疆生产建设兵团	184639	7770	4980	7175	3610	129674	18800	12630

5-5 续表 9

地区	播放科技广播、影视节目							
	合计(分钟)	#电台电视台播放科技节目						
		科普日		科技周		日常		其他
		科技进村	科教进社区	科技进村	科教进社区	科技进村	科教进社区	
合计	**554770**	**41670**	**36945**	**39475**	**48148**	**128481**	**166475**	**93576**
北京	890	0	156	30	171	33	400	100
天津	15236	1260	1540	1940	2741	1740	6015	0
河北	1250	200	180	120	120	300	330	0
山西	11778	3730	630	625	605	620	4788	780
内蒙古	12680	870	570	1020	1170	3610	5080	360
辽宁	42935	2595	1650	2045	9990	3285	3310	20060
吉林	1400	0	320	0	200	0	880	0
黑龙江	2424	135	210	166	156	1105	600	52
上海	18104	515	1008	1712	2829	4432	7598	10
江苏	70190	5470	4640	5180	5380	23230	23730	2560
浙江	12928	505	523	173	148	6647	1707	3225
安徽	16690	510	2400	760	2960	300	6520	3240
福建	10180	1160	380	340	350	2950	2900	2100
江西	7934	1030	815	772	612	2085	1830	790
山东	17063	2110	1175	1395	1170	6635	4390	188
河南	29504	875	710	670	1101	9989	12819	3340
湖北	12355	240	240	235	235	2130	9275	0
湖南	4640	20	120	60	120	2100	2100	120
广东	20741	515	1425	200	425	3520	8970	5686
广西	37150	230	440	160	2310	2330	13660	18020
海南	0	0	0	0	0	0	0	0
重庆	26295	1690	2975	1240	1505	3830	11970	3085
四川	23498	2061	2353	3334	3562	6026	5072	1090
贵州	10970	0	210	0	90	0	4160	6510
云南	7005	210	460	265	325	1555	540	3650
西藏	5530	90	20	240	60	60	60	5000
陕西	2486	150	708	130	395	123	400	580
甘肃	10420	591	1592	872	943	1511	1771	3140
青海	1780	200	150	300	0	200	0	930
宁夏	4320	290	305	290	305	480	380	2270
新疆	56494	8378	5230	9326	5470	12090	10860	5140
新疆生产建设兵团	59900	6040	3810	5875	2700	25565	14360	1550

5-5 续表 10

地区	合计(次)	举办实用技术培训						
		科普日		科技周		日常		其他
		科技进村	科教进社区	科技进村	科教进社区	科技进村	科教进社区	
合计	**25691**	**2997**	**1608**	**3336**	**1732**	**10170**	**4443**	**1405**
北京	987	38	116	115	139	158	417	4
天津	967	85	54	164	170	175	319	0
河北	81	17	5	10	6	33	10	0
山西	447	90	44	58	29	106	81	39
内蒙古	151	21	19	20	15	55	12	9
辽宁	2164	322	248	427	102	363	173	529
吉林	104	3	6	54	7	12	22	0
黑龙江	4723	445	259	656	283	2406	655	19
上海	1399	139	131	160	192	282	472	23
江苏	3857	198	92	288	87	1744	1248	200
浙江	20	5	2	1	0	1	1	10
安徽	168	23	33	22	32	22	16	20
福建	129	14	6	13	7	75	8	6
江西	318	39	34	41	33	110	44	17
山东	812	104	57	113	49	338	120	31
河南	394	75	33	55	31	132	54	14
湖北	578	212	36	132	19	131	29	19
湖南	315	48	36	52	33	97	49	0
广东	201	30	7	36	12	66	37	13
广西	245	15	10	26	11	101	32	50
海南	0	0	0	0	0	0	0	0
重庆	695	134	83	104	50	184	94	46
四川	232	30	17	30	12	105	32	6
贵州	90	5	2	8	32	31	2	10
云南	174	20	11	19	10	91	15	8
西藏	94	18	2	35	3	33	1	2
陕西	294	61	28	34	26	104	20	21
甘肃	1780	498	86	264	165	586	172	9
青海	88	16	18	18	9	14	7	6
宁夏	158	18	17	19	17	47	16	24
新疆	1988	159	50	212	56	1417	83	11
新疆生产建设兵团	2038	115	66	150	95	1151	202	259

5-5 续表 11

地　区	合 计(人次)	实用技术培训人数						
		科普日		科技周		日常		其他
		科技进村	科教进社区	科技进村	科教进社区	科技进村	科教进社区	
合　计	**3276185**	**380896**	**171728**	**445084**	**217398**	**1259585**	**443404**	**358090**
北　京	68914	7781	7065	10923	6487	16243	20315	100
天　津	241950	13560	7388	29475	25564	32724	133239	0
河　北	9345	2050	695	1480	650	3470	1000	0
山　西	64650	23600	5000	6050	2400	15600	7000	5000
内蒙古	30811	5470	3773	2090	1750	15260	1640	828
辽　宁	309061	57880	21765	70117	33424	57693	34182	34000
吉　林	20350	400	1380	10420	2270	1300	4580	0
黑龙江	541600	32460	16105	55650	21600	373205	40430	2150
上　海	118003	11830	14421	12830	18078	20296	39358	1190
江　苏	170080	15018	9740	20650	8608	97626	18228	210
浙　江	2075	600	300	130	0	200	100	745
安　徽	26761	2420	4170	2634	6830	2317	3350	5040
福　建	18483	1580	960	4330	930	6933	1050	2700
江　西	39880	5290	3880	4240	3500	13610	6960	2400
山　东	109816	18905	8300	16095	7290	40256	14210	4760
河　南	65982	15070	6550	7040	5250	21710	6758	3604
湖　北	121020	38130	8740	27200	8870	25200	11320	1560
湖　南	39600	7280	5250	6700	5440	8410	6520	0
广　东	26116	4370	940	5250	1400	9106	3590	1460
广　西	35965	2010	1040	3590	1105	14665	9870	3685
海　南	0	0	0	0	0	0	0	0
重　庆	76090	14016	8057	12592	6050	19620	9705	6050
四　川	55429	5796	7445	8360	3675	22293	7060	800
贵　州	11169	1030	100	1620	3150	3526	270	1473
云　南	20624	2440	1070	3082	900	9345	1927	1860
西　藏	16775	1198	200	6410	250	8570	100	47
陕　西	42243	8291	3550	4990	2410	17060	3102	2840
甘　肃	180038	40502	3935	47207	17088	46362	21498	3446
青　海	5208	640	585	1190	480	1333	430	550
宁　夏	37870	5060	5400	5580	5100	6850	5100	4780
新　疆	190216	15930	4410	22456	5380	131170	9280	1590
新疆生产建设兵团	580061	20289	9514	34703	11469	217632	21232	265222

5-5 续表 12

地区	合计(人次)	参加活动科技人员总数						
		科普日		科技周		日常		其他
		科技进村	科教进社区	科技进村	科教进社区	科技进村	科教进社区	
合计	**693669**	**65009**	**58695**	**73130**	**65329**	**324073**	**71740**	**35693**
北京	26335	1037	3514	1666	7088	2421	9978	631
天津	29554	1728	5788	2106	6808	2401	10223	500
河北	4939	965	601	590	455	1353	945	30
山西	2572	590	392	245	232	505	568	40
内蒙古	3429	310	311	251	264	589	1334	370
辽宁	19955	2358	1746	2789	3703	3631	4013	1715
吉林	1213	40	102	225	250	124	462	10
黑龙江	17055	638	2671	2893	2642	3852	3707	652
上海	22457	1233	3383	1508	5959	1992	6147	2235
江苏	80784	13480	12539	14655	13573	12560	4349	9628
浙江	11893	2203	1586	2136	2129	1516	1097	1226
安徽	4660	665	710	493	556	913	995	328
福建	4333	616	723	333	439	972	854	396
江西	5296	893	689	931	690	1175	622	296
山东	20880	3486	2969	3714	2212	5203	3204	92
河南	15100	2768	1629	1980	1416	3960	2235	1112
湖北	7539	1385	1170	1030	732	1455	1440	327
湖南	21643	3792	3507	2693	3119	4180	4242	110
广东	11882	1015	2545	1251	1847	1401	2095	1728
广西	6508	767	629	905	515	2046	994	652
海南	0	0	0	0	0	0	0	0
重庆	20761	2694	2466	2610	2470	6682	2947	892
四川	11924	1401	2188	1363	1448	2802	2439	283
贵州	3900	261	820	166	281	1203	911	258
云南	8167	1772	1403	516	424	1582	1232	1238
西藏	1317	180	107	431	255	294	35	15
陕西	8170	1286	1454	595	971	2087	1087	690
甘肃	30149	4654	1687	5312	3707	10451	1929	2409
青海	268	29	40	39	38	70	37	15
宁夏	979	68	171	120	206	182	174	58
新疆	279329	12277	701	19193	557	245383	917	301
新疆生产建设兵团	10678	418	454	391	343	1088	528	7456

5-5 续表 13

地 区	参加活动科技人员总数							
	合 计(人次)	#专家人数						
		科普日		科技周		日常		其他
		科技进村	科教进社区	科技进村	科教进社区	科技进村	科教进社区	
合 计	**55297**	**6828**	**6750**	**7742**	**7528**	**11915**	**10964**	**3570**
北 京	2301	152	409	195	494	307	661	83
天 津	4015	230	568	301	796	617	1497	6
河 北	288	37	40	37	47	61	63	3
山 西	452	149	54	31	36	113	59	10
内 蒙 古	1184	144	103	78	67	274	438	80
辽 宁	3226	291	234	377	349	579	1146	250
吉 林	311	3	34	48	147	19	60	0
黑 龙 江	1557	152	168	425	194	398	202	18
上 海	2052	105	319	130	540	214	669	75
江 苏	4359	457	328	1362	555	398	542	717
浙 江	2970	426	558	272	321	487	516	390
安 徽	878	94	115	97	93	172	200	107
福 建	1782	305	264	130	134	382	382	185
江 西	1843	328	244	367	206	414	229	55
山 东	1262	241	132	208	143	315	198	25
河 南	2952	539	293	390	270	848	502	110
湖 北	1526	378	246	144	141	206	344	67
湖 南	1743	315	277	255	276	293	269	58
广 东	4398	311	801	596	835	668	839	348
广 西	1405	132	119	154	137	449	336	78
海 南	0	0	0	0	0	0	0	0
重 庆	2703	373	275	358	247	982	353	115
四 川	4812	785	349	808	759	1682	302	127
贵 州	816	60	205	39	42	213	150	107
云 南	1462	135	205	161	108	303	215	335
西 藏	42	9	2	12	6	13	0	0
陕 西	593	59	72	48	51	268	47	48
甘 肃	1694	240	41	329	269	475	338	2
青 海	27	4	1	4	1	13	1	3
宁 夏	399	44	67	62	68	48	80	30
新 疆	1191	167	89	164	102	458	175	36
新疆生产建设兵团	1054	163	138	160	94	246	151	102

5-5 续表 14

地区	合计(个次)	参加活动的学会、协会、研究会						
		科普日		科技周		日常		其他
		科技进村	科教进社区	科技进村	科教进社区	科技进村	科教进社区	
合　计	**18495**	**2257**	**2672**	**2263**	**2410**	**3848**	**3961**	**1084**
北　京	704	46	100	82	123	131	162	60
天　津	448	39	84	52	101	74	96	2
河　北	310	50	43	38	43	63	73	0
山　西	358	61	63	29	42	65	58	40
内蒙古	856	41	97	28	82	87	519	2
辽　宁	1284	177	141	222	139	347	142	116
吉　林	88	0	23	15	9	5	36	0
黑龙江	648	47	82	139	107	150	121	2
上　海	1062	80	166	91	191	106	423	5
江　苏	791	96	139	92	167	84	114	99
浙　江	535	62	95	76	81	59	33	129
安　徽	633	76	92	62	77	137	168	21
福　建	348	52	67	36	28	83	74	8
江　西	393	74	73	51	54	54	60	27
山　东	825	138	83	141	85	199	176	3
河　南	701	102	97	76	74	172	164	16
湖　北	443	79	71	50	46	60	89	48
湖　南	942	145	161	101	132	241	145	17
广　东	1172	90	178	170	175	208	239	112
广　西	704	80	55	64	54	227	183	41
海　南	0	0	0	0	0	0	0	0
重　庆	920	152	147	123	111	203	161	23
四　川	739	93	96	94	100	172	152	32
贵　州	577	54	74	36	30	175	137	71
云　南	729	103	148	88	58	165	104	63
西　藏	129	19	11	19	26	17	37	0
陕　西	430	54	82	18	46	109	85	36
甘　肃	573	100	39	116	59	181	72	6
青　海	91	11	11	10	12	26	17	4
宁　夏	281	36	42	42	44	42	43	32
新　疆	580	66	86	68	90	165	40	65
新疆生产建设兵团	201	34	26	34	24	41	38	4

5-5 续表 15

地区	覆盖村 合计(个)	科普日科技进村	科技周科技进村	日常科技进村	覆盖社区 合计(个)	科普日科教进社区	科技周科教进社区	日常科教进社区
合计	**37565**	**8262**	**9299**	**20004**	**19406**	**5692**	**5504**	**8210**
北京	1003	214	302	487	3246	806	1131	1309
天津	2181	496	845	840	2179	786	687	706
河北	460	144	132	184	247	81	52	114
山西	1969	217	160	1592	154	43	30	81
内蒙古	684	112	190	382	167	53	46	68
辽宁	3363	1022	1069	1272	1937	551	547	839
吉林	522	64	291	167	198	51	31	116
黑龙江	1406	143	497	766	354	92	111	151
上海	912	221	296	395	1692	416	484	792
江苏	2696	504	845	1347	1700	496	410	794
浙江	347	159	94	94	316	158	98	60
安徽	631	182	205	244	378	130	118	130
福建	371	119	72	180	211	60	50	101
江西	675	164	191	320	350	91	113	146
山东	6678	1190	1147	4341	951	235	226	490
河南	1171	322	231	618	551	109	110	332
湖北	458	190	116	152	332	135	70	127
湖南	832	237	174	421	471	174	150	147
广东	403	77	89	237	407	105	66	236
广西	652	103	166	383	156	32	36	88
海南	0	0	0	0	0	0	0	0
重庆	3406	1095	901	1410	1552	539	480	533
四川	605	87	113	405	324	89	68	167
贵州	253	23	24	206	134	38	15	81
云南	791	119	88	584	183	75	48	60
西藏	247	59	103	85	32	8	15	9
陕西	480	133	81	266	115	48	23	44
甘肃	1846	418	457	971	266	72	68	126
青海	78	15	11	52	43	16	13	14
宁夏	156	27	56	73	88	17	31	40
新疆	914	177	128	609	268	68	74	126
新疆生产建设兵团	1375	229	225	921	404	118	103	183

5-6　2014年各地区县级科协科普活动

地　区	合　计（次）	举办科普宣讲活动						
		科普日		科技周		日常		其他
		科技进村	科教进社区	科技进村	科教进社区	科技进村	科教进社区	
合　计	**167027**	**19516**	**24149**	**18531**	**17161**	**42016**	**32600**	**13054**
北　京	261	41	31	30	29	37	56	37
天　津	1485	113	47	135	50	809	329	2
河　北	4365	774	408	612	392	1471	664	44
山　西	4414	591	403	566	357	1577	834	86
内蒙古	3972	369	381	498	498	1097	900	229
辽　宁	14043	1391	1602	1376	1702	2494	5167	311
吉　林	5511	443	410	592	678	1851	1408	129
黑龙江	18827	1137	8886	1323	1239	3538	2672	32
上　海	226	60	40	30	14	53	21	8
江　苏	11498	1271	1591	1331	2064	1986	2177	1078
浙　江	8250	764	1349	661	1251	1453	2261	511
安　徽	3277	386	421	385	403	800	703	179
福　建	4318	523	489	473	408	1329	934	162
江　西	2291	284	309	269	248	614	445	122
山　东	7578	795	716	896	760	2403	1777	231
河　南	7266	1077	727	1086	772	2122	1390	92
湖　北	6978	794	1171	439	1042	1345	2048	139
湖　南	6234	783	699	817	685	1734	1274	242
广　东	3241	181	553	210	579	490	1026	202
广　西	3050	454	202	439	197	1281	379	98
海　南	700	128	82	85	67	218	82	38
重　庆	337	56	49	40	34	83	67	8
四　川	15052	2146	706	962	715	2146	1263	7114
贵　州	2859	352	256	293	206	862	522	368
云　南	4547	830	539	589	522	1274	577	216
西　藏	1404	250	59	321	64	599	58	53
陕　西	7236	1203	688	1512	630	1970	998	235
甘　肃	6168	756	339	845	451	2414	707	656
青　海	714	131	112	108	107	140	83	33
宁　夏	2444	391	162	478	196	767	399	51
新　疆	8481	1042	722	1130	801	3059	1379	348

5-6 续表 1

地区	合计(人次)	宣讲活动受众人数						
		科普日		科技周		日常		其他
		科技进村	科教进社区	科技进村	科教进社区	科技进村	科教进社区	
合计	**87117989**	**11323730**	**10989778**	**10151267**	**10335836**	**18423374**	**17696558**	**8197446**
北京	169780	3930	14300	45900	52130	20920	24200	8400
天津	165845	20955	5150	17500	5380	85580	31040	240
河北	1557946	342250	137980	255550	138910	471786	193030	18440
山西	1330642	177814	200665	145753	167576	303821	258504	76509
内蒙古	1736744	167154	171811	242308	229982	299131	376536	249822
辽宁	1711057	139418	203863	154590	223027	417767	463680	108712
吉林	913015	47856	36817	87173	61238	252729	298948	128254
黑龙江	2247975	286439	267618	301058	256428	657124	444049	35259
上海	47099	4800	3500	2500	1900	4300	1700	28399
江苏	11540378	1725536	1463816	1844085	1790496	1886333	2059002	771110
浙江	4122139	390388	664782	345180	602709	709338	721067	688675
安徽	2256491	252646	213476	203034	256070	345475	510716	475074
福建	2297854	245282	280166	230290	222220	561227	467348	291321
江西	1361076	74175	115063	116869	176439	212958	296050	369522
山东	5644591	562311	526626	636786	484209	1899476	1182383	352800
河南	6752495	1332518	737066	846119	637868	1627436	1025998	545490
湖北	5092483	771304	1147254	369430	825993	666788	1152154	159560
湖南	4577921	602632	764528	547337	523789	831663	1069707	238265
广东	4449271	196548	1139100	281874	1229325	359008	1015300	228116
广西	3922269	425498	258802	482772	242573	1525371	509225	478028
海南	329960	54019	41582	42419	25602	63561	22006	80771
重庆	535130	86508	90502	51140	64180	120180	118750	3870
四川	8718476	994571	864659	865524	737184	1121939	3072553	1062046
贵州	2684665	377649	386808	244488	275891	602024	511216	286589
云南	3608902	686834	525098	495328	318588	804562	459828	318664
西藏	226901	54424	9407	55356	10186	74765	7939	14824
陕西	3204473	409034	291873	422524	228724	758105	505554	588659
甘肃	2565984	335401	175444	297550	180721	722529	451676	402663
青海	315341	78520	39518	45252	36457	83870	19024	12700
宁夏	978480	119345	72030	147160	170360	292445	132700	44440
新疆	2052606	357971	140474	328418	159681	641163	294675	130224

5-6 续表 2

地区	举办科普宣讲活动							
	合计(次)	#院士科普报告会						
		科普日		科技周		日常		其他
		科技进村	科教进社区	科技进村	科教进社区	科技进村	科教进社区	
合　计	**1078**	**114**	**183**	**92**	**143**	**133**	**215**	**198**
北　京	0	0	0	0	0	0	0	0
天　津	0	0	0	0	0	0	0	0
河　北	10	3	1	1	0	2	1	2
山　西	79	19	10	9	7	9	9	16
内蒙古	43	3	5	7	9	6	5	8
辽　宁	22	3	2	2	2	1	0	12
吉　林	16	0	1	0	2	2	6	5
黑龙江	17	1	2	1	2	10	1	0
上　海	0	0	0	0	0	0	0	0
江　苏	44	3	15	2	4	2	6	12
浙　江	141	8	32	7	16	20	13	45
安　徽	3	0	1	0	0	0	1	1
福　建	34	4	3	2	2	6	4	13
江　西	17	2	4	3	3	0	4	1
山　东	120	16	15	15	11	17	37	9
河　南	31	5	5	5	4	4	8	0
湖　北	195	13	46	4	41	19	61	11
湖　南	14	1	7	0	2	0	1	3
广　东	28	0	4	0	2	0	7	15
广　西	1	1	0	0	0	0	0	0
海　南	17	2	4	0	0	1	6	4
重　庆	3	0	0	0	1	0	2	0
四　川	22	3	1	0	5	0	11	2
贵　州	22	2	2	1	1	3	8	5
云　南	21	2	1	4	8	2	1	3
西　藏	15	6	0	6	0	3	0	0
陕　西	75	13	12	17	10	15	6	2
甘　肃	36	2	5	2	4	4	6	13
青　海	8	1	1	2	1	1	1	1
宁　夏	13	1	1	2	3	1	4	1
新　疆	31	0	3	0	3	5	6	14

5-6 续表 3

地区	举办科普宣讲活动							
	合计(次)	#举办专题展览						
		科普日		科技周		日常		其他
		科技进村	科教进社区	科技进村	科教进社区	科技进村	科教进社区	
合计	**23427**	**2750**	**3378**	**2767**	**3324**	**5371**	**4840**	**997**
北京	33	3	5	3	4	6	7	5
天津	680	27	20	52	25	419	137	0
河北	827	147	129	94	114	159	173	11
山西	633	95	100	94	88	159	92	5
内蒙古	677	56	89	96	127	104	113	92
辽宁	957	94	179	94	145	193	229	23
吉林	484	27	41	45	100	120	132	19
黑龙江	1336	116	148	164	172	448	281	7
上海	0	0	0	0	0	0	0	0
江苏	1509	143	241	176	336	194	249	170
浙江	1545	172	311	142	251	235	318	116
安徽	857	73	111	91	120	180	234	48
福建	850	106	124	91	104	204	187	34
江西	413	43	80	50	54	82	80	24
山东	1410	163	176	177	202	349	318	25
河南	1684	227	217	234	203	483	308	12
湖北	1825	194	350	107	286	241	624	23
湖南	835	123	129	117	109	162	159	36
广东	764	52	158	47	170	98	211	28
广西	332	42	42	52	40	87	49	20
海南	247	57	39	28	24	47	28	24
重庆	70	9	11	9	8	16	13	4
四川	767	81	103	84	97	125	196	81
贵州	414	54	61	47	45	119	76	12
云南	867	148	119	123	86	231	103	57
西藏	323	68	21	70	20	119	15	10
陕西	1013	150	130	167	107	260	157	42
甘肃	971	110	89	133	108	317	171	43
青海	178	32	33	28	40	20	19	6
宁夏	351	56	37	74	49	85	46	4
新疆	575	82	85	78	90	109	115	16

5-6 续表 4

地 区	举办科普宣讲活动							
	合 计(次)	#流动科技馆巡展						
		科普日		科技周		日常		其他
		科技进村	科教进社区	科技进村	科教进社区	科技进村	科教进社区	
合 计	**6397**	**665**	**757**	**559**	**741**	**1332**	**1564**	**779**
北 京	26	2	4	3	5	2	7	3
天 津	0	0	0	0	0	0	0	0
河 北	150	36	13	17	11	40	24	9
山 西	267	26	28	24	22	87	77	3
内蒙古	444	28	33	26	49	29	201	78
辽 宁	111	10	12	14	12	18	24	21
吉 林	101	8	9	15	14	21	29	5
黑龙江	175	34	30	23	16	42	26	4
上 海	0	0	0	0	0	0	0	0
江 苏	570	40	72	35	62	118	64	179
浙 江	496	60	70	62	66	79	86	73
安 徽	45	4	9	2	5	3	9	13
福 建	395	19	25	15	21	157	132	26
江 西	82	15	14	5	6	19	16	7
山 东	650	41	58	50	81	131	239	50
河 南	236	35	35	27	19	72	38	10
湖 北	653	70	116	46	117	112	183	9
湖 南	186	24	22	18	17	27	22	56
广 东	125	4	26	6	24	9	49	7
广 西	148	15	19	16	19	33	32	14
海 南	9	0	1	0	1	1	1	5
重 庆	0	0	0	0	0	0	0	0
四 川	244	34	42	20	33	25	53	37
贵 州	176	18	11	7	7	28	102	3
云 南	0	0	0	0	0	0	0	0
西 藏	60	9	5	10	8	24	3	1
陕 西	175	29	22	19	15	43	24	23
甘 肃	302	39	26	25	43	42	30	97
青 海	62	11	8	7	7	15	6	8
宁 夏	89	7	9	10	13	24	18	8
新 疆	420	47	38	57	48	131	69	30

5-6 续表 5

地区	宣讲活动受众人数							
	#流动科技馆巡展受众人数							
	合计（人次）	科普日		科技周		日常		其他
		科技进村	科教进社区	科技进村	科教进社区	科技进村	科教进社区	
合计	**12044816**	**1180376**	**1380634**	**556464**	**961865**	**1385114**	**2469735**	**4110628**
北京	4522	170	380	240	1002	1020	1210	500
天津	0	0	0	0	0	0	0	0
河北	131140	55080	9280	13710	4600	32300	9970	6200
山西	289095	15760	47376	16770	50020	48910	87070	23189
内蒙古	516239	27526	39092	32102	48150	33122	149245	187002
辽宁	91425	2930	4430	5395	10590	7200	29080	31800
吉林	245345	2731	1962	6908	3096	23130	105018	102500
黑龙江	203228	30880	39210	13603	17040	39100	35695	27700
上海	0	0	0	0	0	0	0	0
江苏	667052	37141	93823	41532	74343	274042	54258	91913
浙江	320237	36225	54705	32591	38866	48650	43105	66095
安徽	595228	6200	17660	7520	10900	2650	180300	369998
福建	415119	16934	25320	12246	19440	96986	61162	183031
江西	468910	8140	14250	13010	70040	33480	126970	203020
山东	740322	66226	66476	61397	59980	121029	164651	200563
河南	1004707	191813	61617	51171	28193	73400	128493	470020
湖北	848356	134140	193520	40650	123340	117280	198426	41000
湖南	420625	51075	49360	35580	35400	68480	88200	92530
广东	335240	5000	106000	10000	99510	23900	77600	13230
广西	549914	12153	44774	22685	38604	22243	84128	325327
海南	73518	0	700	0	800	650	700	70668
重庆	0	0	0	0	0	0	0	0
四川	2137905	231258	358833	34337	86318	88351	466529	872279
贵州	279839	26200	35800	8520	33530	20086	125403	30300
云南	0	0	0	0	0	0	0	0
西藏	11767	1409	415	1607	1336	6743	256	1
陕西	719653	55085	51440	37350	28342	34080	102228	411128
甘肃	474863	74460	37711	11020	40430	34790	84743	191709
青海	44700	27500	2410	3460	2140	3920	2970	2300
宁夏	180665	23720	10090	13430	17635	43320	31530	40940
新疆	275202	40620	14000	29630	18220	86252	30795	55685

5-6 续表 6

地区	举办科普宣讲活动							
	合计(次)	#开展科技咨询						
		科普日		科技周		日常		其他
		科技进村	科教进社区	科技进村	科教进社区	科技进村	科教进社区	
合计	**84470**	**11746**	**8011**	**11383**	**8540**	**25825**	**16609**	**2356**
北京	76	9	13	10	11	6	15	12
天津	781	79	22	81	24	388	185	2
河北	2322	461	177	397	179	836	259	13
山西	2766	363	188	341	179	1062	584	49
内蒙古	2038	232	190	268	230	701	385	32
辽宁	9616	1133	1039	1051	784	2046	3321	242
吉林	3656	350	309	453	490	1092	876	86
黑龙江	7126	690	491	798	682	2816	1639	10
上海	146	32	28	24	10	32	14	6
江苏	5281	826	670	740	963	795	829	458
浙江	2682	348	457	294	484	472	578	49
安徽	1698	220	201	199	204	473	336	65
福建	2334	305	236	284	215	791	441	62
江西	1309	162	145	157	119	428	253	45
山东	3976	437	343	507	337	1421	827	104
河南	4396	722	374	713	460	1338	730	59
湖北	2926	401	383	225	337	813	678	89
湖南	4110	513	419	566	445	1215	834	118
广东	1588	113	208	141	204	327	567	28
广西	2200	360	96	331	109	1052	217	35
海南	364	50	33	49	35	151	43	3
重庆	211	39	32	26	20	51	40	3
四川	4946	753	476	756	485	1576	756	144
贵州	1545	226	132	197	119	576	271	24
云南	3021	587	344	391	316	911	373	99
西藏	720	125	25	145	23	338	33	31
陕西	4185	865	435	681	436	1190	474	104
甘肃	3168	420	154	505	186	1323	328	252
青海	279	45	38	45	28	75	37	11
宁夏	1604	299	80	352	99	520	231	23
新疆	3400	581	273	656	327	1010	455	98

5-6 续表 7

地区	合计(项)	推广新技术、新品种						
		科普日		科技周		日常		其他
		科技进村	科教进社区	科技进村	科教进社区	科技进村	科教进社区	
合计	**48699**	**20617**	**1934**	**5455**	**2317**	**12703**	**3143**	**2530**
北京	21	0	0	2	0	19	0	0
天津	179	36	2	59	2	80	0	0
河北	991	215	58	156	52	435	56	19
山西	1256	452	65	123	54	435	62	65
内蒙古	1011	139	45	189	51	397	69	121
辽宁	2243	384	114	377	117	954	227	70
吉林	760	94	60	106	58	312	87	43
黑龙江	1394	147	48	180	57	667	128	167
上海	0	0	0	0	0	0	0	0
江苏	3500	689	222	742	270	942	418	217
浙江	1217	174	64	167	43	427	49	293
安徽	1316	205	83	206	111	450	177	84
福建	820	93	58	90	68	330	123	58
江西	426	67	40	75	29	147	47	21
山东	2394	330	158	386	203	889	344	84
河南	2476	388	107	415	435	908	165	58
湖北	1415	306	123	226	92	463	171	34
湖南	1991	387	141	339	119	707	215	83
广东	619	94	31	95	40	263	82	14
广西	867	123	33	154	35	449	37	36
海南	112	15	7	14	6	31	11	28
重庆	169	32	16	27	14	65	11	4
四川	2139	320	133	380	137	734	261	174
贵州	316	70	24	69	21	105	23	4
云南	779	123	31	94	21	359	62	89
西藏	379	70	26	76	23	132	15	37
陕西	1242	223	88	215	81	453	99	83
甘肃	1884	194	67	249	92	864	86	332
青海	15262	15080	37	43	29	46	17	10
宁夏	360	55	13	75	20	145	36	16
新疆	1161	112	40	126	37	495	65	286

5-6 续表 8

地　区	合　计(分钟)	播放科技广播、影视节目						
		科普日		科技周		日常		其他
		科技进村	科教进社区	科技进村	科教进社区	科技进村	科教进社区	
合　计	**7125264**	**373866**	**351087**	**385014**	**382580**	**1493051**	**3147705**	**991961**
北　京	1230	90	60	90	60	90	60	780
天　津	9205	415	100	3550	1780	2790	570	0
河　北	68324	10960	6206	6905	5284	20751	11498	6720
山　西	164171	25051	15849	16876	11962	49160	34333	10940
内蒙古	163121	11292	14179	17346	17938	31688	42843	27835
辽　宁	152612	10251	8265	10931	7581	49359	26205	40020
吉　林	75199	2791	2925	3273	3088	26057	24680	12385
黑龙江	105500	6770	4918	10110	7741	45966	24279	5716
上　海	2000	0	0	0	0	0	0	2000
江　苏	286576	13393	17248	30361	30667	63414	73723	57770
浙　江	436299	15698	18355	16453	38408	83840	64831	198714
安　徽	190076	19634	16553	21287	16078	29692	51712	35120
福　建	298945	14079	13475	12587	19919	76277	79411	83197
江　西	135687	4643	10274	5752	6298	11081	79219	18420
山　东	470782	11879	20868	15144	14133	184765	205988	18005
河　南	203392	16985	13493	16433	15000	59054	39976	42451
湖　北	203175	20578	31521	15225	24935	40621	63980	6315
湖　南	192483	19087	17574	18239	16867	46668	35997	38051
广　东	165406	5624	7957	8415	9385	39236	81249	13540
广　西	399013	17592	11134	21635	19684	182585	134377	12006
海　南	28532	1183	783	1030	770	9540	8950	6276
重　庆	1753270	2095	1380	1845	1440	14035	1731235	1240
四　川	445101	27195	30979	33458	29977	85437	129543	108512
贵　州	120547	10840	12385	8879	8743	36283	37316	6101
云　南	257036	13604	22046	13049	11302	38599	14347	144089
西　藏	49490	3349	1027	4590	639	9180	517	30188
陕　西	197111	24155	24110	24233	17853	58761	41023	6976
甘　肃	176533	9296	6234	20747	23051	59962	38042	19201
青　海	16450	2230	1370	1450	1000	2530	7360	510
宁　夏	39275	8200	3280	4190	3100	13010	4970	2525
新　疆	318723	44907	16539	20931	17897	122620	59471	36358

5-6 续表 9

地 区	播放科技广播、影视节目							
	合 计(分钟)	#电台电视台播放科技节目						
		科普日		科技周		日常		其他
		科技进村	科教进社区	科技进村	科教进社区	科技进村	科教进社区	
合 计	**2916897**	**205718**	**169556**	**205745**	**215453**	**833964**	**771327**	**515134**
北 京	560	60	60	60	30	90	60	200
天 津	9175	415	90	3550	1760	2790	570	0
河 北	47487	7775	3310	4716	3155	14316	8515	5700
山 西	140499	20288	11690	15068	11075	40010	32198	10170
内 蒙 古	120596	6413	8943	8968	10500	24806	34931	26035
辽 宁	87145	4745	4187	4207	4564	32196	12224	25022
吉 林	50356	1428	1697	2107	1917	21495	17392	4320
黑 龙 江	87925	4670	3338	8152	5929	39821	20530	5485
上 海	2000	0	0	0	0	0	0	2000
江 苏	162954	7752	7922	15335	13518	43043	31209	44175
浙 江	226409	5088	7058	7982	25692	41824	29891	108874
安 徽	81615	6345	4929	5674	4642	19750	16624	23651
福 建	169560	7286	4932	5107	12294	51270	51907	36764
江 西	34895	2407	7672	3220	3326	6265	6245	5760
山 东	133550	8346	6200	10084	7848	41968	43609	15495
河 南	120272	12960	9166	11134	10033	39390	23729	13860
湖 北	98862	8600	6906	5425	6466	25311	41755	4399
湖 南	123233	10665	8701	10651	9860	30254	21674	31428
广 东	68561	2068	1706	2930	2435	18772	32350	8300
广 西	194234	7171	5322	7376	9862	68074	90951	5478
海 南	25702	673	493	460	310	8860	8830	6076
重 庆	32647	1263	723	820	825	12440	15506	1070
四 川	302655	21141	24045	25238	22927	59632	98987	50685
贵 州	75267	6543	8303	4652	5339	21845	23805	4780
云 南	70312	2580	3918	2993	2156	22596	8983	27086
西 藏	13306	482	145	699	115	1574	25	10266
陕 西	117146	12888	12071	14068	12909	37231	24314	3665
甘 肃	125586	5662	4172	12686	15099	45622	32203	10142
青 海	14860	1870	1350	1430	980	1930	7190	110
宁 夏	21048	3215	648	1377	648	11672	3468	20
新 疆	158480	24919	9859	9576	9239	49117	31652	24118

5-6 续表 10

地　区	合　计(次)	举办实用技术培训						
		科普日		科技周		日常		其他
		科技进村	科教进社区	科技进村	科教进社区	科技进村	科教进社区	
合　计	**190803**	**20911**	**9358**	**31864**	**9440**	**80917**	**20373**	**17940**
北　京	444	66	50	78	73	94	58	25
天　津	1053	86	19	111	33	701	103	0
河　北	3243	791	239	534	179	1158	297	45
山　西	6019	497	236	441	238	3846	602	159
内蒙古	4947	530	369	632	427	2050	772	167
辽　宁	20573	1035	496	13243	526	3444	1053	776
吉　林	5790	1777	245	398	253	2320	656	141
黑龙江	8386	601	473	1025	537	3182	1241	1327
上　海	0	0	0	0	0	0	0	0
江　苏	8395	857	742	1212	934	2357	1571	722
浙　江	8753	977	208	814	244	3482	828	2200
安　徽	5582	1146	611	951	545	1477	758	94
福　建	3635	388	189	352	192	1720	467	327
江　西	1819	188	112	232	131	772	245	139
山　东	6545	639	372	817	516	2849	1178	174
河　南	5046	689	278	772	378	2187	570	172
湖　北	7057	991	476	552	374	3393	1146	125
湖　南	6655	738	551	1431	455	2111	916	453
广　东	1829	171	60	207	71	1049	203	68
广　西	6100	618	187	588	190	3884	383	250
海　南	822	192	45	123	35	319	55	53
重　庆	478	71	51	68	46	125	49	68
四　川	9961	1574	681	1526	693	3486	1493	508
贵　州	2065	283	125	284	122	968	220	63
云　南	17534	1349	446	1072	306	9836	922	3603
西　藏	890	150	37	214	40	325	48	76
陕　西	8068	1140	588	1274	505	2836	887	838
甘　肃	8360	623	235	858	308	4675	934	727
青　海	710	129	107	117	84	162	74	37
宁　夏	2132	235	106	273	125	1082	262	49
新　疆	27912	2380	1024	1665	880	15027	2382	4554

5-6 续表 11

地区	实用技术培训人数							
	合计（人次）	科普日		科技周		日常		其他
		科技进村	科教进社区	科技进村	科教进社区	科技进村	科教进社区	
合计	**24927964**	**3226275**	**1543491**	**3160372**	**1598596**	**10738678**	**2875952**	**1784600**
北京	30470	3280	3500	5640	5290	5380	4900	2480
天津	123510	13402	4336	18024	4402	63134	20212	0
河北	608302	133062	43932	104135	42385	216380	61168	7240
山西	739978	115947	60000	102991	69004	244989	96122	50925
内蒙古	901805	110585	80783	141398	99466	317570	134898	17105
辽宁	1251842	177936	72014	177024	79021	513256	201131	31460
吉林	639655	56790	21598	57286	29362	357467	94672	22480
黑龙江	1236660	110703	42969	171683	90417	519945	228813	72130
上海	0	0	0	0	0	0	0	0
江苏	1366966	182985	127657	231453	171354	378345	224704	50468
浙江	697477	91691	18474	68212	19554	293756	69448	136342
安徽	361602	66925	24016	49850	25379	124795	52835	17802
福建	321733	36032	16569	34798	14939	159741	33963	25691
江西	235257	30385	16371	31741	19342	84270	33148	20000
山东	1513605	196490	132397	232681	156978	503973	268376	22710
河南	1332087	179478	89740	210128	107258	569238	129631	46614
湖北	1361548	237005	140799	156830	86015	559853	152926	28120
湖南	862158	127298	80051	114730	65949	305602	124141	44387
广东	231750	24064	8294	30469	11384	121554	28905	7080
广西	762329	70611	19807	82141	19689	501192	48479	20410
海南	99215	14749	6822	18349	8191	35050	9361	6693
重庆	111115	18292	12770	15900	11080	24518	8655	19900
四川	1568750	231114	128807	258600	139520	502351	222948	85410
贵州	279102	52467	23313	49106	20347	98637	27190	8042
云南	1553425	145758	42247	108318	31315	764380	96273	365134
西藏	119681	19836	5124	23367	5224	47974	8937	9219
陕西	1445141	293078	111010	241899	92902	438389	142267	125596
甘肃	737266	83406	37933	96934	46212	356533	73793	42455
青海	88687	22186	14145	12070	11025	14490	8221	6550
宁夏	196264	23080	12936	31161	13637	79520	31345	4585
新疆	4150584	357640	145077	283454	101955	2536396	238490	487572

5-6 续表 12

地 区	合 计(人次)	参加活动科技人员总数						
		科普日		科技周		日常		其他
		科技进村	科教进社区	科技进村	科教进社区	科技进村	科教进社区	
合 计	**1610035**	**254191**	**187162**	**196169**	**174073**	**408916**	**270141**	**119383**
北 京	861	114	81	192	70	186	138	80
天 津	23388	2781	1056	4298	2551	8653	4041	8
河 北	27856	5710	3338	4026	2070	8448	3585	679
山 西	25576	4619	2510	4080	2708	7019	4093	547
内蒙古	43242	4572	3741	6146	5935	11938	9825	1085
辽 宁	46177	5489	10943	4508	4710	8226	10636	1665
吉 林	22646	3430	1518	1555	1461	6425	6840	1417
黑龙江	37795	3279	4685	4264	8210	10527	6070	760
上 海	2190	600	280	380	280	300	250	100
江 苏	122119	14611	19496	16405	20519	21001	18370	11717
浙 江	76491	9719	11796	8288	9364	13652	18646	5026
安 徽	95449	7745	11846	6111	12539	8743	11559	36906
福 建	49281	5402	5369	5899	4991	16018	9067	2535
江 西	33204	4740	2644	5847	3388	9665	6216	704
山 东	72929	7966	8493	8438	6762	24825	13822	2623
河 南	76555	11454	7981	12914	9690	20238	12728	1550
湖 北	76597	6813	22960	4711	10632	11049	19635	797
湖 南	68879	9454	8594	8627	7927	17209	11868	5200
广 东	61298	8650	6513	4112	8515	8262	22363	2883
广 西	68804	8214	5564	8212	5210	28640	10389	2575
海 南	8259	2017	1325	754	475	2607	834	247
重 庆	9058	1676	1236	1071	938	2363	1279	495
四 川	86131	10317	8159	10944	13211	22537	16627	4336
贵 州	72880	7014	6059	6105	5010	33288	13232	2172
云 南	70412	12733	10312	11030	7855	17874	5965	4643
西 藏	50385	10140	2370	13892	1882	19529	2125	447
陕 西	128680	50695	10598	11555	7381	26453	16484	5514
甘 肃	40785	7544	2540	5332	3814	14108	5154	2293
青 海	34965	15600	740	595	773	1183	684	15390
宁 夏	12178	1921	729	2890	1093	3954	1351	240
新 疆	64965	9172	3686	12988	4109	23996	6265	4749

5-6 续表 13

地区	参加活动科技人员总数							
	合计(人次)	#专家人数						
		科普日		科技周		日常		其他
		科技进村	科教进社区	科技进村	科教进社区	科技进村	科教进社区	
合计	**244783**	**35975**	**26167**	**32568**	**24227**	**76255**	**39976**	**9615**
北京	441	56	45	65	25	143	67	40
天津	5452	631	168	897	637	2367	750	2
河北	5176	1210	548	867	348	1492	528	183
山西	2671	448	305	426	273	792	337	90
内蒙古	2421	317	211	438	256	747	387	65
辽宁	7994	875	1517	931	620	2528	1329	194
吉林	5114	1712	274	275	250	1335	1095	173
黑龙江	5310	735	509	918	555	1609	897	87
上海	1150	380	175	150	100	220	125	0
江苏	25758	4060	2650	4226	3086	6581	4130	1025
浙江	22115	3927	3198	2550	2376	5050	3910	1104
安徽	8130	1400	1063	1116	879	2187	1100	385
福建	7804	840	880	867	765	2736	1435	281
江西	7504	857	606	1164	883	2300	1408	286
山东	15774	1641	1236	1727	1172	6812	2695	491
河南	15029	2286	1472	2447	1445	5074	2027	278
湖北	13672	1646	2014	1449	2151	2809	3360	243
湖南	15735	2300	1993	2118	1585	4036	2946	757
广东	7116	638	1095	771	1135	1826	1326	325
广西	13112	1523	796	1852	928	6011	1693	309
海南	887	148	80	148	118	211	138	44
重庆	1213	198	155	103	124	332	225	76
四川	12192	1599	1111	1639	1205	3640	2424	574
贵州	11522	1715	731	967	669	5285	2065	90
云南	7261	1411	775	1281	578	2291	588	337
西藏	842	109	64	172	71	229	97	100
陕西	9927	1752	1615	1177	930	2463	1245	745
甘肃	4597	718	213	822	318	1940	480	106
青海	872	116	104	124	121	236	93	78
宁夏	1404	175	87	296	129	500	187	30
新疆	6588	552	477	585	495	2473	889	1117

5-6 续表 14

地区	参加活动的学会、协会、研究会							
	合计(个次)	科普日		科技周		日常		其他
		科技进村	科教进社区	科技进村	科教进社区	科技进村	科教进社区	
合　计	**83484**	**13490**	**9199**	**12736**	**8455**	**23901**	**11756**	**3947**
北　京	122	20	15	24	13	15	10	25
天　津	124	17	6	29	10	49	11	2
河　北	2267	520	191	374	168	748	215	51
山　西	2763	358	307	333	280	932	463	90
内蒙古	1955	328	178	341	195	605	223	85
辽　宁	3022	373	307	507	275	1029	374	157
吉　林	2168	253	182	203	176	803	436	115
黑龙江	3359	585	258	520	293	1223	424	56
上　海	28	0	0	0	0	0	0	28
江　苏	5791	1001	745	893	818	1280	805	249
浙　江	4382	715	648	540	557	899	671	352
安　徽	2945	483	324	498	279	785	486	90
福　建	3133	465	351	376	298	871	479	293
江　西	2738	275	288	413	318	829	545	70
山　东	4426	625	473	674	454	1319	684	197
河　南	5074	952	521	951	521	1346	602	181
湖　北	3869	635	445	485	329	1367	529	79
湖　南	6572	1122	889	1052	689	1503	1089	228
广　东	2505	300	306	315	290	770	422	102
广　西	3911	498	257	502	265	1699	488	202
海　南	311	51	27	43	22	80	37	51
重　庆	654	117	86	84	68	186	75	38
四　川	6077	1070	709	954	629	1371	988	356
贵　州	2923	364	384	389	329	701	369	387
云　南	2631	510	330	416	246	755	260	114
西　藏	157	29	16	32	16	36	19	9
陕　西	4254	809	485	817	413	1130	446	154
甘　肃	2250	500	158	452	184	700	202	54
青　海	290	70	51	50	36	39	32	12
宁　夏	1058	163	94	188	105	361	116	31
新　疆	1725	282	168	281	179	470	256	89

5-6 续表 15

地区	覆盖村 合计(个)	科普日科技进村	科技周科技进村	日常科技进村	覆盖社区 合计(个)	科普日科教进社区	科技周科教进社区	日常科教进社区
合计	**291696**	**73213**	**71937**	**146546**	**61278**	**18077**	**17620**	**25581**
北京	437	156	60	221	63	22	17	24
天津	3426	1007	1262	1157	141	40	59	42
河北	9132	2386	1995	4751	1653	441	488	724
山西	10124	2404	1934	5786	1572	537	441	594
内蒙古	7414	1604	2227	3583	1715	432	562	721
辽宁	8142	1969	1910	4263	4151	1317	1179	1655
吉林	4716	965	533	3218	1173	175	198	800
黑龙江	7185	1526	1600	4059	2041	559	657	825
上海	269	100	90	79	70	30	20	20
江苏	14491	3948	5071	5472	6054	1729	2138	2187
浙江	9684	2658	1968	5058	3583	1094	1029	1460
安徽	7154	1922	1892	3340	2494	868	788	838
福建	7362	1607	1799	3956	2218	670	607	941
江西	6497	1356	1636	3505	1393	419	382	592
山东	46162	9866	12288	24008	5970	1309	1522	3139
河南	18060	3732	3974	10354	2693	919	757	1017
湖北	14675	4969	3779	5927	2774	861	602	1311
湖南	19810	5992	4506	9312	3143	1018	887	1238
广东	6982	1350	1445	4187	2520	781	674	1065
广西	10101	1801	2002	6298	1314	341	335	638
海南	2490	748	613	1129	250	113	63	74
重庆	2658	844	592	1222	358	106	106	146
四川	18221	4707	4884	8630	3931	1217	1171	1543
贵州	6290	1813	1618	2859	1211	397	352	462
云南	10016	2914	2202	4900	1858	623	516	719
西藏	4613	1486	1427	1700	229	57	105	67
陕西	13499	3954	3251	6294	1835	599	506	730
甘肃	8515	1584	1710	5221	1404	409	419	576
青海	2021	640	723	658	245	88	75	82
宁夏	2232	754	671	807	823	278	277	268
新疆	9318	2451	2275	4592	2399	628	688	1083

5-7 2014年各地区省级学会科普活动

地 区	合 计(次)	举办科普宣讲活动						
		科普日		科技周		日常		其他
		科技进村	科教进社区	科技进村	科教进社区	科技进村	科教进社区	
合 计	**83082**	**6314**	**5999**	**8583**	**9611**	**18940**	**20544**	**13091**
北 京	4124	49	129	113	200	1105	1736	792
天 津	6581	529	452	3203	366	872	828	331
河 北	962	61	63	65	116	110	263	284
山 西	16481	312	489	925	4888	2471	7240	156
内蒙古	282	3	7	64	26	90	76	16
辽 宁	5989	553	802	1182	806	1588	893	165
吉 林	798	110	51	71	30	110	110	316
黑龙江	5077	15	136	7	14	3107	1345	453
上 海	1430	31	293	39	179	73	439	376
江 苏	6940	860	719	1020	1027	1615	1545	154
浙 江	1455	79	171	77	64	232	233	599
安 徽	1453	37	83	69	135	273	472	384
福 建	1886	104	228	89	157	235	513	560
江 西	1924	178	198	221	245	464	337	281
山 东	1125	69	84	90	68	67	131	616
河 南	3792	32	82	304	83	677	180	2434
湖 北	1307	83	198	70	125	124	552	155
湖 南	3960	24	52	58	158	138	947	2583
广 东	1902	183	419	68	180	262	570	220
广 西	1632	42	72	33	71	135	360	919
海 南	6	0	1	0	0	0	0	5
重 庆	974	26	136	43	97	101	330	241
四 川	387	20	19	16	29	86	118	99
贵 州	1791	1512	16	12	30	47	61	113
云 南	5336	590	126	282	88	3723	408	119
西 藏	76	7	17	1	5	22	6	18
陕 西	3782	644	843	388	319	962	482	144
甘 肃	310	75	43	9	23	55	77	28
青 海	537	29	30	19	20	144	36	259
宁 夏	105	0	4	1	3	1	4	92
新 疆	678	57	36	44	59	51	252	179

5-7 续表 1

地区	合计(人次)	宣讲活动受众人数						
		科普日		科技周		日常		其他
		科技进村	科教进社区	科技进村	科教进社区	科技进村	科教进社区	
合计	**39528563**	**2028428**	**4103692**	**1298587**	**1867809**	**4234550**	**12197780**	**13797717**
北京	1252700	8991	60453	27832	189073	107870	541562	316919
天津	992281	62165	89596	87717	452262	85119	117728	97694
河北	280069	7305	24870	4353	44075	20485	125040	53941
山西	670768	47075	95927	96853	152087	82960	163950	31916
内蒙古	227292	25218	19360	4200	7600	12850	25304	132760
辽宁	550850	74859	83635	77894	86751	68045	70040	89626
吉林	5967992	24454	14590	36272	14338	23583	5693737	161018
黑龙江	1291966	3210	28837	420	7161	560723	290075	401540
上海	1394888	19166	218976	8393	66955	307294	726714	47390
江苏	509948	50411	86083	36730	108950	56615	139786	31373
浙江	323308	16637	45118	15646	9475	70869	105697	59866
安徽	3384686	5275	21884	11278	26157	41768	119664	3158660
福建	1397426	75545	143332	58087	122456	407871	353077	237058
江西	1078559	8151	30179	5316	31049	35616	35048	933200
山东	10177251	1049545	37537	282330	43550	997590	1896205	5870494
河南	573666	11900	89050	33670	104280	148320	129560	56886
湖北	422614	45544	76876	37530	68705	25011	98269	70679
湖南	872968	5436	39380	38347	72715	38054	186870	492166
广东	748785	23442	90408	7328	47486	84082	134186	361853
广西	756456	20020	36401	2212	15622	13381	361962	306858
海南	8000	0	2000	0	0	0	0	6000
重庆	1047254	11128	201852	11556	48048	24865	283668	466137
四川	384001	11128	4403	3583	4745	41560	298792	19790
贵州	100622	54812	5292	3453	16494	2415	3839	14317
云南	1291550	119710	59227	122077	49283	773193	134878	33182
西藏	35075	3540	860	25000	630	2400	825	1820
陕西	3184435	143799	2472759	208030	51196	149995	97196	61460
甘肃	45773	2316	8617	1703	6246	1130	3761	22000
青海	187397	20656	6440	5017	6520	26962	11849	109953
宁夏	27300	0	3150	150	3300	50	5000	15650
新疆	342683	76990	6600	45610	10600	23874	43498	135511

5-7 续表 2

地区	举办科普宣讲活动							
	合计(次)	#院士科普报告会						
		科普日		科技周		日常		其他
		科技进村	科教进社区	科技进村	科教进社区	科技进村	科教进社区	
合　计	**634**	**22**	**48**	**12**	**56**	**19**	**75**	**402**
北　京	59	1	6	1	4	0	3	44
天　津	14	0	1	0	7	0	2	4
河　北	35	2	0	0	0	0	0	33
山　西	7	0	2	0	0	0	2	3
内蒙古	5	0	0	1	0	1	0	3
辽　宁	11	0	1	0	0	0	0	10
吉　林	21	1	1	0	3	0	5	11
黑龙江	8	0	1	0	1	0	0	6
上　海	18	0	1	0	4	0	9	4
江　苏	18	0	3	0	6	0	8	1
浙　江	10	0	1	0	1	0	2	6
安　徽	20	0	0	0	0	0	2	18
福　建	15	1	3	1	0	3	1	6
江　西	9	0	1	0	1	1	1	5
山　东	52	1	1	0	2	0	3	45
河　南	30	0	0	1	0	2	0	27
湖　北	118	2	3	4	0	0	1	108
湖　南	16	0	1	0	0	5	2	8
广　东	16	0	1	0	5	0	5	5
广　西	29	9	5	1	0	2	2	10
海　南	0	0	0	0	0	0	0	0
重　庆	29	1	5	0	0	0	3	20
四　川	11	0	0	0	0	0	10	1
贵　州	21	0	0	0	17	1	0	3
云　南	5	0	4	0	0	0	0	1
西　藏	2	0	0	0	0	0	0	2
陕　西	38	2	7	3	4	4	11	7
甘　肃	5	1	0	0	1	0	2	1
青　海	2	0	0	0	0	0	1	1
宁　夏	4	0	0	0	0	0	0	4
新　疆	6	1	0	0	0	0	0	5

5-7 续表 3

地区	举办科普宣讲活动							
	合计(次)	#举办专题展览						
		科普日		科技周		日常		其他
		科技进村	科教进社区	科技进村	科教进社区	科技进村	科教进社区	
合计	**17652**	**1048**	**1052**	**1309**	**3575**	**3291**	**6373**	**1004**
北京	426	8	22	10	38	108	217	23
天津	1655	252	73	509	117	358	269	77
河北	104	5	10	4	15	8	43	19
山西	10303	162	190	460	2793	1999	4692	7
内蒙古	9	0	2	1	1	2	2	1
辽宁	156	17	33	8	14	13	59	12
吉林	23	1	2	0	4	3	6	7
黑龙江	397	7	6	3	3	0	2	376
上海	180	6	28	11	31	28	36	40
江苏	422	48	77	48	93	56	75	25
浙江	86	4	28	4	10	13	17	10
安徽	377	5	28	5	57	84	169	29
福建	269	14	65	14	32	41	48	55
江西	645	41	39	77	69	240	149	30
山东	111	4	15	2	9	3	16	62
河南	32	1	2	5	1	5	2	16
湖北	381	24	52	12	71	20	187	15
湖南	121	2	11	4	19	10	61	14
广东	207	26	74	5	28	11	44	19
广西	91	11	27	1	13	3	4	32
海南	0	0	0	0	0	0	0	0
重庆	125	8	19	5	9	11	43	30
四川	39	3	3	5	3	2	10	13
贵州	225	204	4	3	3	8	1	2
云南	106	5	23	6	19	7	39	7
西藏	25	3	9	0	4	5	3	1
陕西	990	176	183	93	102	228	163	45
甘肃	76	1	19	5	11	13	11	16
青海	34	3	0	2	3	8	1	17
宁夏	4	0	1	1	0	0	0	2
新疆	33	7	7	6	3	4	4	2

5-7 续表 4

地　区	举办科普宣讲活动							
	合　计（次）	#流动科技馆巡展						
		科普日		科技周		日常		其他
		科技进村	科教进社区	科技进村	科教进社区	科技进村	科教进社区	
合　计	**1353**	**72**	**356**	**72**	**138**	**145**	**385**	**185**
北　京	228	1	6	4	15	21	123	58
天　津	74	0	23	1	34	1	15	0
河　北	11	1	3	1	1	1	4	0
山　西	93	1	5	2	2	2	79	2
内 蒙 古	8	1	1	1	1	4	0	0
辽　宁	210	12	14	24	24	68	66	2
吉　林	3	0	1	0	0	1	0	1
黑 龙 江	27	1	1	1	0	0	0	24
上　海	50	2	20	2	7	2	8	9
江　苏	172	24	37	24	21	28	36	2
浙　江	14	2	4	1	1	1	3	2
安　徽	0	0	0	0	0	0	0	0
福　建	18	1	5	2	2	1	5	2
江　西	18	0	5	0	6	0	6	1
山　东	65	0	4	0	2	0	3	56
河　南	0	0	0	0	0	0	0	0
湖　北	12	1	1	0	1	1	2	6
湖　南	12	0	3	0	2	3	2	2
广　东	10	0	5	0	4	0	1	0
广　西	22	0	1	2	3	5	3	8
海　南	0	0	0	0	0	0	0	0
重　庆	0	0	0	0	0	0	0	0
四　川	23	1	1	1	0	0	20	0
贵　州	26	21	1	0	1	0	3	0
云　南	0	0	0	0	0	0	0	0
西　藏	0	0	0	0	0	0	0	0
陕　西	230	0	212	2	8	2	3	3
甘　肃	6	0	1	0	1	0	2	2
青　海	6	1	1	1	1	1	1	0
宁　夏	3	0	0	0	1	0	0	2
新　疆	12	2	1	3	0	3	0	3

5-7 续表 5

地区	宣讲活动受众人数							
	合计（人次）	#流动科技馆巡展受众人数						
		科普日		科技周		日常		其他
		科技进村	科教进社区	科技进村	科教进社区	科技进村	科教进社区	
合计	**1657987**	**118470**	**342708**	**56025**	**126286**	**22080**	**280917**	**711501**
北京	77735	1500	2802	2003	49740	40	16500	5150
天津	35670	0	7105	2000	20765	2500	3300	0
河北	13820	350	10865	110	240	120	2135	0
山西	24250	100	2250	100	200	1200	19300	1100
内蒙古	3830	10	2000	50	1200	570	0	0
辽宁	38520	100	1500	1700	19000	300	12000	3920
吉林	2200	0	500	0	0	500	0	1200
黑龙江	7322	200	102	220	0	0	0	6800
上海	114559	200	103035	140	4810	200	800	5374
江苏	73237	31080	13767	1120	9370	1760	14640	1500
浙江	5772	800	2072	500	500	500	800	600
安徽	0	0	0	0	0	0	0	0
福建	6072	108	2786	231	211	37	1626	1073
江西	6870	0	1220	0	1610	0	2540	1500
山东	646543	0	160	0	30	0	2250	644103
河南	0	0	0	0	0	0	0	0
湖北	24340	1200	2700	0	4200	2000	2560	11680
湖南	3102	0	540	0	250	932	900	480
广东	11025	0	3449	0	7176	0	400	0
广西	6986	0	2000	1	2202	1	201	2581
海南	0	0	0	0	0	0	0	0
重庆	0	0	0	0	0	0	0	0
四川	201400	290	810	300	0	0	200000	0
贵州	22096	21212	350	0	192	0	342	0
云南	0	0	0	0	0	0	0	0
西藏	0	0	0	0	0	0	0	0
陕西	208918	0	182245	17050	1790	970	343	6520
甘肃	4700	0	50	0	2500	0	150	2000
青海	1200	320	200	250	100	200	130	0
宁夏	1000	0	0	0	200	0	0	800
新疆	116820	61000	200	30250	0	10250	0	15120

5-7 续表 6

地　区	举办科普宣讲活动							
	合　计(次)	#开展科技咨询						
		科普日		科技周		日常		其他
		科技进村	科教进社区	科技进村	科教进社区	科技进村	科教进社区	
合　计	**36698**	**2512**	**2510**	**5141**	**3592**	**11857**	**8478**	**2608**
北　京	2199	32	82	83	95	654	1125	128
天　津	3996	114	201	2592	113	454	339	183
河　北	280	24	17	16	32	76	92	23
山　西	5919	147	284	456	2087	441	2454	50
内蒙古	201	1	4	6	24	81	74	11
辽　宁	2965	298	423	660	365	789	357	73
吉　林	367	36	16	11	16	94	87	107
黑龙江	4264	7	103	3	7	2945	1183	16
上　海	568	9	149	19	17	35	258	81
江　苏	638	76	83	55	94	132	152	46
浙　江	586	58	77	53	21	192	108	77
安　徽	534	15	36	19	27	134	198	105
福　建	978	27	59	35	51	139	363	304
江　西	854	120	132	108	118	187	130	59
山　东	607	43	28	75	34	60	77	290
河　南	1157	25	30	261	43	538	31	229
湖　北	415	14	33	15	20	43	272	18
湖　南	155	11	7	13	10	51	14	49
广　东	853	40	129	55	103	114	313	99
广　西	175	19	22	17	22	41	21	33
海　南	5	0	0	0	0	0	0	5
重　庆	464	13	80	26	47	79	175	44
四　川	157	8	7	10	11	48	16	57
贵　州	383	245	9	7	7	35	16	64
云　南	4958	562	43	263	39	3683	325	43
西　藏	20	4	7	0	0	4	0	5
陕　西	2182	453	407	253	161	652	212	44
甘　肃	202	70	20	3	10	37	53	9
青　海	406	19	18	12	6	96	21	234
宁　夏	54	0	0	0	0	0	0	54
新　疆	156	22	4	15	12	23	12	68

5-7 续表 7

地区	合计(项)	推广新技术、新品种						
		科普日		科技周		日常		其他
		科技进村	科教进社区	科技进村	科教进社区	科技进村	科教进社区	
合计	**11459**	**520**	**460**	**466**	**341**	**2303**	**983**	**6386**
北京	265	7	3	10	4	91	12	138
天津	201	0	14	36	21	61	8	61
河北	116	18	0	0	0	39	5	54
山西	200	7	29	13	5	27	101	18
内蒙古	8	1	0	6	0	1	0	0
辽宁	695	50	53	100	60	353	71	8
吉林	295	50	22	20	20	123	25	35
黑龙江	512	2	0	3	0	250	0	257
上海	80	23	1	5	0	27	2	22
江苏	203	23	25	7	13	51	51	33
浙江	398	19	29	5	2	203	53	87
安徽	510	23	4	14	6	76	3	384
福建	199	4	4	5	4	117	9	56
江西	435	15	12	11	8	40	17	332
山东	369	14	2	14	2	21	1	315
河南	182	31	3	12	7	92	15	22
湖北	895	36	151	68	104	58	458	20
湖南	71	12	12	5	3	13	2	24
广东	4395	25	3	32	1	34	50	4250
广西	156	23	12	1	35	32	11	42
海南	0	0	0	0	0	0	0	0
重庆	45	2	1	1	1	13	22	5
四川	75	9	3	9	3	24	10	17
贵州	49	11	0	5	8	9	4	12
云南	213	38	0	13	2	132	12	16
西藏	58	0	28	0	0	30	0	0
陕西	511	47	43	41	26	205	36	113
甘肃	13	4	1	0	1	4	1	2
青海	138	4	1	7	0	77	2	47
宁夏	24	0	3	0	2	11	2	6
新疆	148	22	1	23	3	89	0	10

5-7 续表 8

地 区	合 计(分钟)	播放科技广播、影视节目						
		科普日		科技周		日常		其他
		科技进村	科教进社区	科技进村	科教进社区	科技进村	科教进社区	
合 计	**793528**	**31042**	**40136**	**25612**	**33866**	**90163**	**159986**	**412723**
北 京	6035	1	1020	0	1008	0	585	3421
天 津	19295	130	2670	700	9640	1910	3270	975
河 北	5050	195	300	300	540	135	1010	2570
山 西	22203	1986	3121	5340	3900	3435	4405	16
内蒙古	758	0	130	300	120	1	201	6
辽 宁	12424	1834	720	2349	830	267	1053	5371
吉 林	34361	36	3245	13	3713	3760	22947	647
黑龙江	21322	80	0	30	50	17502	320	3340
上 海	39335	200	221	2973	295	300	3872	31474
江 苏	10670	922	5140	630	1594	540	1455	389
浙 江	20034	301	825	3685	363	9360	1580	3920
安 徽	2765	30	260	0	470	140	1140	725
福 建	8810	296	825	371	1555	1276	2869	1618
江 西	32219	500	560	1000	1055	3326	3098	22680
山 东	76038	1225	1911	600	900	21900	5120	44382
河 南	6520	440	490	680	570	4240	50	50
湖 北	29103	855	540	230	180	1870	9180	16248
湖 南	11000	130	906	245	845	2250	3024	3600
广 东	3082	425	1690	0	127	0	540	300
广 西	23843	8698	8652	80	2001	3151	81	1180
海 南	0	0	0	0	0	0	0	0
重 庆	9397	356	362	871	372	215	891	6330
四 川	5240	110	362	140	428	2120	1080	1000
贵 州	4647	3035	0	54	0	56	501	1001
云 南	254079	100	6	120	1000	386	2155	250312
西 藏	67	0	60	0	0	4	0	3
陕 西	124037	8400	5818	4392	2165	11315	88790	3157
甘 肃	275	50	60	0	105	60	0	0
青 海	8130	40	25	65	38	179	195	7588
宁 夏	338	0	92	60	2	60	4	120
新 疆	2451	667	125	384	0	405	570	300

5-7 续表 9

地区	播放科技广播、影视节目							
	合计(分钟)	#电台电视台播放科技节目						其他
		科普日		科技周		日常		
		科技进村	科教进社区	科技进村	科教进社区	科技进村	科教进社区	
合计	**277427**	**12627**	**5958**	**8594**	**5334**	**55976**	**38282**	**150656**
北京	4776	0	1020	0	500	0	585	2671
天津	4515	40	440	300	1080	800	1655	200
河北	1730	60	60	120	120	60	840	470
山西	2296	165	482	198	354	370	723	4
内蒙古	438	0	10	300	120	1	1	6
辽宁	4769	1714	379	2109	340	10	61	156
吉林	23047	35	10	10	20	62	22590	320
黑龙江	17557	0	0	0	0	17502	0	55
上海	3906	0	221	0	295	100	2600	690
江苏	2906	780	240	300	437	360	587	202
浙江	4861	41	90	210	180	660	420	3260
安徽	1350	30	140	0	180	140	360	500
福建	2905	273	305	336	340	612	699	340
江西	3149	0	30	0	30	326	78	2685
山东	48831	5	181	0	400	21900	3300	23045
河南	1855	180	30	100	0	1495	0	50
湖北	4448	490	400	170	60	1620	1700	8
湖南	45	0	10	0	10	5	20	0
广东	1064	265	617	0	22	0	110	50
广西	555	111	41	79	1	21	22	280
海南	0	0	0	0	0	0	0	0
重庆	5884	310	110	80	230	94	400	4660
四川	1490	30	40	60	60	120	180	1000
贵州	39	3	0	6	0	8	21	1
云南	100320	70	5	60	15	150	20	100000
西藏	63	0	60	0	0	0	0	3
陕西	25316	7750	901	3860	530	9252	723	2300
甘肃	10	0	0	0	0	10	0	0
青海	7504	13	11	32	10	21	17	7400
宁夏	0	0	0	0	0	0	0	0
新疆	1798	262	125	264	0	277	570	300

5-7 续表 10

地区	合计(次)	举办实用技术培训						
		科普日		科技周		日常		其他
		科技进村	科教进社区	科技进村	科教进社区	科技进村	科教进社区	
合　计	**29861**	**3775**	**916**	**2324**	**852**	**13793**	**4240**	**3961**
北　京	463	18	34	9	14	254	25	109
天　津	3636	122	12	213	16	3066	88	119
河　北	518	21	7	9	20	317	45	99
山　西	1522	615	45	514	60	98	146	44
内蒙古	32	1	0	11	0	5	8	7
辽　宁	755	115	67	120	80	165	113	95
吉　林	250	42	37	11	21	84	28	27
黑龙江	3690	3	0	2	0	3534	2	149
上　海	820	36	16	5	14	50	78	621
江　苏	585	63	87	57	63	138	112	65
浙　江	554	9	29	52	12	270	57	125
安　徽	303	111	5	6	3	76	35	67
福　建	1073	84	41	31	34	92	467	324
江　西	1662	45	30	57	43	398	224	865
山　东	608	39	2	50	7	66	261	183
河　南	1913	22	13	30	32	1511	236	69
湖　北	1836	44	3	42	1	178	1510	58
湖　南	408	11	6	17	10	64	31	269
广　东	865	27	167	39	165	134	164	169
广　西	237	56	36	4	9	40	22	70
海　南	0	0	0	0	0	0	0	0
重　庆	273	3	36	3	13	77	103	38
四　川	190	9	5	10	5	76	24	61
贵　州	629	512	4	10	29	34	7	33
云　南	1505	80	48	32	34	1192	42	77
西　藏	15	0	2	0	0	12	0	1
陕　西	4898	1575	170	848	159	1719	357	70
甘　肃	102	14	5	2	2	54	13	12
青　海	163	31	6	10	4	39	33	40
宁　夏	59	0	2	0	2	0	4	51
新　疆	297	67	1	130	0	50	5	44

5-7 续表 11

地区	合计（人次）	实用技术培训人数						
		科普日		科技周		日常		其他
		科技进村	科教进社区	科技进村	科教进社区	科技进村	科教进社区	
合计	**2191614**	**170340**	**60282**	**105485**	**50070**	**909881**	**502270**	**393286**
北京	34113	1076	1901	740	926	18975	3109	7386
天津	63350	6080	1108	11400	1177	23143	13298	7144
河北	81191	2340	480	1080	943	59927	1950	14471
山西	43413	3559	2944	7875	5571	10925	9936	2603
内蒙古	4905	51	0	1086	0	366	1802	1600
辽宁	39464	5068	3230	5560	3900	9480	6150	6076
吉林	31137	4007	2230	1698	1410	13007	5860	2925
黑龙江	395870	110	0	200	0	392351	20	3189
上海	75272	1645	1815	487	1300	2018	6695	61312
江苏	67562	2670	5464	1160	3820	28475	8904	17069
浙江	53968	1379	5134	4663	3538	14960	7895	16399
安徽	30012	9920	511	640	130	8305	4801	5705
福建	78049	5720	3653	1755	3050	7265	24855	31751
江西	96213	1499	889	1300	672	12300	4240	75313
山东	32174	5340	190	5440	690	5710	4710	10094
河南	125053	760	1012	1700	1786	97462	17950	4383
湖北	337809	4118	192	5190	32	19771	300584	7922
湖南	35108	1607	541	911	1206	4276	1908	24659
广东	91188	2310	7692	5350	1751	14010	31181	28894
广西	66856	14371	3052	2502	3411	35808	2218	5494
海南	0	0	0	0	0	0	0	0
重庆	21889	335	1312	98	569	7074	8735	3766
四川	17838	1025	453	1152	342	6695	3376	4795
贵州	34144	19640	1000	1005	6080	2630	1397	2392
云南	76555	10906	2735	3500	1058	35531	15056	7769
西藏	690	0	480	0	0	200	0	10
陕西	180025	45960	10972	35837	6068	67232	11848	2108
甘肃	10589	640	640	100	50	6125	1850	1184
青海	36083	3287	512	1237	490	1845	1022	27690
宁夏	5171	0	100	0	100	0	200	4771
新疆	25923	14917	40	1819	0	4015	720	4412

5-7 续表 12

地　区	合　计(人次)	参加活动科技人员总数						
		科普日		科技周		日常		其他
		科技进村	科教进社区	科技进村	科教进社区	科技进村	科教进社区	
合　计	**962013**	**53163**	**84651**	**53611**	**75410**	**158070**	**119763**	**417345**
北　京	26015	560	2029	1248	3857	2538	5383	10400
天　津	27190	1246	2444	3607	7633	2709	2560	6991
河　北	8469	1685	551	198	595	582	1381	3477
山　西	22239	431	6644	447	764	1045	4036	8872
内蒙古	4135	306	137	213	188	1792	1047	452
辽　宁	37405	1960	5058	5133	4041	7019	9420	4774
吉　林	80898	4227	1878	3190	905	64743	2808	3147
黑龙江	5759	60	175	120	111	1553	713	3027
上　海	71288	1227	18196	3776	20892	956	17145	9096
江　苏	26102	1444	6568	821	5734	1468	5361	4706
浙　江	39246	990	6209	718	1124	6735	4306	19164
安　徽	12184	1298	710	759	747	1859	3188	3623
福　建	18973	1244	2107	844	1548	2418	3972	6840
江　西	47824	365	1860	442	2484	3898	3492	35283
山　东	38644	1060	1773	1339	1720	4316	8835	19601
河　南	8399	413	1629	711	1245	1757	948	1696
湖　北	6446	648	939	296	808	783	1765	1207
湖　南	22045	2161	1492	217	1379	2070	2975	11751
广　东	228066	460	4662	454	2479	4706	10361	204944
广　西	44585	6335	4493	440	1502	945	2620	28250
海　南	240	0	200	0	0	0	0	40
重　庆	10177	420	1717	270	578	633	4294	2265
四　川	9589	193	381	118	528	585	1441	6343
贵　州	19332	2410	2390	191	10265	506	1068	2502
云　南	46109	3241	3491	5168	927	23964	5090	4228
西　藏	1166	285	550	2	64	35	57	173
陕　西	82782	16661	5494	21955	2471	16392	13934	5875
甘　肃	2881	571	296	44	287	681	517	485
青　海	3024	520	148	77	112	568	254	1345
宁　夏	1406	0	103	3	200	103	300	697
新　疆	9395	742	327	810	222	711	492	6091

5-7 续表 13

地区	参加活动科技人员总数							
	合计(人次)	#专家人数						
		科普日		科技周		日常		其他
		科技进村	科教进社区	科技进村	科教进社区	科技进村	科教进社区	
合计	**106048**	**15356**	**12709**	**5234**	**8099**	**26032**	**17651**	**20967**
北京	6133	144	375	460	628	842	1372	2312
天津	3497	210	519	286	575	486	613	808
河北	1754	279	142	72	120	237	350	554
山西	1361	97	197	117	80	473	148	249
内蒙古	466	0	35	70	42	105	153	61
辽宁	2084	138	431	246	315	334	331	289
吉林	3608	377	688	159	109	271	608	1396
黑龙江	3232	10	85	30	15	1529	650	913
上海	4485	159	1097	165	388	381	1185	1110
江苏	4150	219	490	183	703	651	1059	845
浙江	2511	116	437	145	242	629	433	509
安徽	2967	97	241	69	194	714	650	1002
福建	4167	328	727	278	407	683	904	840
江西	2480	147	221	139	199	989	440	345
山东	3448	291	352	285	394	265	572	1289
河南	3558	235	512	322	374	906	427	782
湖北	1070	161	164	198	76	86	175	210
湖南	2381	150	259	60	217	211	225	1259
广东	5721	270	1308	245	511	1032	1481	874
广西	2516	73	342	6	215	140	753	987
海南	25	0	25	0	0	0	0	0
重庆	3014	63	618	68	302	374	731	858
四川	1057	132	94	57	121	230	182	241
贵州	1020	70	197	22	76	85	224	346
云南	2903	489	151	107	154	723	698	581
西藏	271	55	80	0	21	0	25	90
陕西	31366	10528	2701	1216	1376	12633	2521	391
甘肃	1430	250	81	40	92	388	261	318
青海	975	193	39	51	45	393	69	185
宁夏	188	0	3	0	0	50	0	135
新疆	2210	75	98	138	108	192	411	1188

5-7 续表 14

地 区	合 计(个次)	参加活动的学会、协会、研究会						
		科普日		科技周		日常		其他
		科技进村	科教进社区	科技进村	科教进社区	科技进村	科教进社区	
合 计	**10702**	**971**	**980**	**907**	**879**	**2360**	**2603**	**2002**
北 京	560	9	49	17	38	49	67	331
天 津	183	12	34	22	29	9	13	64
河 北	127	18	10	7	12	6	43	31
山 西	179	62	18	56	3	6	15	19
内蒙古	16	0	4	0	3	0	6	3
辽 宁	318	41	71	38	41	40	30	57
吉 林	243	8	13	2	14	114	78	14
黑龙江	188	1	2	1	2	150	0	32
上 海	117	6	11	3	8	7	29	53
江 苏	370	51	59	9	74	21	98	58
浙 江	333	40	26	6	9	31	28	193
安 徽	270	9	30	9	25	31	98	68
福 建	480	38	88	42	31	83	93	105
江 西	444	32	38	26	43	44	52	209
山 东	1692	13	24	4	12	80	1230	329
河 南	129	5	10	22	3	62	1	26
湖 北	118	16	11	6	17	37	15	16
湖 南	201	6	91	13	27	21	10	33
广 东	340	13	26	8	25	98	76	94
广 西	332	19	21	1	6	22	230	33
海 南	5	0	5	0	0	0	0	0
重 庆	250	53	30	10	12	39	50	56
四 川	110	5	29	4	25	11	22	14
贵 州	135	16	22	10	7	15	45	20
云 南	487	1	41	7	23	310	63	42
西 藏	45	4	5	0	2	4	7	23
陕 西	2806	428	190	564	375	1036	183	30
甘 肃	27	8	7	0	3	3	3	3
青 海	62	8	5	7	7	8	8	19
宁 夏	13	0	2	2	0	2	5	2
新 疆	122	49	8	11	3	21	5	25

5-7 续表 15

地区	覆盖村 合计(个)	覆盖村 科普日科技进村	覆盖村 科技周科技进村	覆盖村 日常科技进村	覆盖社区 合计(个)	覆盖社区 科普日科教进社区	覆盖社区 科技周科教进社区	覆盖社区 日常科教进社区
合计	**54731**	**13220**	**8499**	**33012**	**27989**	**5800**	**4608**	**17581**
北京	1495	138	205	1152	1858	172	268	1418
天津	2514	250	1681	583	1192	445	389	358
河北	317	87	24	206	251	57	71	123
山西	1288	223	354	711	599	270	111	218
内蒙古	905	4	48	853	69	11	9	49
辽宁	2156	754	779	623	1217	479	452	286
吉林	1050	130	199	721	213	54	88	71
黑龙江	5443	15	5	5423	976	48	19	909
上海	262	92	52	118	811	184	124	503
江苏	2109	873	818	418	3014	1021	1016	977
浙江	1823	100	283	1440	518	186	83	249
安徽	2085	135	74	1876	1165	141	138	886
福建	1149	233	178	738	521	211	130	180
江西	1543	328	250	965	1100	325	334	441
山东	7791	1733	94	5964	3893	96	74	3723
河南	1593	31	130	1432	325	41	49	235
湖北	1067	507	144	416	1062	289	140	633
湖南	301	50	143	108	532	78	124	330
广东	2557	866	113	1578	5412	707	237	4468
广西	809	547	11	251	485	105	64	316
海南	0	0	0	0	2	2	0	0
重庆	396	31	40	325	533	173	101	259
四川	474	30	38	406	257	31	61	165
贵州	934	820	22	92	101	38	39	24
云南	3493	734	492	2267	421	93	143	185
西藏	14	7	2	5	107	96	5	6
陕西	9591	3740	2071	3780	682	305	135	242
甘肃	260	39	16	205	127	50	33	44
青海	361	145	20	196	89	30	22	37
宁夏	11	0	1	10	120	3	100	17
新疆	940	578	212	150	337	59	49	229

六、青少年科技教育

简要说明

本篇统计资料为：

一、汇总数据，反映中国科协、地方科协和全国学会、省级学会开展青少年科技教育总体情况。

二、地方科协和省级学会统计数据，分别反映各省级科协及其所属学会、副省级城市、省会城市科协、地级科协、县级科协开展青少年科技活动的情况。

三、统计指标，反映举办青少年科普宣讲活动数量和受众人数；举办青少年科技竞赛数量和获奖情况；青少年参加国际和港澳台科技交流活动的数量等。

6-1　2014年各级科协青少年科技教育汇总表

指　　标	科协合计		中国科协机关及直属单位		省级科协	
	2013	2014	2013	2014	2013	2014
举办青少年科普宣讲活动(次)	20050	23854	716	1801	1777	2231
#专家报告	8017	9615	92	429	1402	1533
受众人数(万人次)	2296	2522	864	902	256	300
播放青少年广播、影视节目(小时)	15720	20888	274	274	2006	1200
举办青少年科技竞赛(项)	10497	10468	7	4	338	349
参加人数(万人次)	3633	3786	1	6	1551	1650
获奖人数(万人次)	83	87	0.57	0.49	11	12
青少年参加国际及港澳台科技交流活动(次)	205	174	18	16	27	34
参加人数(人次)	6662	6522	185	122	1241	1615
举办青少年科学营(次)	1747	1976	56	68	161	175
参加人数(人次)	326554	331535	12180	14750	33975	38700
编印青少年科技教育资料(种)	3482	3612	62	131	70	144
总印数(万册)	1356	1466	230	222	42	68
举办青少年科技教育培训(次)	19418	19258	1598	973	2028	2281
培训人数(万人次)	572	517	5	5	70	39

注：2013年陕西省副省级城市、省会城市科协“青少年参加国际及港澳台科技交流活动”“参加人数”进行了校正，科协合计数也相应进行了校正。

6-1　续表

指　　标	副省级城市、省会城市科协		地 级 科 协		县 级 科 协	
	2013	2014	2013	2014	2013	2014
举办青少年科普宣讲活动(次)	424	579	3656	4042	13477	15201
#专家报告	298	429	1721	2183	4504	5041
受众人数(万人次)	45	37	283	278	848	1007
播放青少年广播、影视节目(小时)	598	224	2474	7053	10368	12137
举办青少年科技竞赛(项)	208	179	2236	2382	7708	7554
参加人数(万人次)	207	240	704	724	1169	1167
获奖人数(万人次)	15	13	23	27	33	35
青少年参加国际及港澳台科技交流活动(次)	20	7	50	48	90	69
参加人数(人次)	1168	121	2011	1530	2057	3134
举办青少年科学营(次)	49	68	411	459	1070	1206
参加人数(人次)	27848	31617	97113	113443	155438	133025
编印青少年科技教育资料(种)	33	41	266	322	3051	2974
总印数(万册)	31	47	122	164	931	966
举办青少年科技教育培训(次)	458	469	3421	3632	11913	11903
培训人数(万人次)	10	7	82	61	405	405

注：2013年陕西省副省级城市、省会城市科协“青少年参加国际及港澳台科技交流活动”“参加人数”进行了校正，科协合计数也相应进行了校正。

6-2　2014年全国学会、省级学会青少年科技教育汇总表

指　　标	学会合计		全国学会				省级学会	
			所属学会		委托管理学会			
	2013	2014	2013	2014	2013	2014	2013	2014
举办青少年科普宣讲活动(次)	10075	15953	2053	2198	2	12	8020	13743
#专家报告	4173	5639	1042	1148	2	12	3129	4479
受众人数(万人次)	379	393	186	166	0.04	0.28	193	227
播放青少年广播、影视节目(小时)	865	1013	10	14	0	0	855	999
举办青少年科技竞赛(项)	885	947	119	134	0	1	766	812
参加人数(万人次)	767	576	391	125	0	0.03	376	451
获奖人数(万人次)	22	19	8	4	0	0.002	13	15
青少年参加国际及港澳台科技交流活动(次)	74	127	24	24	0	0	50	103
参加人数(人次)	2641	13117	1536	2980	0	0	1105	10137
举办青少年科学营(次)	963	969	42	40	0	0	921	929
参加人数(人次)	55985	54882	7168	5043	0	0	48817	49839
编印青少年科技教育资料(种)	359	460	32	28	0	1	327	431
总印数(万册)	177	343	14	11	0	0.05	163	332
举办青少年科技教育培训(次)	1235	1872	95	96	0	0	1140	1776
培训人数(万人次)	21	29	4	2	0	0	18	26

6-3 2014年各省级科协青少年科技教育

地区	举办青少年科普宣讲活动			播放青少年广播、影视节目(分钟)	举办青少年科技竞赛		
	次数(次)	#专家报告	受众人数(人次)		项数(项)	参加人数(人次)	获奖人数(人次)
合计	**2231**	**1533**	**2998856**	**72022**	**349**	**16500298**	**121106**
北京	43	43	19550	0	15	650600	4600
天津	197	2	471307	980	10	14539	215
河北	2	2	120	0	3	2300	230
山西	3	3	20000	0	2	500	47
内蒙古	3	3	30000	0	8	20000	850
辽宁	80	60	23340	0	9	660000	5465
吉林	14	5	90000	0	5	42000	9650
黑龙江	35	23	62000	300	76	117323	2473
上海	174	71	20400	0	5	370100	5820
江苏	167	165	80100	0	10	1863852	24716
浙江	0	0	0	0	0	0	0
安徽	31	21	85000	0	13	1016000	8886
福建	6	2	402980	0	11	239277	2190
江西	15	5	100000	1200	17	365230	1500
山东	724	721	294045	0	35	2024082	11594
河南	0	0	0	0	14	1700000	2600
湖北	0	0	0	0	4	3808	1981
湖南	15	9	36100	27230	14	1321900	1148
广东	50	9	91100	510	0	0	0
广西	41	37	804000	39390	2	15000	1200
海南	0	0	0	1800	14	11200	1535
重庆	108	88	36000	220	11	2200600	3601
四川	0	0	0	0	8	2560000	7400
贵州	8	8	2300	0	3	310000	400
云南	258	76	54634	310	7	191717	2168
西藏	17	15	4180	20	15	7820	802
陕西	22	19	11550	0	12	433950	14260
甘肃	53	35	100500	62	3	7000	322
青海	47	45	26000	0	2	20000	323
宁夏	113	64	133000	0	7	130000	1400
新疆	0	0	0	0	12	200000	3600
新疆生产建设兵团	5	2	650	0	2	1500	130

6-3 续表

地区	青少年参加国际及港澳台科技交流活动		举办青少年科学营		编印青少年科技教育资料		举办青少年科技教育培训	
	次数(次)	参加人数(人次)	次数(次)	参加人数(人次)	种类(种)	总印数(册)	次数(次)	培训人数(人次)
合计	**34**	**1615**	**175**	**38700**	**144**	**678960**	**2281**	**386596**
北京	4	8	1	3000	11	18360	35	850
天津	0	0	6	7127	1	2200	43	158089
河北	0	0	1	350	2	4000	0	0
山西	0	0	6	240	8	85000	20	3300
内蒙古	0	0	1	310	0	0	5	1500
辽宁	1	3	1	440	0	0	11	10000
吉林	1	27	1	200	4	20000	7	3000
黑龙江	0	0	6	10540	8	5600	82	8100
上海	11	1100	2	2000	12	2000	378	120252
江苏	1	1	3	1600	0	0	20	2032
浙江	0	0	0	0	0	0	0	0
安徽	2	8	5	800	3	16500	11	3130
福建	1	150	20	655	1	20000	239	3716
江西	0	0	2	240	1	5000	2	500
山东	2	20	5	1540	0	0	237	13389
河南	1	5	8	517	0	0	150	4500
湖北	0	0	69	3350	3	1000	9	1924
湖南	3	8	7	518	1	30000	558	4773
广东	0	0	0	0	0	0	5	3000
广西	0	0	1	264	4	10800	212	16000
海南	0	0	11	2030	7	11000	25	1800
重庆	1	5	1	290	4	40000	117	11646
四川	0	0	0	0	0	0	0	0
贵州	0	0	1	188	3	500	13	1000
云南	0	0	4	385	0	0	4	435
西藏	0	0	1	110	15	61000	8	2500
陕西	0	0	2	1235	3	6000	25	1060
甘肃	1	10	1	350	0	0	43	2700
青海	0	0	2	70	0	0	0	0
宁夏	2	10	3	110	5	20000	10	3000
新疆	3	260	2	121	48	320000	11	4200
新疆生产建设兵团	0	0	2	120	0	0	1	200

6-4 2014年各副省级城市科协、省会城市科协青少年科技教育

城市	举办青少年科普宣讲活动			播放青少年广播、影视节目(分钟)	举办青少年科技竞赛		
	次数(次)	#专家报告	受众人数(人次)		项数(项)	参加人数(人次)	获奖人数(人次)
合　计	**579**	**429**	**365821**	**13412**	**179**	**2395409**	**125102**
副省级城市小计	**487**	**360**	**319271**	**5575**	**127**	**1754859**	**105550**
宁　波*	38	36	15000	0	10	25363	2000
厦　门*	0	0	0	0	6	14671	1300
深　圳*	20	10	18000	0	3	150000	15000
青　岛*	30	30	9000	0	11	308800	6189
大　连*	29	15	56000	0	21	8800	4400
省会城市小计	**462**	**338**	**267821**	**13412**	**128**	**1887775**	**95943**
石家庄	20	5	12000	0	4	40000	1000
太　原	1	0	500	0	2	11000	1500
呼和浩特	8	8	3000	0	1	3000	200
沈　阳*	46	45	20000	0	6	5600	2000
长　春*	0	0	0	0	0	0	0
哈尔滨*	0	0	0	0	0	0	0
南　京*	25	4	87700	35	7	104000	3185
杭　州*	124	61	46811	5420	3	2200	250
合　肥	12	12	2500	0	2	35000	980
福　州	0	0	0	3180	4	20000	1200
南　昌	6	6	1500	0	4	3100	270
济　南*	130	130	45000	0	28	46700	3600
郑　州	6	6	1200	0	5	270200	1696
武　汉*	23	20	12500	0	13	170000	900
长　沙	0	0	0	0	10	10000	6000
广　州*	19	7	8000	120	9	8725	3026
南　宁	3	3	1200	357	1	4000	650
海　口	10	10	9750	3000	5	10000	800
成　都*	2	1	1000	0	6	300000	30000
贵　阳	1	1	100	0	4	2600	521
昆　明	0	0	0	0	1	14550	2001
拉　萨	2	1	3600	0	1	2000	87
西　安*	1	1	260	0	4	610000	35000
兰　州	15	15	9000	0	1	165000	350
西　宁	0	0	0	1300	4	30000	500
银　川	8	2	2200	0	3	20100	497
乌鲁木齐	0	0	0	0	0	0	0

注：城市名称后带“*”的为副省级城市，包括省会城市中带“*”的。

6-4　续表

城　市	青少年参加国际及港澳台科技交流活动		举办青少年科学营		编印青少年科技教育资料		举办青少年科技教育培训	
	次　数（次）	参加人数（人次）	次　数（次）	参加人数（人次）	种类（种）	总印数（册）	次　数（次）	培训人数（人次）
合　计	**7**	**121**	**68**	**31617**	**41**	**469050**	**469**	**72319**
副省级城市小计	**4**	**103**	**57**	**31180**	**35**	**460550**	**407**	**66952**
宁　波*	1	15	4	210	0	0	6	322
厦　门*	0	0	0	0	0	0	0	0
深　圳*	2	60	1	40	5	8000	2	1500
青　岛*	0	0	3	30	1	10000	18	3650
大　连*	0	0	2	580	0	0	200	9500
省会城市小计	**4**	**46**	**58**	**30757**	**35**	**451050**	**243**	**57347**
石家庄	0	0	0	0	0	0	6	1000
太　原	0	0	1	40	1	2000	1	30
呼和浩特	0	0	1	30	0	0	1	100
沈　阳*	0	0	1	70	1	5000	15	4000
长　春*	0	0	0	0	0	0	0	0
哈尔滨*	0	0	0	0	0	0	0	0
南　京*	0	0	6	1240	0	0	92	2100
杭　州*	0	0	16	23998	3	15000	23	6110
合　肥	2	10	1	120	0	0	3	450
福　州	0	0	0	0	1	500	1	60
南　昌	0	0	1	30	0	0	32	1047
济　南*	0	0	1	252	2	1000	4	480
郑　州	0	0	1	14	1	1000	8	600
武　汉*	1	28	3	700	16	387450	13	5560
长　沙	0	0	1	13	0	0	1	200
广　州*	0	0	18	4000	4	18600	15	1730
南　宁	0	0	0	0	1	2000	3	500
海　口	0	0	1	15	0	0	0	0
成　都*	0	0	0	0	2	12000	6	2000
贵　阳	0	0	1	30	0	0	1	150
昆　明	0	0	1	60	1	1000	0	0
拉　萨	0	0	0	0	0	0	0	0
西　安*	0	0	2	60	1	3500	13	30000
兰　州	1	8	1	45	0	0	1	130
西　宁	0	0	0	0	1	2000	0	0
银　川	0	0	1	40	0	0	4	1100
乌鲁木齐	0	0	0	0	0	0	0	0

6-5 2014年各地区地级科协青少年科技教育

地区	举办青少年科普宣讲活动			播放青少年广播、影视节目(分钟)	举办青少年科技竞赛		
	次数(次)	#专家报告	受众人数(人次)		项数(项)	参加人数(人次)	获奖人数(人次)
合计	**4042**	**2183**	**2775371**	**423189**	**2382**	**7237319**	**270905**
北京	263	200	170808	975	171	548902	20723
天津	111	34	65385	1961	91	69942	5711
河北	72	35	95400	240	49	210800	7586
山西	188	137	105570	500	23	78824	1678
内蒙古	78	60	60800	600	39	48480	1867
辽宁	133	59	69500	3285	67	180100	5752
吉林	9	2	5540	600	29	22110	10982
黑龙江	64	19	50500	110	26	74220	1481
上海	763	258	309284	46591	869	389690	24613
江苏	178	63	267650	4300	107	817300	36226
浙江	155	124	136700	1365	61	340060	30441
安徽	121	87	44225	4700	38	150427	4641
福建	27	17	12953	650	29	59903	2873
江西	67	42	21110	1243	19	23596	1046
山东	346	278	235050	4850	108	595862	18322
河南	48	24	44240	2050	47	332650	17011
湖北	276	85	179300	27765	58	751500	20805
湖南	69	25	26420	320	68	661790	5892
广东	305	218	278580	257428	47	93140	14522
广西	143	117	99350	15814	31	238526	2712
海南	0	0	0	0	0	0	0
重庆	91	36	76990	8040	113	520465	8837
四川	42	15	35010	5820	25	309204	8522
贵州	43	24	38600	2970	45	101950	3039
云南	57	44	43240	2485	19	191761	5296
西藏	12	4	1610	3130	4	175	175
陕西	42	23	18310	120	50	92800	3312
甘肃	88	38	59243	4397	54	112774	1746
青海	8	3	1200	0	4	13050	85
宁夏	35	16	21000	736	15	87447	593
新疆	174	80	184533	14054	27	39432	1880
新疆生产建设兵团	34	16	17270	6090	49	80439	2536

6-5 续表

地　区	青少年参加国际及港澳台科技交流活动		举办青少年科学营		编印青少年科技教育资料		举办青少年科技教育培训	
	次　数（次）	参加人数（人次）	次　数（次）	参加人数（人次）	种类（种）	总印数（册）	次　数（次）	培训人数（人次）
合　计	**48**	**1530**	**459**	**113443**	**322**	**1638522**	**3632**	**613506**
北　京	0	0	2	32	3	30700	77	24015
天　津	1	1	16	3919	1	2500	196	34438
河　北	0	0	6	140	14	27600	32	9100
山　西	0	0	6	143	2	8000	10	4490
内 蒙 古	0	0	7	200	6	52400	14	1475
辽　宁	2	20	9	200	18	29900	139	14108
吉　林	0	0	4	100	1	1000	454	14110
黑 龙 江	0	0	9	228	0	0	20	6275
上　海	23	522	168	93947	66	407950	1574	230216
江　苏	1	1	13	478	15	113800	75	31890
浙　江	1	10	14	1711	13	76000	29	12974
安　徽	6	80	17	615	5	3560	37	15425
福　建	2	45	6	120	6	24100	22	2573
江　西	1	50	8	150	20	25240	31	8940
山　东	1	6	29	3062	31	68200	81	14002
河　南	0	0	16	1350	20	131000	47	17730
湖　北	0	0	21	2130	10	49500	175	63392
湖　南	0	0	11	301	0	0	64	16861
广　东	4	719	11	740	19	91872	44	7940
广　西	3	45	3	539	12	18200	97	10545
海　南	0	0	0	0	0	0	0	0
重　庆	1	1	7	739	19	149500	97	15489
四　川	0	0	6	142	4	45000	18	2804
贵　州	0	0	6	122	1	10000	15	3261
云　南	0	0	6	91	7	16000	18	2007
西　藏	0	0	4	70	0	0	5	500
陕　西	0	0	2	80	0	0	14	1874
甘　肃	0	0	7	95	9	115400	46	21485
青　海	0	0	2	20	1	20000	0	0
宁　夏	0	0	6	119	5	32000	11	752
新　疆	2	30	36	1849	12	84100	105	13026
新疆生产建设兵团	0	0	1	11	2	5000	85	11809

6-6 2014年各地区县级科协青少年科技教育

地区	举办青少年科普宣讲活动			播放青少年广播、影视节目(分钟)	举办青少年科技竞赛		
	次数(次)	#专家报告	受众人数(人次)		项数(项)	参加人数(人次)	获奖人数(人次)
合计	**15201**	**5041**	**10067048**	**728199**	**7554**	**11667598**	**345641**
北京	45	40	33000	780	41	68000	700
天津	96	9	61036	975	18	111373	509
河北	356	97	217141	15620	277	150735	8047
山西	423	179	184030	11303	237	289679	7028
内蒙古	341	74	194287	17105	158	112049	3201
辽宁	399	85	181259	13780	304	241833	6032
吉林	231	49	95741	10875	117	53720	7150
黑龙江	581	144	285600	21510	230	60117	2139
上海	16	12	16800	2000	46	17500	440
江苏	1604	544	1084378	31671	661	1095007	45206
浙江	1604	589	649354	103096	622	819819	30336
安徽	473	223	254020	25690	237	183108	9962
福建	694	217	375782	82648	348	275182	8402
江西	261	114	263911	17476	141	71855	907
山东	1197	476	782613	42834	488	637601	25631
河南	412	148	339015	39476	326	541860	19408
湖北	648	290	567635	22441	410	1228485	55525
湖南	596	227	420639	29931	337	603726	10430
广东	536	264	602709	21148	216	503312	21528
广西	391	194	407633	55635	282	1156964	11100
海南	78	51	42730	1483	59	69561	812
重庆	48	9	36690	6404	67	565189	5822
四川	843	167	879880	43618	525	844364	20697
贵州	588	82	435635	10146	298	550738	6324
云南	302	111	184048	14800	148	266967	17125
西藏	154	22	51120	4234	19	4971	65
陕西	638	140	497226	18637	331	446739	8367
甘肃	735	143	447842	20754	203	463378	6757
青海	53	19	49990	2673	36	9971	307
宁夏	240	118	158790	6710	52	56330	1514
新疆	618	204	266514	32746	320	167465	4170
新疆生产建设兵团	0	0	0	0	0	0	0

6-6 续表

地　区	青少年参加国际及港澳台科技交流活动		举办青少年科学营		编印青少年科技教育资料		举办青少年科技教育培训	
	次　数(次)	参加人数(人次)	次　数(次)	参加人数(人次)	种类(种)	总印数(册)	次　数(次)	培训人数(人次)
合　计	**69**	**3134**	**1206**	**133025**	**2974**	**9658419**	**11903**	**4047594**
北　京	0	0	4	1000	5	3000	22	8040
天　津	0	0	6	165	1	2000	21	5156
河　北	0	0	15	6116	80	163300	276	109126
山　西	0	0	22	6137	103	244950	293	138544
内蒙古	0	0	9	1321	71	352500	244	127771
辽　宁	1	15	10	998	69	145400	476	95386
吉　林	1	27	10	2610	55	84250	298	49510
黑龙江	4	1520	46	4220	30	97300	536	107706
上　海	1	76	5	500	3	3000	8	450
江　苏	7	394	213	24646	207	988500	1005	245294
浙　江	3	276	90	8690	267	537720	889	195719
安　徽	4	77	48	5133	128	145630	321	68323
福　建	2	34	115	7724	180	268570	386	47119
江　西	0	0	33	2908	112	346874	239	136785
山　东	8	145	55	16370	177	791716	602	349258
河　南	0	0	29	2107	119	370890	356	132385
湖　北	13	22	212	11576	207	795182	626	483414
湖　南	6	68	52	8326	253	892780	682	200840
广　东	6	120	28	4409	93	579459	233	77102
广　西	5	49	36	5330	128	798520	495	139047
海　南	0	0	3	117	37	92676	91	54402
重　庆	0	0	3	190	6	39000	178	49608
四　川	4	265	33	3219	166	562555	485	292201
贵　州	1	33	9	289	31	175000	529	131265
云　南	0	0	22	826	42	102034	674	80560
西　藏	0	0	0	0	38	16433	65	14224
陕　西	1	2	22	3898	131	342130	670	249731
甘　肃	0	0	15	507	84	188320	515	220569
青　海	1	6	11	213	13	72200	24	9138
宁　夏	1	5	11	220	48	344600	320	116588
新　疆	0	0	39	3260	90	111930	344	112333
新疆生产建设兵团	0	0	0	0	0	0	0	0

6-7 2014年各地区省级学会青少年科技教育

地 区	举办青少年科普宣讲活动			播放青少年广播、影视节目(分钟)	举办青少年科技竞赛		
	次数(次)	#专家报告	受众人数(人次)		项数(项)	参加人数(人次)	获奖人数(人次)
合 计	**13743**	**4479**	**2272561**	**59931**	**812**	**4507756**	**146591**
北 京	1653	460	523203	248	47	36869	3243
天 津	169	68	78361	5120	16	20163	1814
河 北	195	73	36406	76	29	110212	1918
山 西	3958	364	121223	4345	14	48300	3636
内蒙古	12	9	34160	150	8	20427	1362
辽 宁	87	75	30530	360	27	103283	3917
吉 林	118	114	13685	180	23	278729	2335
黑龙江	135	37	11215	0	14	15415	2514
上 海	347	220	43880	15378	64	140526	7000
江 苏	243	129	48872	3760	103	144860	23791
浙 江	75	49	15905	312	39	1378344	12445
安 徽	188	123	41945	0	34	64571	9478
福 建	285	114	216355	1586	65	290002	4843
江 西	275	68	36221	6090	47	191515	2431
山 东	302	221	72646	133	31	438168	7908
河 南	45	37	13910	0	4	2200	60
湖 北	290	163	87198	7780	9	9290	778
湖 南	102	29	58580	1110	29	12068	2721
广 东	178	99	33738	730	32	135694	5489
广 西	840	98	267337	8410	21	88449	18206
海 南	0	0	0	0	1	2	0
重 庆	277	198	181896	137	29	291627	6775
四 川	44	26	11088	290	12	148247	7150
贵 州	76	43	20538	120	10	14630	1467
云 南	3362	1323	96892	1225	21	202470	2570
西 藏	18	17	1580	0	6	2066	205
陕 西	202	130	61569	1850	34	94510	6227
甘 肃	58	33	7029	51	18	16889	1025
青 海	48	15	17511	210	0	0	0
宁 夏	3	2	500	280	3	1600	102
新 疆	158	142	88588	0	22	206630	5181

6-7 续表

地区	青少年参加国际及港澳台科技交流活动		举办青少年科学营		编印青少年科技教育资料		举办青少年科技教育培训	
	次数（次）	参加人数（人次）	次数（次）	参加人数（人次）	种类（种）	总印数（册）	次数（次）	培训人数（人次）
合计	**103**	**10137**	**929**	**49839**	**431**	**3320375**	**1776**	**260663**
北京	8	158	7	731	38	166230	328	2096
天津	4	5	4	595	7	26000	8	1885
河北	0	0	6	740	8	26000	20	87850
山西	0	0	5	212	3	2500	5	400
内蒙古	0	0	1	15	0	0	5	1500
辽宁	3	62	8	2298	10	14700	27	1800
吉林	3	66	9	1795	6	9300	31	3929
黑龙江	4	3430	2	1200	15	90600	25	740
上海	9	285	44	3452	38	202800	378	14185
江苏	0	0	608	6982	14	133585	103	12754
浙江	23	162	33	4581	11	20900	29	2387
安徽	9	22	10	1273	7	10500	28	3584
福建	9	332	20	2624	14	120120	65	5743
江西	0	0	5	512	26	160700	64	20053
山东	3	4242	20	6170	15	141300	190	11070
河南	0	0	0	0	2	10000	3	330
湖北	1	3	9	795	12	37600	159	29176
湖南	3	18	15	3765	8	7750	21	2663
广东	10	520	14	2885	41	130500	49	9301
广西	0	0	8	1524	16	28530	27	8022
海南	0	0	0	0	0	0	0	0
重庆	3	78	6	445	8	90500	39	7491
四川	1	400	6	639	7	1700	4	1000
贵州	0	0	6	335	10	123200	18	7101
云南	0	0	29	1944	21	66700	29	7485
西藏	0	0	2	35	2	20000	1	32
陕西	3	28	38	3500	16	29300	87	11998
甘肃	3	300	2	350	4	7000	1	120
青海	0	0	1	6	5	16860	0	0
宁夏	0	0	0	0	13	1300000	1	40
新疆	4	26	11	436	54	325500	31	5928

七、科普基础设施建设

简要说明

本篇统计资料为：

一、汇总数据，反映中国科协、地方科协科普基础设施建设总体情况。

二、地方科协统计数据，分别反映各省级科协、副省级城市、省会城市科协、地级科协、县级科协科普基础设施建设情况。

三、“科技馆数量、科普画廊建筑面积、科普大篷车数量、科普教育基地数量、示范基地数量、示范县、示范街道、示范社区、示范户”统计数据为时点数。

四、“参观人数、受众人数、科普画廊展示面积、大篷车行驶里程”统计数据为本年度时期数。

7-1 2014年各级科协科普基础设施建设汇总表

指标	科协合计		中国科协机关及直属单位		省级科协	
	2013	2014	2013	2014	2013	2014
科技馆(个)	400	410	1	1	21	23
#建筑面积8000平方米以上	62	65	1	1	20	22
建筑面积(万平方米)	202	220	10	10	52	67
展厅面积(万平方米)	97	104	6	6	24	28
科技馆全年参观人数(万人次)	3200	3331	300	310	1011	1149
#少儿参观人数	1774	1891	150	155	620	721
科普活动站(中心、室)(个)	157886	158816	0	0	75	106
全年参加活动(培训)人数(万人次)	4790	4640	0	0	11	15
科普画廊建筑面积(宣传栏、科技宣传橱窗)(万平方米)	236	259	0	0	3	2
科普画廊展示面积(万平方米)	443	602	0	0	5	3
科普大篷车数(辆)	733	808	—	—	40	41
#省级	40	41	—	—	40	41
#地(市)级	258	249	—	—	—	—
#县(市)级	435	518	—	—	—	—
科普大篷车下乡次数(次)	18192	22434	—	—	1340	1062
受益人数(万人次)	1971	2250	—	—	332	359
科普大篷车行驶里程(公里)	5094110	5680825	—	—	668012	493992
全国科普教育基地(个)	1046	1198	—	—	243	283
全年参观人数(万人次)	13780	13110	—	—	3848	2948
省级科普教育基地(个)	2839	3484	—	—	448	630
全年参观人数(万人次)	15072	17653	—	—	2710	2880
农村科普示范基地(个)	31753	33997	386	386	1524	1464
科普示范县(市、区)(个)	2456	2262	898	898	990	830
科普示范街道(乡镇)(个)	16226	16056	0	0	2128	985
科普示范社区(村)(个)	69413	71673	500	500	3058	3311
科普示范户(个)	2530506	2475547	0	0	994	1019

注：2013年福建、贵州、西藏自治区省级科协“科普活动站（中心、室）”“全年参加活动（培训）人数”，河南省级科“科普示范街道（乡镇）”，山西、吉林省级科协“科普示范户”，福建、贵州副省级城市、省会城市科协“科普活动站（中心、室）”，黑龙江、新疆维吾尔自治区副省级、省会城市科协、上海市地级科协、浙江省县级科协“科技馆”相关指标数据进行了校正，科协合计数也相应进行了校正。

7-1 续表

指 标	副省级、省会城市科协		地级科协		县级科协	
	2013	2014	2013	2014	2013	2014
科技馆(个)	11	12	92	94	275	280
#建筑面积8000平方米以上	8	9	18	18	15	15
建筑面积(万平方米)	20	21	50	51	70	71
展厅面积(万平方米)	9	10	25	26	33	34
科技馆全年参观人数(万人次)	447	507	665	674	777	690
#少儿参观人数	151	198	438	440	415	378
科普活动站(中心、室)(个)	333	287	12620	13298	139438	145125
全年参加活动(培训)人数(万人次)	19	18	936	852	3649	3660
科普画廊建筑面积(宣传栏、科技宣传橱窗)(万平方米)	2	2	26	31	205	222
科普画廊展示面积(万平方米)	5	5	73	189	360	400
科普大篷车数(辆)	27	23	231	226	435	518
#省级	—	—	—	—	—	—
#地(市)级	27	23	231	226	—	—
#县(市)级	—	—	—	—	435	518
科普大篷车下乡次数(次)	682	455	5268	5695	10902	15172
受益人数(万人次)	101	63	737	766	801	1053
科普大篷车行驶里程(公里)	185932	103926	1457293	1649268	2782873	3433639
全国科普教育基地(个)	21	49	287	351	495	515
全年参观人数(万人次)	56	161	4385	4796	5492	5204
省级科普教育基地(个)	70	119	856	1124	1465	1611
全年参观人数(万人次)	247	416	7676	8829	4439	5529
农村科普示范基地(个)	633	545	5660	6438	23550	25164
科普示范县(市、区)(个)	68	84	500	450	—	—
科普示范街道(乡镇)(个)	556	548	3197	2965	10345	11558
科普示范社区(村)(个)	2060	2035	10999	10172	52796	55655
科普示范户(个)	615	615	146796	166761	2366021	2307152

注：2013年福建、贵州、西藏自治区省级科协“科普活动站（中心、室）”“全年参加活动（培训）人数”，河南省级科“科普示范街道（乡镇）”，山西、吉林省级科协“科普示范户”，福建、贵州副省级城市、省会城市科协“科普活动站（中心、室）”，黑龙江、新疆维吾尔自治区副省级、省会城市科协、上海市地级科协、浙江省县级科协“科技馆”相关指标数据进行了校正，科协合计数也相应进行了校正。

7-2 2014年各省级科协科普基础设施建设

地　区	科技馆						科普活动站(中心、室)(个)	全年参加活动(培训)人数(人次)
	个数(个)	#建筑面积8000平方米以上	建筑面积(平方米)	展厅面积(平方米)	全年参观人数(人次)	#少儿参观人数		
合　计	**23**	**22**	**673459**	**282666**	**11494478**	**7206092**	**106**	**148500**
北　京	0	0	0	0	0	0	2	1100
天　津	1	1	18000	10000	642669	449869	2	2700
河　北	1	1	32000	10000	200000	150000	0	0
山　西	1	1	30000	14000	763500	289050	2	200
内蒙古	1	1	48300	28000	34000	20400	0	0
辽　宁	1	1	102800	19853	20000	6500	0	0
吉　林	1	1	32000	15000	3000	2100	6	9200
黑龙江	1	1	25000	12000	650000	520000	0	0
上　海	0	0	0	0	0	0	0	0
江　苏	0	0	0	0	0	0	0	0
浙　江	1	1	30452	11113	500000	450000	0	0
安　徽	1	1	12000	4000	158500	136000	0	0
福　建	1	1	8000	4000	140000	110000	28	19000
江　西	0	0	0	0	0	0	24	2000
山　东	1	1	21000	12000	2006000	1370789	0	0
河　南	1	1	21334	1200	110000	60000	6	400
湖　北	0	0	0	0	0	0	0	0
湖　南	1	1	28113	12603	368428	53428	1	6000
广　东	1	0	7979	1000	264580	30520	0	0
广　西	1	1	38988	15900	1280000	770000	1	5000
海　南	0	0	0	0	0	0	1	5000
重　庆	1	1	45300	30000	1290000	1020000	0	0
四　川	1	1	41800	25000	1150000	690000	0	0
贵　州	1	1	14800	7040	140000	80000	21	60000
云　南	1	1	16348	3550	103270	34595	2	8000
西　藏	0	0	0	0	0	0	5	1900
陕　西	1	1	9800	3290	72000	48000	0	0
甘　肃	0	0	0	0	0	0	0	0
青　海	1	1	33179	14000	634931	260321	0	0
宁　夏	1	1	29664	18000	600000	400000	1	10000
新　疆	1	1	26602	11117	363600	254520	4	18000
新疆生产建设兵团	0	0	0	0	0	0	0	0

7-2 续表 1

地　区	科普画廊建筑面积(宣传栏、科技宣传橱窗)(平方米)	科普画廊展示面积(平方米)	科普大篷车车　数(辆)	科普大篷车下乡次数(次)	科普大篷车下乡受益人数(人次)	科普大篷车行驶里程(公里)
合　计	**17148**	**29717**	**41**	**1062**	**3591245**	**493992**
北　京	1023	2411	0	0	0	0
天　津	5547	7567	0	0	0	0
河　北	0	0	1	30	150000	6500
山　西	1200	1200	2	86	884000	12300
内蒙古	90	720	0	0	0	0
辽　宁	0	0	2	47	120000	15000
吉　林	994	994	2	65	94300	39160
黑龙江	310	510	1	36	72000	8500
上　海	0	0	0	0	0	0
江　苏	0	0	0	0	0	0
浙　江	0	0	1	12	16200	3000
安　徽	460	1000	1	1	6000	3000
福　建	75	390	0	0	0	0
江　西	0	0	1	10	80000	7000
山　东	22	30	2	9	29300	4973
河　南	210	360	1	4	20000	3000
湖　北	180	180	1	9	43000	5600
湖　南	0	0	1	32	45000	12000
广　东	0	0	1	37	78900	8000
广　西	0	0	1	23	54000	7800
海　南	132	132	2	68	156000	43000
重　庆	0	0	1	11	150000	4500
四　川	0	0	2	77	48200	12026
贵　州	1595	2459	1	27	500000	10000
云　南	104	245	1	4	10000	2000
西　藏	3365	3365	2	92	8600	22531
陕　西	41	54	1	45	68245	9400
甘　肃	60	600	2	30	150000	24000
青　海	240	6000	6	188	544000	122702
宁　夏	1500	1500	4	79	205000	93000
新　疆	0	0	1	40	58500	15000
新疆生产建设兵团	0	0	0	0	0	0

7-2 续表 2

地区	全国科普教育基地(个)	全年参观人数(人次)	省级科普教育基地(个)	全年参观人数(人次)	农村科普示范基地(个)	科普示范县(市、区)(个)	科普示范街道(乡镇)(个)	科普示范社区(村)(个)	科普示范户(个)
合计	**283**	**29484157**	**630**	**28798289**	**1464**	**830**	**985**	**3311**	**1019**
北京	5	10000	0	0	0	0	0	32	0
天津	39	4913201	93	6224500	98	8	93	124	280
河北	3	200000	5	200000	0	0	0	0	0
山西	3	15000	6	6000	117	65	0	0	230
内蒙古	1	60000	2	10000	202	35	154	148	268
辽宁	15	50000	0	0	0	38	0	0	0
吉林	25	102000	38	74200	80	25	28	53	190
黑龙江	1	650000	1	650000	0	24	0	0	0
上海	0	0	1	50019	20	14	0	75	0
江苏	5	550000	0	0	0	28	58	103	0
浙江	46	6015000	117	4705000	0	66	313	674	0
安徽	10	100000	15	298500	160	50	0	165	0
福建	1	140000	1	140000	155	61	170	472	0
江西	1	8520	1	30000	0	42	0	0	0
山东	0	0	0	0	103	0	0	0	0
河南	0	0	0	0	77	96	148	676	0
湖北	19	400000	48	1000000	60	41	0	100	0
湖南	20	28570	88	109312	0	39	0	0	0
广东	0	0	0	0	0	0	0	0	0
广西	8	2321896	10	1820006	174	49	0	64	0
海南	8	8220000	10	3122030	47	4	15	28	31
重庆	0	0	0	0	0	30	0	0	0
四川	0	0	0	0	0	0	0	0	0
贵州	25	4240000	53	7438021	0	38	0	63	0
云南	2	113270	2	113270	20	0	0	245	0
西藏	4	6700	0	0	8	7	6	2	0
陕西	0	0	0	0	0	11	0	200	0
甘肃	1	160000	22	560000	85	16	0	0	0
青海	10	30000	35	1134931	31	11	0	9	20
宁夏	13	620000	10	330000	0	0	0	0	0
新疆	18	530000	72	782500	27	32	0	78	0
新疆生产建设兵团	0	0	0	0	0	0	0	0	0

7-3 2014年各副省级城市科协、省会城市科协科普基础设施建设

城市	科技馆						科普活动站(中心、室)(个)	全年参加活动(培训)人数(人次)
	个数(个)	#建筑面积8000平方米以上	建筑面积(平方米)	展厅面积(平方米)	全年参观人数(人次)	#少儿参观人数		
合计	**12**	**9**	**206324**	**95581**	**5072733**	**1976236**	**287**	**182510**
副省级城市小计	**8**	**6**	**173561**	**77716**	**3938733**	**1154236**	**98**	**131730**
宁波*	1	1	55000	12900	352000	210000	0	0
厦门*	0	0	0	0	0	0	6	5000
深圳*	1	1	12000	2000	150000	100000	0	0
青岛*	1	1	15691	13298	2000000	50000	1	1000
大连*	1	0	6000	1000	48000	38700	6	4600
省会城市小计	**8**	**6**	**117633**	**66383**	**2522733**	**1577536**	**274**	**171910**
石家庄	0	0	0	0	0	0	0	0
太原	0	0	0	0	0	0	1	100
呼和浩特	0	0	0	0	0	0	0	0
沈阳*	0	0	0	0	0	0	15	4500
长春*	0	0	0	0	0	0	0	0
哈尔滨*	0	0	0	0	0	0	43	15000
南京*	1	1	30000	22000	605417	279536	0	0
杭州*	1	1	33656	15518	513316	308000	1	19000
合肥	1	1	11837	6311	650000	520000	0	0
福州	1	1	8000	6000	100000	70000	0	0
南昌	0	0	0	0	0	0	0	0
济南*	0	0	0	0	0	0	21	630
郑州	1	1	8426	4954	360000	210000	0	0
武汉*	1	1	14214	8600	220000	143000	3	77000
长沙	1	0	4500	600	24000	22000	0	0
广州*	1	0	7000	2400	50000	25000	0	0
南宁	0	0	0	0	0	0	75	11000
海口	0	0	0	0	0	0	75	8200
成都*	0	0	0	0	0	0	0	0
贵阳	0	0	0	0	0	0	20	21000
昆明	0	0	0	0	0	0	0	0
拉萨	0	0	0	0	0	0	12	8900
西安*	0	0	0	0	0	0	2	5000
兰州	0	0	0	0	0	0	1	280
西宁	0	0	0	0	0	0	5	1300
银川	0	0	0	0	0	0	0	0
乌鲁木齐	0	0	0	0	0	0	0	0

注：城市名称后带“*”的为副省级城市，包括省会城市中带“*”的。

7-3 续表 1

城 市	科普画廊建筑面积(宣传栏、科技宣传橱窗)(平方米)	科普画廊展示面积(平方米)	科普大篷车 数(辆)	科普大篷车下乡次数(次)	科普大篷车下乡受益人数(人次)	科普大篷车行驶里程(公里)
合 计	**19765**	**51965**	**23**	**455**	**627400**	**103926**
副省级城市小计	**4709**	**29965**	**10**	**245**	**323900**	**48955**
宁 波*	0	0	1	17	28000	3000
厦 门*	0	0	0	0	0	0
深 圳*	200	8000	0	0	0	0
青 岛*	60	60	0	0	0	0
大 连*	30	30	1	12	13500	1500
省会城市小计	**19475**	**43875**	**21**	**426**	**585900**	**99426**
石家庄	80	320	0	0	0	0
太 原	7000	7000	1	0	0	0
呼和浩特	0	0	1	25	30000	3500
沈 阳*	910	5400	1	25	10000	5000
长 春*	0	0	2	55	6000	20000
哈尔滨*	0	0	0	0	0	0
南 京*	0	0	1	24	90200	2050
杭 州*	80	200	0	0	0	0
合 肥	0	0	1	4	28000	421
福 州	78	78	1	21	19000	2210
南 昌	776	1258	0	0	0	0
济 南*	210	1570	0	0	0	0
郑 州	2024	8096	0	0	0	0
武 汉*	3089	12153	1	8	48000	1765
长 沙	0	0	1	37	40000	4500
广 州*	30	152	2	89	88000	14640
南 宁	0	0	1	20	51000	4000
海 口	600	600	1	25	5500	9000
成 都*	0	0	0	0	0	0
贵 阳	120	120	0	0	0	0
昆 明	8	8	0	0	0	0
拉 萨	0	0	2	14	0	6500
西 安*	100	2400	1	15	40200	1000
兰 州	3920	3920	1	12	10000	840
西 宁	450	600	2	45	70000	22000
银 川	0	0	1	7	50000	2000
乌鲁木齐	0	0	0	0	0	0

7-3 续表 2

城　　市	全国科普教育基地(个)	全年参观人数(人次)	省级科普教育基地(个)	全年参观人数(人次)	农村科普示范基地(个)	科普示范县(市、区)(个)	科普示范街道(乡镇)(个)	科普示范社区(村)(个)	科普示范户(个)
合　　计	**49**	**1613430**	**119**	**4158800**	**545**	**84**	**548**	**2035**	**615**
副省级城市小计	**23**	**442630**	**76**	**1422000**	**211**	**22**	**294**	**1383**	**419**
宁　　波*	0	0	0	0	36	7	104	256	153
厦　　门*	0	0	0	0	18	4	9	150	0
深　　圳*	7	10000	25	20000	0	4	0	17	0
青　　岛*	0	0	3	8000	86	0	0	101	0
大　　连*	0	0	0	0	0	0	0	0	0
省会城市小计	**42**	**1603430**	**91**	**4130800**	**405**	**69**	**435**	**1511**	**462**
石 家 庄	5	20000	13	900000	30	10	0	40	0
太　　原	4	10000	5	3000	27	4	10	26	100
呼和浩特	0	0	0	0	0	0	13	105	0
沈　　阳*	0	0	0	0	15	0	0	0	0
长　　春*	0	0	0	0	6	3	22	16	266
哈 尔 滨*	11	42630	33	760000	0	0	0	0	0
南　　京*	0	0	0	0	0	0	8	16	0
杭　　州*	2	40000	7	34000	14	0	105	649	0
合　　肥	1	650000	1	650000	0	0	0	0	0
福　　州	3	200000	6	960000	0	0	42	203	0
南　　昌	2	120000	0	0	17	5	3	15	81
济　　南*	3	350000	8	600000	12	0	0	12	0
郑　　州	0	0	0	0	60	8	138	0	0
武　　汉*	0	0	0	0	23	0	0	69	0
长　　沙	0	0	0	0	30	9	0	37	15
广　　州*	0	0	0	0	1	4	46	0	0
南　　宁	5	150000	7	223000	13	2	39	52	0
海　　口	0	0	0	0	100	12	0	0	0
成　　都*	0	0	0	0	0	0	0	0	0
贵　　阳	0	0	0	0	13	9	9	0	0
昆　　明	0	0	0	0	7	0	0	110	0
拉　　萨	1	8800	11	800	0	0	0	0	0
西　　安*	0	0	0	0	0	0	0	97	0
兰　　州	0	0	0	0	17	1	0	35	0
西　　宁	5	12000	0	0	0	0	0	14	0
银　　川	0	0	0	0	20	2	0	15	0
乌鲁木齐	0	0	0	0	0	0	0	0	0

7-4　2014年各地区地级科协科普基础设施建设

地　区	科技馆 个数(个)	#建筑面积8000平方米以上	建筑面积(平方米)	展厅面积(平方米)	全年参观人数(人次)	#少儿参观人数	科普活动站(中心、室)(个)	全年参加活动(培训)人数(人次)
合　计	**94**	**18**	**510277**	**260355**	**6744565**	**4398032**	**13298**	**8524823**
北　京	3	0	9970	4100	12650	7000	2012	706278
天　津	0	0	0	0	0	0	722	195224
河　北	3	0	7200	4050	24800	14200	67	67730
山　西	0	0	0	0	0	0	61	16200
内蒙古	3	0	11600	6298	158200	108000	105	28350
辽　宁	10	1	49196	25045	351100	199700	947	136907
吉　林	3	0	5187	1560	10200	3000	138	2120
黑龙江	3	0	3620	2300	41000	34800	955	274800
上　海	9	0	31656	12000	466099	156726	1823	1624869
江　苏	2	1	21200	11000	1059000	847000	1045	3742056
浙　江	5	2	44876	27022	555937	285987	8	29060
安　徽	6	1	36523	18823	437000	313000	28	111300
福　建	4	1	29141	14255	147429	97909	12	6473
江　西	4	0	7708	4268	65910	46630	31	17708
山　东	4	2	45605	30800	673100	437820	335	500280
河　南	5	2	29966	19960	743500	496200	403	90990
湖　北	9	3	58798	22620	786227	519392	200	126800
湖　南	3	0	12310	2985	47000	36425	11	640
广　东	8	3	52568	25144	518200	366400	899	76990
广　西	2	1	18789	8642	133000	93500	2	1400
海　南	0	0	0	0	0	0	0	0
重　庆	1	0	1350	1100	8840	7300	2702	442482
四　川	2	0	2900	1240	40800	30750	25	15500
贵　州	1	0	6470	3849	30000	20000	6	21000
云　南	1	0	5600	2216	100	50	40	55730
西　藏	0	0	0	0	0	0	230	86100
陕　西	0	0	0	0	0	0	19	3600
甘　肃	1	0	2544	2078	150000	92000	106	61562
青　海	0	0	0	0	0	0	0	0
宁　夏	2	1	15500	9000	284473	184243	128	34560
新　疆	0	0	0	0	0	0	209	29700
新疆生产建设兵团	0	0	0	0	0	0	29	18414

7-4 续表 1

地　区	科普画廊建筑面积(宣传栏、科技宣传橱窗)(平方米)	科普画廊展示面积(平方米)	科普大篷车数(辆)	科普大篷车下乡次数(次)	科普大篷车下乡受益人数(人次)	科普大篷车行驶里程(公里)
合　计	**306492**	**1888613**	**226**	**5695**	**7660044**	**1649268**
北　京	36288	137535	4	55	33700	15100
天　津	17361	30687	10	130	62075	28835
河　北	3760	4920	5	97	74200	28400
山　西	2221	2508	4	117	18000	12372
内蒙古	2283	3262	11	280	309469	177920
辽　宁	12978	20442	5	124	81700	10700
吉　林	1106	1782	2	55	31000	17800
黑龙江	4874	6229	7	120	358100	36600
上　海	30428	33482	6	92	117286	27707
江　苏	66925	82975	1	70	15950	5000
浙　江	4180	6580	7	135	243263	27104
安　徽	4356	5734	9	158	179150	68200
福　建	329	1764	2	18	39229	1830
江　西	4791	5375	7	84	113170	9900
山　东	14333	16772	6	206	470300	23360
河　南	3801	13191	9	217	315000	39350
湖　北	1665	2425	7	296	592300	77500
湖　南	346	1456	2	11	22000	2000
广　东	43340	1385268	8	415	385873	59330
广　西	320	348	13	334	511420	71700
海　南	0	0	0	0	0	0
重　庆	29110	92770	9	213	628600	77050
四　川	794	1339	11	256	347757	67590
贵　州	978	1308	5	165	231582	20090
云　南	329	564	10	144	187917	27220
西　藏	285	555	7	111	68500	292180
陕　西	995	3064	7	95	159000	27180
甘　肃	3478	3860	11	531	1171022	134630
青　海	4	4	6	86	43800	19420
宁　夏	5071	6261	7	110	177580	36020
新　疆	660	2434	16	840	553400	132200
新疆生产建设兵团	9103	13719	12	130	117701	74980

7-4 续表 2

地　　区	全国科普教育基地(个)	全年参观人数(人次)	省级科普教育基地(个)	全年参观人数(人次)	农村科普示范基地(个)	科普示范县(市、区)(个)	科普示范街道(乡镇)(个)	科普示范社区(村)(个)	科普示范户(个)
合　　计	**351**	**47964614**	**1124**	**88287135**	**6438**	**450**	**2965**	**10172**	**166761**
北　　京	68	2651410	271	12891623	162	0	0	163	900
天　　津	11	104580	29	132100	110	4	81	527	6978
河　　北	13	161000	11	50000	164	49	136	669	5750
山　　西	7	49800	28	151500	350	14	157	135	6550
内 蒙 古	2	167000	15	315000	137	16	109	167	401
辽　　宁	10	182820	27	241600	324	16	125	424	5273
吉　　林	1	5000	35	65500	227	22	10	65	1549
黑 龙 江	17	1204500	45	584002	53	13	50	138	18145
上　　海	91	31138913	222	55843934	48	0	76	1287	6960
江　　苏	6	71000	88	1161000	597	46	246	620	1290
浙　　江	13	875000	21	1539200	60	6	150	113	175
安　　徽	11	909000	30	8258700	290	17	59	146	55
福　　建	6	25000	19	85620	158	12	31	184	230
江　　西	9	144600	48	289000	134	11	17	134	3516
山　　东	7	535100	12	30000	401	28	134	274	27779
河　　南	0	0	16	57200	458	34	372	813	5225
湖　　北	3	105200	3	7200	57	18	62	201	519
湖　　南	4	182550	27	1382000	283	19	146	336	4244
广　　东	11	207000	39	347000	158	10	16	269	4262
广　　西	5	1060000	18	2054400	345	34	47	94	4481
海　　南	0	0	0	0	0	0	0	0	0
重　　庆	18	7247200	21	1610150	240	0	185	703	12173
四　　川	3	463000	3	124800	296	24	306	1287	5278
贵　　州	0	0	8	66494	47	0	54	113	20
云　　南	1	3500	3	30000	77	5	22	180	3273
西　　藏	3	9200	4	18700	12	4	1	16	3053
陕　　西	0	0	0	0	371	18	131	256	3733
甘　　肃	7	353000	29	424040	377	2	128	485	15816
青　　海	0	0	1	15000	56	7	12	18	130
宁　　夏	8	12790	22	327685	29	7	5	65	3230
新　　疆	8	20000	20	151700	382	0	79	201	12757
新疆生产建设兵团	8	76451	9	31987	35	14	18	89	3016

7-5 2014年各地区县级科协科普基础设施建设

地区	科技馆						科普活动站(中心、室)(个)	全年参加活动(培训)人数(人次)
	个数(个)	#建筑面积8000平方米以上	建筑面积(平方米)	展厅面积(平方米)	全年参观人数(人次)	#少儿参观人数		
合计	**280**	**15**	**707455**	**342424**	**6897529**	**3782382**	**145125**	**36598591**
北京	0	0	0	0	0	0	447	93700
天津	0	0	0	0	0	0	178	39068
河北	7	1	23528	19690	56700	37500	1986	584298
山西	0	0	0	0	0	0	2902	634141
内蒙古	18	0	18220	13031	233600	138890	1212	695382
辽宁	6	0	10050	6520	117000	75500	3970	1402125
吉林	23	0	17753	7210	159015	119114	2904	343054
黑龙江	9	0	28178	6200	191500	84200	2534	880204
上海	1	0	5000	2700	23150	18510	18	1800
江苏	41	2	123709	52508	1332200	535025	8234	4003687
浙江	10	0	14614	10700	206600	150150	10540	4199151
安徽	6	0	10710	6515	84500	67100	3137	1290377
福建	13	0	34329	14240	404030	160592	9296	1508998
江西	7	2	22760	10820	23200	17700	2000	361016
山东	31	5	129402	71181	1803471	1075944	42708	6042575
河南	5	0	11060	7470	105343	54785	6664	1792462
湖北	54	1	112207	41844	1026810	723001	10989	2757111
湖南	8	0	13272	6470	342500	91100	3610	1043412
广东	9	1	36710	10722	375407	215295	2992	682960
广西	3	0	2660	800	26900	18300	2827	1214300
海南	0	0	0	0	0	0	481	70378
重庆	0	0	0	0	0	0	2221	175160
四川	3	0	3800	3333	32800	27600	4993	1996009
贵州	1	0	3200	1800	21246	20183	2235	541025
云南	8	0	17133	8500	81147	60425	6959	1185189
西藏	0	0	0	0	0	0	269	102308
陕西	4	1	23100	19400	58860	21086	3510	1094812
甘肃	2	0	1450	860	7050	6254	1707	393412
青海	2	0	2300	1860	5100	1960	118	48630
宁夏	1	0	1080	1080	3000	1600	1255	352858
新疆	8	2	41230	16970	176400	60568	2229	1068989

7-5 续表 1

地 区	科普画廊建筑面积(宣传栏、科技宣传橱窗)(平方米)	科普画廊展示面积(平方米)	科普大篷车 数(辆)	科普大篷车下乡次数(次)	科普大篷车下乡受益人数(人次)	科普大篷车行驶里程(公里)
合 计	**2216293**	**4003514**	**518**	**15172**	**10528830**	**3433639**
北 京	1861	5829	1	9	9800	3600
天 津	1980	2190	2	127	37250	12420
河 北	39686	44620	12	537	123300	156580
山 西	79175	89928	10	158	259800	53622
内 蒙 古	24180	26237	21	697	287290	215726
辽 宁	64737	92900	6	219	131950	30000
吉 林	23318	37690	29	864	260198	151621
黑 龙 江	82692	111782	17	798	286200	160000
上 海	3430	3430	0	0	0	0
江 苏	137193	195732	14	575	520300	109205
浙 江	225752	510069	23	388	218588	60995
安 徽	48802	147816	15	282	137650	76555
福 建	80299	251994	8	369	111186	22745
江 西	29928	48053	15	471	250300	147212
山 东	654002	952164	18	306	459024	87355
河 南	74947	206180	30	1080	1228900	200910
湖 北	111683	272862	34	839	1161050	258949
湖 南	62648	89129	15	1017	424707	172235
广 东	35215	134115	5	105	188700	118629
广 西	35027	73585	15	341	370570	58695
海 南	3744	10732	10	546	207800	154274
重 庆	17528	54966	5	240	207880	33636
四 川	65390	101016	21	566	606644	88433
贵 州	28565	48949	30	690	688440	132515
云 南	103897	169030	36	608	759589	95374
西 藏	2130	2593	25	406	67938	248124
陕 西	37677	125090	21	501	257143	81110
甘 肃	29385	38497	22	522	396500	89249
青 海	2782	8254	10	211	90265	45172
宁 夏	80499	83374	12	349	237750	113748
新 疆	28141	64708	36	1351	542118	254950

7-5 续表 2

地　区	全国科普教育基地(个)	全年参观人数(人次)	省级科普教育基地(个)	全年参观人数(人次)	农村科普示范基地(个)	科普示范街道(乡镇)(个)	科普示范社区(村)(个)	科普示范户(个)
合　计	**515**	**52040926**	**1611**	**55287325**	**25164**	**11558**	**55655**	**2307152**
北　京	6	118413	22	344600	82	15	138	350
天　津	1	39500	2	35000	51	20	110	2146
河　北	10	119000	74	207430	697	456	2083	52871
山　西	8	58010	34	169323	1038	513	3428	165555
内蒙古	13	170600	35	526750	441	302	1004	35589
辽　宁	11	407000	28	215450	946	455	1680	27052
吉　林	17	170514	23	182500	217	154	732	19266
黑龙江	12	162600	58	571050	620	285	1222	25449
上　海	3	115556	21	2122449	8	4	82	3200
江　苏	66	6376940	179	3884924	1238	536	3227	102524
浙　江	32	6291250	68	7891950	1066	476	4067	28231
安　徽	8	307500	61	452890	863	379	1891	97285
福　建	35	1504734	144	2585676	782	205	1600	45250
江　西	8	369480	28	259740	557	243	684	42663
山　东	69	5540358	258	9916215	2419	626	4681	118758
河　南	32	7041500	99	8182380	3000	1167	5522	240755
湖　北	13	354600	42	423910	1219	445	2052	66654
湖　南	7	11700	57	350730	1776	597	3947	159280
广　东	39	2049245	93	3359679	641	159	844	17011
广　西	5	123600	20	147070	1331	352	1904	107033
海　南	2	50000	6	45965	337	49	283	8625
重　庆	2	8600	2	30000	234	111	564	8573
四　川	21	664858	31	4302260	1540	1223	5469	320745
贵　州	1	12000	23	910820	721	316	1249	98521
云　南	27	15881955	49	5436700	659	1203	1404	158088
西　藏	10	9530	6	1700	92	31	113	6330
陕　西	12	2756253	45	1487464	1146	468	1971	61717
甘　肃	14	672400	34	720810	552	347	1376	105801
青　海	0	0	7	15420	56	48	318	6886
宁　夏	9	420500	24	62010	275	95	556	20456
新　疆	22	232730	38	444460	560	278	1454	154488

八、科技传播

简要说明

本篇统计资料为：

一、汇总数据，反映中国科协、地方科协和全国学会、省级学会科技传播媒介能力建设情况。

二、地方科协和省级学会统计数据，分别反映各省级科协及其所属学会、副省级城市、省会城市科协、地级科协、县级科协编著科技图书、主办科技报纸、制作科技广播影视、制作科普动漫、主办科技网站的数量。

8-1 2014年各级科协科技传播汇总表

指　　标	科协合计		中国科协机关及直属单位		省 级 科 协	
	2013	2014	2013	2014	2013	2014
编著科技图书种数(种)	1868	1940	227	246	346	351
科技图书总印数(万册)	1311	1386	73	90	549	425
主办科技报纸种数(种)	123	133	0	0	35	37
报纸总印数(万份)	12509	12219	0	0	11993	11739
制作科普挂图种数(种)	5847	6868	20	3	495	497
挂图总印数(万张)	1033	1095	18	1	468	550
制作科技广播、影视节目套数(套)	4310	4119	1095	961	272	235
制作节目播放时间(小时)	8813	8835	336	395	2706	1402
制作科技光盘种数(种)	1790	2072	8	7	390	456
科技光盘张数(万张)	60	87	6	7	10	23
制作科普动漫作品套数(套)	632	478	69	12	317	242
制作科普动漫播放时间(小时)	510	463	2	1	48	59
主办科技网站(个)	1351	1393	11	12	131	145
浏览人数(万人次)	35063	34346	5205	1138	15967	17753

注：对2013年湖北省会城市科协“报纸总印数”数据做了校正。对河北、浙江、青海副省级城市科协的“科技广播、影视节目播放时间”数据做了校正。对河北省、陕西省副省级城市科协“制作科普动漫作品套数及播放时间”相关指标数据做了校正，科协合计数也相应的进行了校正。

8-1 续表

指标	副省级城市、省会城市科协		地级科协		县级科协	
	2013	2014	2013	2014	2013	2014
编著科技图书种数(种)	36	46	218	273	1041	1024
科技图书总印数(万册)	22	36	179	269	488	566
主办科技报纸种数(种)	4	6	13	23	71	67
报纸总印数(万份)	230	235	98	68	188	176
制作科普挂图种数(种)	160	223	761	909	4411	5236
挂图总印数(万张)	39	57	156	110	352	378
制作科技广播、影视节目套数(套)	215	230	506	642	2222	2051
制作节目播放时间(小时)	198	77	711	895	4980	6066
制作科技光盘种数(种)	120	107	230	180	1042	1322
科技光盘张数(万张)	3	3	8	9	34	45
制作科普动漫作品套数(套)	10	8	191	154	45	62
制作科普动漫播放时间(小时)	5	3	333	293	122	107
主办科技网站(个)	47	47	260	286	902	903
浏览人数(万人次)	857	996	7148	7373	5887	7087

注：2013年地级科协“制作科普动漫播放时间(小时)”数据有误，被校正，相应的科协合计数据也被校正。

8-2 2014年全国学会、省级学会科技传播汇总表

指标	合计		全国学会				省级学会	
			所属学会		委托管理学会			
	2013	2014	2013	2014	2013	2014	2013	2014
编著科技图书种数(种)	1321	1547	276	360	13	11	1032	1176
科技图书总印数(万册)	579	1082	124	525	2	1	453	556
主办科技报纸种数(种)	120	87	4	7	1	1	115	79
报纸总印数(万份)	1799	1109	173	361	2	2	1624	746
制作科普挂图种数(种)	3225	2279	241	246	93	5	2891	2033
挂图总印数(万张)	546	682	59	27	1	0.05	486	655
制作科技广播、影视节目套数(套)	2141	1834	85	93	2	0	2054	1741
制作节目播放时间(小时)	2891	2070	111	51	1	0	2779	2019
制作科技光盘种数(种)	1309	886	171	177	9	2	1129	707
科技光盘张数(万张)	94	62	28	23	0.60	0.12	65	39
制作科普动漫作品套数(套)	360	304	45	33	0	0	315	271
制作科普动漫播放时间(小时)	108	116	54	3	0	0	54	113
主办科技网站(个)	1026	1130	313	313	10	9	703	808
浏览人数(万人次)	84558	194199	65788	162827	87	96	18683	31276

8-3 2014年各省级科协科技传播

地区	编著科技图书种数		主办科技报纸种数		制作科普挂图	
	种数(种)	总印数(册)	种数(种)	总印数(份)	种数(种)	总印数(张)
合计	**351**	**4246176**	**37**	**117392472**	**497**	**5497309**
北京	22	123000	1	600000	14	43600
天津	11	4766	0	0	5	19000
河北	0	0	1	11520000	0	0
山西	0	0	3	6088500	112	583200
内蒙古	1	5000	1	680000	0	0
辽宁	0	0	0	0	0	0
吉林	10	46500	2	2481000	103	118800
黑龙江	5	8000	1	1900000	30	300000
上海	253	561660	2	6720000	0	0
江苏	4	65000	1	7500000	0	0
浙江	4	6000	0	0	12	50000
安徽	0	0	1	3100000	3	3000
福建	3	1100	0	0	6	300000
江西	0	0	0	0	9	307500
山东	2	14950	1	24000000	35	1333050
河南	0	0	2	15015000	6	10000
湖北	2	6000	0	0	3	10000
湖南	2	2905000	1	200000	0	0
广东	0	0	6	5500000	22	500000
广西	1	1200	2	13050000	8	6459
海南	6	90000	0	0	6	420
重庆	18	303000	3	11505172	12	35000
四川	0	0	1	120000	0	0
贵州	1	20000	0	0	0	0
云南	0	0	2	699000	12	455280
西藏	0	0	2	2300000	50	2000
陕西	0	0	1	3120000	7	198000
甘肃	1	5000	1	100000	8	360000
青海	4	50000	2	1193800	9	24000
宁夏	0	0	0	0	7	400000
新疆	1	30000	0	0	6	400000
新疆生产建设兵团	0	0	0	0	12	38000

8-3 续表

地　区	制作科技广播、影视节目		制作科技光盘种数		制作科普动漫作品		主办科技网站	
	套数(套)	播放时间(分钟)	种数(种)	张数(张)	套数(套)	播放时间(分钟)	网站(个)	浏览人数(人次)
合　计	**235**	**84094**	**456**	**228946**	**242**	**3565**	**145**	**177525720**
北　京	26	242	58	10070	100	153	10	7768000
天　津	0	0	0	0	0	0	4	11119800
河　北	5	200	0	0	1	10	11	2609000
山　西	52	58400	2	2000	75	2250	5	15607500
内蒙古	0	0	0	0	0	0	4	214300
辽　宁	105	3135	6	25800	0	0	3	2327387
吉　林	3	3960	323	31700	6	238	7	1382600
黑龙江	1	200	12	106700	0	0	2	5000000
上　海	6	7520	0	0	0	0	13	10883926
江　苏	2	1050	18	41900	10	150	6	6990500
浙　江	3	5035	0	0	0	0	2	460000
安　徽	0	0	2	300	0	0	5	4048132
福　建	0	0	0	0	0	0	8	15767615
江　西	0	0	10	670	0	0	2	150000
山　东	0	0	13	2590	38	570	6	1339350
河　南	1	120	1	120	0	0	1	100000
湖　北	0	0	0	0	0	0	4	552700
湖　南	2	166	0	0	0	0	2	410000
广　东	0	0	0	0	1	125	10	255600
广　西	0	0	0	0	0	0	8	16739990
海　南	0	0	1	5000	2	30	1	150000
重　庆	2	126	3	396	8	24	7	27894946
四　川	0	0	0	0	0	0	4	50000
贵　州	4	120	5	1200	0	0	2	1282532
云　南	18	640	1	400	0	0	4	325980
西　藏	0	0	0	0	0	0	0	0
陕　西	2	1100	1	100	0	0	7	42460499
甘　肃	0	0	0	0	1	15	3	1480000
青　海	0	0	0	0	0	0	2	55363
宁　夏	3	2080	0	0	0	0	0	0
新　疆	0	0	0	0	0	0	2	100000
新疆生产建设兵团	0	0	0	0	0	0	0	0

8-4 2014年各副省级城市科协、省会城市科协科技传播

城市	编著科技图书种数		主办科技报纸种数		制作科普挂图	
	种数(种)	总印数(册)	种数(种)	总印数(份)	种数(种)	总印数(张)
合计	**46**	**360050**	**6**	**2350542**	**223**	**566992**
副省级城市小计	**37**	**150050**	**6**	**2350542**	**199**	**434832**
宁波*	0	0	0	0	4	2000
厦门*	0	0	0	0	3	950
深圳*	10	25000	0	0	1	1500
青岛*	8	71000	0	0	25	240040
大连*	0	0	0	0	5	14500
省会城市小计	**28**	**264050**	**6**	**2350542**	**185**	**308002**
石家庄	0	0	0	0	1	60000
太原	0	0	0	0	0	0
呼和浩特	0	0	0	0	0	0
沈阳*	7	31400	0	0	6	54000
长春*	0	0	0	0	0	0
哈尔滨*	0	0	0	0	0	0
南京*	8	15450	0	0	61	26666
杭州*	0	0	1	312	24	29326
合肥	0	0	0	0	4	40000
福州	0	0	0	0	5	160
南昌	0	0	0	0	0	0
济南*	0	0	0	0	0	0
郑州	2	40000	0	0	7	25000
武汉*	0	0	4	2300230	69	65800
长沙	0	0	0	0	0	0
广州*	3	1200	0	0	1	50
南宁	2	10000	0	0	0	0
海口	0	0	0	0	0	0
成都*	0	0	0	0	0	0
贵阳	3	15000	0	0	0	0
昆明	0	0	0	0	7	7000
拉萨	1	10000	0	0	0	0
西安*	1	6000	1	50000	0	0
兰州	0	0	0	0	0	0
西宁	0	0	0	0	0	0
银川	1	135000	0	0	0	0
乌鲁木齐	0	0	0	0	0	0

注：城市名称后带“*”的为副省级城市，包括省会城市中带“*”的。

8-4 续表

城　　市	制作科技广播、影视节目		制作科技光盘种数		制作科普动漫作品		主办科技网站	
	套数(套)	播放时间(分钟)	种数(种)	张数(张)	套数(套)	播放时间(分钟)	网站(个)	浏览人数(人次)
合　　计	**230**	**4607**	**107**	**33186**	**8**	**163**	**47**	**9955712**
副省级城市小计	**16**	**275**	**99**	**23620**	**7**	**92**	**28**	**6179988**
宁　　波*	6	120	1	40	0	0	1	323773
厦　　门*	0	0	0	0	0	0	1	16080
深　　圳*	0	0	0	0	0	0	1	1000000
青　　岛*	0	0	0	0	3	12	4	300000
大　　连*	0	0	0	0	0	0	0	0
省会城市小计	**224**	**4487**	**106**	**33146**	**5**	**151**	**40**	**8315859**
石 家 庄	156	3120	0	0	1	71	2	250000
太　　原	52	1040	0	0	0	0	1	32200
呼和浩特	0	0	0	0	0	0	1	10000
沈　　阳*	0	0	0	0	0	0	0	0
长　　春*	0	0	0	0	0	0	0	0
哈 尔 滨*	0	0	0	0	0	0	1	136896
南　　京*	2	35	81	780	0	0	3	349912
杭　　州*	8	120	17	22800	1	15	5	2643164
合　　肥	2	104	0	0	0	0	2	2800000
福　　州	0	0	0	0	0	0	4	120000
南　　昌	0	0	0	0	0	0	1	36851
济　　南*	0	0	0	0	0	0	0	0
郑　　州	1	35	2	700	0	0	1	250000
武　　汉*	0	0	0	0	0	0	7	493585
长　　沙	0	0	0	0	0	0	0	0
广　　州*	0	0	0	0	2	47	3	257098
南　　宁	0	0	0	0	0	0	1	50000
海　　口	0	0	0	0	0	0	1	4000
成　　都*	0	0	0	0	0	0	1	627480
贵　　阳	0	0	0	0	0	0	1	99673
昆　　明	0	0	0	0	0	0	2	63000
拉　　萨	0	0	4	8666	0	0	0	0
西　　安*	0	0	0	0	1	18	1	32000
兰　　州	0	0	0	0	0	0	1	55000
西　　宁	1	13	0	0	0	0	0	0
银　　川	2	20	2	200	0	0	1	5000
乌鲁木齐	0	0	0	0	0	0	0	0

8-5 2014年各地区地级科协科技传播

地区	编著科技图书种数		主办科技报纸种数		制作科普挂图	
	种数(种)	总印数(册)	种数(种)	总印数(份)	种数(种)	总印数(张)
合计	**273**	**2686906**	**23**	**684000**	**909**	**1099565**
北京	2	330000	0	0	6	8020
天津	1	2000	0	0	40	118062
河北	5	40300	1	4000	12	6750
山西	12	96000	0	0	9	33000
内蒙古	11	48400	0	0	8	2600
辽宁	15	85000	0	0	60	43100
吉林	4	20000	0	0	6	318
黑龙江	2	13000	0	0	0	0
上海	3	3000	0	0	53	157910
江苏	34	122000	0	0	20	30000
浙江	10	301000	4	161200	226	20570
安徽	7	13000	1	3600	20	20700
福建	3	9000	2	31200	0	0
江西	7	78200	0	0	9	6500
山东	12	88256	0	0	43	309000
河南	16	86000	0	0	186	84980
湖北	4	73000	1	60000	21	85200
湖南	13	115000	3	20000	40	7850
广东	23	24050	1	1000	13	40320
广西	0	0	0	0	17	7340
海南	0	0	0	0	0	0
重庆	11	665000	0	0	8	33530
四川	6	47000	0	0	7	40144
贵州	8	63000	0	0	0	0
云南	5	33000	3	96000	4	11014
西藏	0	0	4	5000	32	6200
陕西	11	79000	0	0	1	200
甘肃	13	46000	0	0	33	11820
青海	6	33200	0	0	0	0
宁夏	1	12000	1	180000	13	107
新疆	20	137000	2	122000	13	12560
新疆生产建设兵团	8	24500	0	0	9	1770

8-5 续表

地区	制作科技广播、影视节目		制作科技光盘种数		制作科普动漫作品		主办科技网站	
	套数(套)	播放时间(分钟)	种数(种)	张数(张)	套数(套)	播放时间(分钟)	网站(个)	浏览人数(人次)
合计	**642**	**53717**	**180**	**85248**	**154**	**17606**	**286**	**73729169**
北京	3	100	0	0	0	0	12	500715
天津	16	3520	3	200	2	30	5	4405827
河北	0	0	1	10000	0	0	10	2014700
山西	12	240	3	60	0	0	6	129000
内蒙古	2	60	0	0	0	0	4	140220
辽宁	77	2175	13	3520	0	0	14	4124200
吉林	36	750	0	0	0	0	3	70100
黑龙江	3	180	6	3060	4	600	5	170000
上海	19	10090	3	12700	48	220	20	7477175
江苏	28	1450	0	0	57	12109	13	4535413
浙江	121	6414	5	1370	26	2954	7	36135120
安徽	2	3240	5	100	3	730	16	785207
福建	2	1440	0	0	0	0	12	785314
江西	3	240	3	1020	2	13	9	411453
山东	37	5923	20	12230	0	0	20	1633001
河南	9	1790	7	670	2	200	11	546190
湖北	0	0	5	100	0	0	11	250051
湖南	26	560	0	0	0	0	9	576000
广东	5	6725	6	7300	0	0	17	2228393
广西	0	0	1	1800	0	0	7	101334
海南	0	0	0	0	0	0	0	0
重庆	3	225	0	0	0	0	14	272158
四川	0	0	0	0	0	0	10	960055
贵州	0	0	20	3000	0	0	4	340986
云南	105	3760	13	7518	0	0	14	3004559
西藏	117	2340	50	5200	10	750	1	24000
陕西	2	660	0	0	0	0	9	637560
甘肃	8	660	3	7000	0	0	9	294861
青海	0	0	0	0	0	0	0	0
宁夏	4	130	1	200	0	0	1	6500
新疆	2	1045	9	6910	0	0	6	1061053
新疆生产建设兵团	0	0	3	1290	0	0	7	108024

8-6 2014年各地区县级科协科技传播

地区	编著科技图书种数		主办科技报纸种数		制作科普挂图	
	种数(种)	总印数(册)	种数(种)	总印数(份)	种数(种)	总印数(张)
合计	**1024**	**5660161**	**67**	**1763566**	**5236**	**3776590**
北京	4	6000	0	0	18	90000
天津	0	0	0	0	2	40
河北	26	87500	11	60200	147	52760
山西	54	347600	1	3000	256	133888
内蒙古	67	98800	3	2201	230	72570
辽宁	50	299500	5	105070	260	154810
吉林	9	18700	0	0	71	54929
黑龙江	3	15000	3	7200	46	30294
上海	0	0	0	0	13	51496
江苏	84	78800	2	11000	129	47534
浙江	76	566000	9	642500	517	320145
安徽	18	83500	0	0	162	116305
福建	23	64300	3	55600	47	39332
江西	3	25500	1	1200	24	33650
山东	28	199770	1	8500	403	1022086
河南	37	267300	11	353900	326	258172
湖北	8	80600	4	157000	247	196880
湖南	79	384000	1	4000	222	133342
广东	14	83200	1	20000	57	30930
广西	7	4000	0	0	77	15760
海南	29	213360	0	0	312	6655
重庆	1	24000	0	0	2	620
四川	67	1119801	3	249285	160	255908
贵州	22	223000	1	1600	21	17580
云南	3	51800	1	3000	70	41582
西藏	64	59520	0	0	256	10640
陕西	53	279900	1	5510	113	364080
甘肃	75	307950	2	6800	187	40839
青海	33	88700	0	0	70	11036
宁夏	44	337200	2	30000	60	19714
新疆	43	244860	1	36000	731	153013

8-6 续表

地区	制作科技广播、影视节目		制作科技光盘种数		制作科普动漫作品		主办科技网站	
	套数(套)	播放时间(分钟)	种数(种)	张数(张)	套数(套)	播放时间(分钟)	网站(个)	浏览人数(人次)
合　计	**2051**	**363953**	**1322**	**449610**	**62**	**6440**	**903**	**70869366**
北　京	3	780	1	24000	0	0	2	67050
天　津	4	160	0	0	0	0	2	1580
河　北	160	3945	57	43472	3	140	28	700980
山　西	101	8210	35	2643	12	145	24	269651
内蒙古	27	35905	33	9845	0	0	37	1021415
辽　宁	74	24323	108	13401	4	15	24	8812723
吉　林	6	100	37	11580	0	0	15	172840
黑龙江	5	440	30	6911	0	0	9	258981
上　海	2	1500	2	100	0	0	1	33157
江　苏	107	28628	53	8416	7	1000	65	4992163
浙　江	104	31859	117	38019	9	190	61	14700037
安　徽	75	18694	33	2645	11	360	63	9617450
福　建	79	12937	20	4060	1	250	56	4251825
江　西	51	5678	20	32532	0	0	10	122465
山　东	433	34944	59	11156	4	3590	82	4468057
河　南	89	15181	53	46230	0	0	51	7968696
湖　北	62	23975	87	6297	0	0	56	2053735
湖　南	155	21095	70	31152	4	500	42	1359379
广　东	18	4880	14	1900	0	0	53	2060839
广　西	143	11472	14	8641	0	0	8	109856
海　南	17	980	14	2235	0	0	1	2736
重　庆	16	148	2	200	0	0	9	83901
四　川	23	23215	63	46550	2	200	53	1249275
贵　州	29	3480	77	7970	0	0	27	2122311
云　南	35	4864	18	4032	0	0	25	2077942
西　藏	11	150	30	1142	0	0	0	0
陕　西	44	13989	47	44747	0	0	35	577039
甘　肃	47	3245	30	12918	0	0	26	1037083
青　海	0	0	0	0	0	0	9	10327
宁　夏	39	3926	40	10820	5	50	7	163676
新　疆	92	25250	158	15996	0	0	22	502197

8-7 2014年各地区省级学会科技传播

地区	编著科技图书种数		主办科技报纸种数		制作科普挂图	
	种数(种)	总印数(册)	种数(种)	总印数(份)	种数(种)	总印数(张)
合计	**1176**	**5555878**	**79**	**7457070**	**2033**	**6548472**
北京	41	175055	0	0	189	853852
天津	37	69500	5	3773500	64	180482
河北	29	81600	8	358300	39	44280
山西	17	35620	5	108300	74	55890
内蒙古	6	112400	0	0	58	432436
辽宁	21	64501	7	50000	55	11463
吉林	55	80786	4	15350	49	69184
黑龙江	13	57250	2	3700	15	1380
上海	36	200402	2	55000	25	98152
江苏	33	155500	5	254600	130	241994
浙江	51	291400	3	1024800	46	948635
安徽	27	270130	1	24000	28	17270
福建	135	287171	0	0	196	371033
江西	24	69501	4	45000	58	163146
山东	62	363100	2	110400	133	153989
河南	31	148800	1	10000	47	137020
湖北	45	160120	3	84120	31	222671
湖南	63	1638450	1	900	48	60576
广东	67	208050	2	73800	72	493283
广西	31	96121	2	32000	33	103690
海南	0	0	0	0	0	0
重庆	15	139000	1	20000	75	135837
四川	27	81700	4	49800	53	6900
贵州	31	61620	2	38000	14	75010
云南	86	131200	0	0	65	376255
西藏	0	0	1	1200000	11	106000
陕西	58	122350	7	83000	157	369429
甘肃	48	50450	0	0	74	423055
青海	33	71200	5	22500	79	64900
宁夏	3	17101	0	0	26	330
新疆	51	315800	2	20000	89	330330

8-7 续表

地区	制作科技广播、影视节目		制作科技光盘种数		制作科普动漫作品		主办科技网站	
	套数(套)	播放时间(分钟)	种数(种)	张数(张)	套数(套)	播放时间(分钟)	网站(个)	浏览人数(人次)
合　计	**1741**	**121137**	**707**	**391251**	**271**	**6805**	**808**	**312755837**
北　京	30	1723	55	15821	4	200	49	5306600
天　津	11	425	37	7473	7	280	28	11515069
河　北	44	2195	9	3409	0	0	25	2709123
山　西	19	659	19	21820	1	45	25	6077133
内蒙古	0	0	2	170	0	0	7	71706
辽　宁	205	9133	22	7455	5	180	38	1451852
吉　林	33	26290	38	15096	3	153	28	623777
黑龙江	4	30	3	310	4	110	35	2917601
上　海	38	2055	18	13879	145	161	48	9756832
江　苏	13	1084	18	44231	3	75	52	55843214
浙　江	22	3089	20	1677	13	390	42	2517565
安　徽	23	605	19	6990	29	3000	56	90213268
福　建	49	1601	38	67136	4	144	55	3896952
江　西	373	16753	10	13201	0	0	27	903253
山　东	66	23658	46	13976	3	120	43	17228292
河　南	4	200	28	16200	1	10	13	360089
湖　北	22	698	18	6751	0	0	20	581437
湖　南	10	1969	28	1655	20	410	21	4391783
广　东	8	228	35	10053	3	40	44	1351424
广　西	20	644	15	11780	0	0	18	1188599
海　南	0	0	0	0	0	0	0	0
重　庆	33	505	16	3580	0	0	29	5349364
四　川	11	1030	9	8204	0	0	13	4740655
贵　州	4	140	13	2950	1	60	6	107895
云　南	29	209	47	9094	1	3	19	1943282
西　藏	2	60	1	10000	2	80	0	0
陕　西	462	24022	74	20450	4	120	38	79449708
甘　肃	2	60	2	1100	12	1200	3	540421
青　海	139	1518	39	10740	0	0	15	526804
宁　夏	1	14	1	1000	1	14	3	542209
新　疆	64	540	27	45050	5	10	8	649930

九、科技开放与交流

简要说明

本篇统计资料为：

一、汇总数据，反映中国科协、地方科协和全国学会、省级学会参与国际民间科技开放与交流情况。

二、地方科协和省级学会统计数据，分别反映各省级科协及其所属学会、副省级城市、省会城市科协、地级科协、县级科协加入国际民间科技组织、促成科技合作项目、参加国际民间科技交流的数量。

9-1　2014年各级科协科技开放与交流汇总表

指　　标	科协合计		中国科协机关及直属单位		省 级 科 协	
	2013	2014	2013	2014	2013	2014
加入国际民间科技组织(个)	13	17	5	5	1	2
任职专家(人)	14	17	1	2	0	0
参加国际科学计划(项)	26	21	4	3	4	2
促成科技合作项目(项)	255	324	4	19	69	131
#引进优质科技资源	138	177	1	2	43	76
参加国外科技活动人数(人次)	1292	977	175	187	404	435
参加港澳台地区科技活动人数(人次)	1821	1127	47	203	1019	602
接待国外专家学者(人次)	2393	2606	62	326	1357	1553
接待港澳台地区专家学者(人次)	2189	3267	296	1415	1250	1082

9-1 续表

指 标	副省级城市、省会城市科协		地级科协		县级科协	
	2013	2014	2013	2014	2013	2014
加入国际民间科技组织(个)	1	1	2	4	4	5
任职专家(人)	1	1	4	12	8	2
参加国际科学计划(项)	0	0	11	5	7	11
促成科技合作项目(项)	11	25	60	50	111	99
#引进优质科技资源	8	16	23	23	63	60
参加国外科技活动人数(人次)	90	86	122	81	501	188
参加港澳台地区科技活动人数(人次)	418	69	152	144	185	109
接待国外专家学者(人次)	515	365	384	229	175	133
接待港澳台地区专家学者(人次)	211	173	178	211	254	386

注：2013年江苏省地级科协和县级科协“接待国外专家学者(人次)”相关指标数据进行了校正，科协合计数也相应进行了校正。

9-2 2014年全国学会、省级学会科技开放与交流汇总表

指标	学会合计		全国学会				省级学会	
			所属学会		委托管理学会			
	2013	2014	2013	2014	2013	2014	2013	2014
加入国际民间科技组织(个)	681	660	366	405	2	3	313	252
任职专家(人)	981	882	612	527	2	4	367	351
参加国际科学计划(项)	193	314	51	72	1	3	141	239
促成科技合作项目(项)	543	669	122	168	1	4	420	497
#引进优质科技资源	190	257	59	77	1	1	130	179
参加国外科技活动人数(人次)	12785	18002	6492	9758	89	195	6204	8049
参加港澳台地区科技活动人数(人次)	10765	12869	2548	4137	1	12	8216	8720
接待国外专家学者(人次)	19489	18429	9275	7585	110	428	10104	10416
接待港澳台地区专家学者(人次)	7008	7030	1975	1764	65	45	4968	5221

9-3　2014年各省级科协科技开放与交流

地　区	加入国际民间科技组织		参加国际科学计划(项)	促成科技合作项目(项)		参加国外科技活动人　数(人次)	参加港澳台地区科技活动人数(人次)	接待国外专家学者(人次)	接待港澳台地区专家学者(人次)
	个数(个)	任职专家(人)			#引进优质科技资源				
合　计	**2**	**0**	**2**	**131**	**76**	**435**	**602**	**1553**	**1082**
北　京	0	0	0	0	0	84	11	316	130
天　津	0	0	0	1	1	17	10	151	0
河　北	0	0	0	0	0	0	0	0	0
山　西	0	0	0	1	0	10	6	0	0
内蒙古	0	0	0	2	2	0	0	3	39
辽　宁	1	0	0	0	0	0	4	0	0
吉　林	0	0	0	0	0	33	0	0	14
黑龙江	0	0	0	3	3	0	0	6	0
上　海	0	0	0	0	0	19	24	41	32
江　苏	0	0	0	45	22	38	350	420	90
浙　江	0	0	2	12	12	25	15	142	48
安　徽	0	0	0	20	16	11	37	55	32
福　建	0	0	0	1	1	1	13	70	360
江　西	0	0	0	0	0	0	2	21	3
山　东	0	0	0	6	5	0	0	0	0
河　南	0	0	0	0	0	0	0	2	0
湖　北	0	0	0	26	6	132	10	116	38
湖　南	0	0	0	0	0	0	0	0	0
广　东	0	0	0	0	0	0	16	4	65
广　西	0	0	0	0	0	0	0	0	8
海　南	0	0	0	0	0	0	0	0	0
重　庆	0	0	0	0	0	0	1	120	0
四　川	0	0	0	0	0	2	0	13	48
贵　州	0	0	0	0	0	0	0	16	4
云　南	1	0	0	0	0	52	11	9	0
西　藏	0	0	0	0	0	0	0	0	0
陕　西	0	0	0	0	0	0	5	25	44
甘　肃	0	0	0	8	8	10	43	16	40
青　海	0	0	0	0	0	1	15	7	72
宁　夏	0	0	0	6	0	0	29	0	15
新　疆	0	0	0	0	0	0	0	0	0
新疆生产建设兵团	0	0	0	0	0	0	0	0	0

9-4 2014年各副省级城市科协、省会城市科协科技开放与交流

城　　市	加入国际民间科技组织		参加国际科学计划(项)	促成科技合作项目(项)		参加国外科技活动人　数(人次)	参加港澳台地区科技活动人数(人次)	接待国外专家学者(人次)	接待港澳台地区专家学者(人次)
	个数(个)	任职专家(人)			#引进优质科技资源				
合　　计	**1**	**1**	**0**	**25**	**16**	**86**	**69**	**365**	**173**
副省级城市小计	**1**	**1**	**0**	**22**	**16**	**55**	**33**	**276**	**76**
宁　　波*	0	0	0	9	6	0	0	71	7
厦　　门*	0	0	0	0	0	0	0	0	0
深　　圳*	1	1	0	0	0	0	0	0	0
青　　岛*	0	0	0	0	0	0	0	0	0
大　　连*	0	0	0	0	0	0	0	3	2
省会城市小计	**0**	**0**	**0**	**16**	**10**	**86**	**69**	**291**	**164**
石 家 庄	0	0	0	0	0	0	0	0	0
太　　原	0	0	0	0	0	0	0	0	0
呼和浩特	0	0	0	0	0	0	0	0	30
沈　　阳*	0	0	0	0	0	0	0	0	1
长　　春*	0	0	0	0	0	0	0	0	0
哈 尔 滨*	0	0	0	0	0	0	0	0	0
南　　京*	0	0	0	0	0	0	0	46	1
杭　　州*	0	0	0	4	1	5	0	62	18
合　　肥	0	0	0	0	0	0	0	0	0
福　　州	0	0	0	0	0	1	34	20	60
南　　昌	0	0	0	0	0	0	0	0	0
济　　南*	0	0	0	9	9	10	18	32	45
郑　　州	0	0	0	0	0	0	2	5	6
武　　汉*	0	0	0	0	0	12	10	38	0
长　　沙	0	0	0	0	0	0	0	0	0
广　　州*	0	0	0	0	0	0	0	0	0
南　　宁	0	0	0	3	0	0	0	39	1
海　　口	0	0	0	0	0	0	0	0	0
成　　都*	0	0	0	0	0	12	0	0	0
贵　　阳	0	0	0	0	0	24	0	0	0
昆　　明	0	0	0	0	0	6	0	25	0
拉　　萨	0	0	0	0	0	0	0	0	0
西　　安*	0	0	0	0	0	16	5	24	2
兰　　州	0	0	0	0	0	0	0	0	0
西　　宁	0	0	0	0	0	0	0	0	0
银　　川	0	0	0	0	0	0	0	0	0
乌鲁木齐	0	0	0	0	0	0	0	0	0

注：城市名称后带“*”的为副省级城市，包括省会城市中带“*”的。

9-5 2014年各地区地级科协科技开放与交流

地区	加入国际民间科技组织 个数(个)	加入国际民间科技组织 任职专家(人)	参加国际科学计划(项)	促成科技合作项目(项)	#引进优质科技资源	参加国外科技活动人数(人次)	参加港澳台地区科技活动人数(人次)	接待国外专家学者(人次)	接待港澳台地区专家学者(人次)
合计	**4**	**12**	**5**	**50**	**23**	**81**	**144**	**229**	**211**
北京	0	0	0	0	0	0	0	0	0
天津	0	0	0	1	1	0	0	14	1
河北	0	0	0	0	0	1	0	19	5
山西	0	0	0	0	0	0	0	0	0
内蒙古	0	0	0	0	0	0	0	0	0
辽宁	0	0	0	0	0	0	0	0	0
吉林	0	0	0	2	0	0	9	12	9
黑龙江	0	0	0	0	0	0	0	0	0
上海	1	3	3	3	0	21	0	9	0
江苏	2	0	2	7	3	34	41	0	52
浙江	0	0	0	10	1	0	0	0	14
安徽	1	8	0	11	11	1	52	34	15
福建	0	0	0	0	0	0	13	23	0
江西	0	0	0	0	0	0	1	1	3
山东	0	1	0	1	2	2	0	22	21
河南	0	0	0	2	0	0	0	0	1
湖北	0	0	0	2	1	18	17	20	0
湖南	0	0	0	0	0	0	0	0	0
广东	0	0	0	5	2	2	10	7	64
广西	0	0	0	0	0	0	0	0	0
海南	0	0	0	0	0	0	0	0	0
重庆	0	0	0	1	0	0	0	2	0
四川	0	0	0	0	0	0	0	31	0
贵州	0	0	0	0	0	0	1	18	0
云南	0	0	0	0	0	0	0	0	0
西藏	0	0	0	0	0	0	0	0	0
陕西	0	0	0	0	0	0	0	0	0
甘肃	0	0	0	0	0	0	0	0	26
青海	0	0	0	0	0	0	0	0	0
宁夏	0	0	0	0	0	0	0	0	0
新疆	0	0	0	0	0	0	0	0	0
新疆生产建设兵团	0	0	0	5	2	2	0	17	0

9-6 2014年各地区县级科协科技开放与交流

地区	加入国际民间科技组织		参加国际科学计划(项)	促成科技合作项目(项)		参加国外科技活动人数(人次)	参加港澳台地区科技活动人数(人次)	接待国外专家学者(人次)	接待港澳台地区专家学者(人次)
	个数(个)	任职专家(人)			#引进优质科技资源				
合计	**5**	**2**	**11**	**99**	**60**	**188**	**109**	**133**	**386**
北京	0	0	0	0	0	0	0	0	0
天津	0	0	0	0	0	0	0	0	0
河北	0	0	0	2	1	0	0	0	0
山西	0	0	0	0	0	0	0	0	0
内蒙古	0	0	1	1	0	0	0	44	37
辽宁	1	0	0	3	2	22	0	22	1
吉林	0	0	0	1	1	4	0	2	0
黑龙江	0	0	0	1	1	0	0	1	0
上海	0	0	0	0	0	0	0	0	0
江苏	1	2	3	11	3	99	28	0	197
浙江	2	0	0	19	6	18	8	0	38
安徽	0	0	0	8	5	6	0	5	2
福建	0	0	0	2	1	0	38	9	3
江西	0	0	0	4	6	0	0	0	2
山东	0	0	0	10	9	2	5	4	2
河南	0	0	0	1	1	0	0	2	0
湖北	0	0	0	11	9	0	2	0	6
湖南	0	0	0	0	0	12	1	5	3
广东	0	0	6	5	6	1	15	18	24
广西	0	0	0	7	4	0	0	2	0
海南	0	0	0	0	0	0	0	0	0
重庆	0	0	0	1	0	0	0	0	0
四川	1	0	0	8	12	0	6	14	4
贵州	0	0	0	1	1	0	4	0	0
云南	0	0	0	0	0	0	0	0	0
西藏	0	0	1	0	0	0	0	0	0
陕西	0	0	0	1	1	0	0	4	7
甘肃	0	0	0	1	1	24	0	0	56
青海	0	0	0	0	0	0	0	0	0
宁夏	0	0	0	0	0	0	2	1	4
新疆	0	0	0	1	1	0	0	0	0

9-7 2014年各地区省级学会科技开放与交流

地　　区	加入国际民间科技组织		参加国际科学计划（项）	促成科技合作项目（项）		参加国外科技活动人　数（人次）	参加港澳台地区科技活动人数（人次）	接待国外专家学者（人次）	接待港澳台地区专家学者（人次）
	个数（个）	任职专家（人）			#引进优质科技资源				
合　　计	**252**	**351**	**239**	**497**	**179**	**8049**	**8720**	**10416**	**5221**
北　　京	11	8	5	4	3	409	172	318	205
天　　津	11	5	2	7	3	256	592	326	149
河　　北	11	1	5	12	2	379	57	191	24
山　　西	5	35	4	6	1	92	275	132	15
内 蒙 古	1	1	0	1	0	8	0	16	5
辽　　宁	6	13	2	16	6	111	38	189	26
吉　　林	11	6	6	29	18	186	158	380	327
黑 龙 江	11	13	1	3	1	110	50	176	55
上　　海	29	35	5	15	4	531	236	1871	485
江　　苏	13	21	13	43	23	549	499	731	255
浙　　江	9	4	46	40	19	760	521	911	280
安　　徽	2	0	4	16	0	170	114	129	68
福　　建	14	16	7	24	18	185	492	389	897
江　　西	2	1	1	15	6	326	1214	143	27
山　　东	10	7	18	21	13	365	501	471	162
河　　南	1	0	4	36	11	63	40	54	10
湖　　北	6	3	7	11	2	322	77	526	118
湖　　南	16	37	35	32	11	404	340	310	102
广　　东	11	29	5	14	5	419	1041	770	903
广　　西	10	5	8	36	5	715	1110	574	461
海　　南	2	0	1	1	0	1	0	3	0
重　　庆	18	19	11	19	5	278	160	310	177
四　　川	8	14	7	34	7	497	457	161	41
贵　　州	6	27	6	24	5	26	149	75	20
云　　南	8	12	3	3	1	116	37	160	138
西　　藏	0	0	0	0	0	0	0	9	0
陕　　西	18	35	21	21	7	464	307	789	150
甘　　肃	0	0	12	0	0	71	0	23	60
青　　海	0	0	0	12	1	155	21	145	19
宁　　夏	1	1	0	0	0	0	17	35	4
新　　疆	1	3	0	2	2	81	45	99	38

十、科技服务

简要说明

本篇统计资料为：

一、汇总数据，反映中国科协、地方科协和全国学会、省级学会开展科技服务工作情况。

二、地方科协统计数据，分别反映各省级科协、副省级城市、省会城市科协、地级科协、县级科协开展的决策咨询、科技评价、社区益民、惠农兴村、企业“讲比”活动、专家工作站建设等情况。

三、省级学会统计数据，分别反映各省级科协所属学会开展的决策咨询、科技评价等项工作的情况。

10-1 2014年各级科协科技服务汇总表

指　　标	科协合计		中国科协机关及直属单位		省级科协	
	2013	2014	2013	2014	2013	2014
提供决策咨询报告(篇)	7929	7791	267	146	404	515
#获上级领导批示报告	2580	2423	27	5	112	123
举办决策咨询活动(次)	2472	2584	26	20	275	333
参加活动专家数(人次)	25124	25074	679	580	4920	3514
科技评价(项)	1600	1667	17	37	332	35
科技人才评价(人)	9114	12394	0	0	811	1423
#专业技术职称评定	7042	9886	0	0	657	1343
社区益民计划表彰的示范社区(个)	3389	3826	500	500	558	732
科普惠农兴村奖补资金(千元)	513045	498704	300000	300000	113860	112760
#中央财政	300000	300000	300000	300000	0	0
#省级财政	113860	112760	0	0	113860	112760
#市(地)级财政	44225	42215	0	0	0	0
#县级财政	54960	43729	0	0	0	0
科普惠农兴村表彰的先进单位和个人(个/人)	9974	9557	1797	1911	1645	1745
#农村专业技术协会	3800	3704	1000	962	733	840
#农村科普示范基地	2801	2728	386	386	503	423
#农村科普带头人	3303	3038	406	558	399	459
#少数民族科普工作队	70	87	5	5	10	23
受表彰农村专业技术协会带动农户数(万户)	654	794	465	576	67	94
受表彰农村科普示范基地带动农户数(万户)	366	377	190	224	70	63
受表彰农村科普带头人带动农户数(万户)	258	298	188	234	18	16
开展“讲、比”活动企业数(个)	28030	31721	1	0	4708	6708
#国有企业	6070	6413	1	0	2675	2887
参与“讲、比”活动的科技人员(万人次)	176	213	0	0	41	47
“讲、比”活动中被采纳合理化建议(条)	224973	278273	8	0	52150	83006
专家工作站(服务中心)(个)	3323	4200	0	0	1008	1287
#经济技术开发区	570	662	0	0	63	59
#高新开发区	203	307	0	0	43	98
专家进(站、中心)人数(人次)	26611	29080	0	0	5398	6969
专家服务团队(个)	2859	3635	2	4	458	827
参加服务团队专家人数(人次)	46373	58878	136	151	3737	5877

注：对2013年“科普惠农兴村表彰的先进单位和个人”数据进行了重新核算。

10-1 续表

指标	副省级城市、省会城市科协		地级科协		县级科协	
	2013	2014	2013	2014	2013	2014
提供决策咨询报告(篇)	160	335	1757	1548	5341	5247
#获上级领导批示报告	30	37	406	327	2005	1931
举办决策咨询活动(次)	51	77	395	452	1725	1702
参加活动专家数(人次)	720	866	4020	4675	14785	15439
科技评价(项)	20	13	498	594	733	988
科技人才评价(人)	588	202	1060	1800	6655	8969
#专业技术职称评定	284	108	732	1079	5369	7356
社区益民计划表彰的示范社区(个)	255	205	719	743	1357	1646
科普惠农兴村奖补资金(千元)	12960	14180	31265	28035	54960	43729
#中央财政	0	0	0	0	0	0
#省级财政	0	0	0	0	0	0
#市(地)级财政	12960	14180	31265	28035	0	0
#县级财政	0	0	0	0	54960	43729
科普惠农兴村表彰的先进单位和个人(个/人)	353	290	1716	1671	4463	3940
#农村专业技术协会	105	98	632	621	1330	1183
#农村科普示范基地	136	104	490	532	1286	1283
#农村科普带头人	112	88	573	504	1813	1429
#少数民族科普工作队	0	0	21	14	34	45
受表彰农村专业技术协会带动农户数(万户)	20	10	27	42	75	72
受表彰农村科普示范基地带动农户数(万户)	19	7	28	26	59	58
受表彰农村科普带头人带动农户数(万户)	12	4	16	21	24	25
开展“讲、比”活动企业数(个)	1387	1460	6494	8080	15440	15473
#国有企业	605	535	1492	1716	1297	1275
参与“讲、比”活动的科技人员(万人次)	19	22	66	91	50	53
“讲、比”活动中被采纳合理化建议(条)	37057	43884	92136	103112	43622	48271
专家工作站(服务中心)(个)	418	556	919	1164	978	1204
#经济技术开发区	37	33	151	186	319	384
#高新开发区	35	45	69	87	56	77
专家进(站、中心)人数(人次)	2825	2617	7350	7951	11038	11543
专家服务团队(个)	103	251	427	663	1869	1890
参加服务团队专家人数(人次)	1612	2379	7333	8673	33555	41798

10-2 2014年全国学会、省级学会科技服务汇总表

指标	学会合计		全国学会				省级学会	
			所属学会		委托管理学会			
	2013	2014	2013	2014	2013	2014	2013	2014
提供决策咨询报告(篇)	4806	5096	546	482	3	20	4257	4594
#获上级领导批示报告	1450	1435	151	117	1	6	1298	1312
举办决策咨询活动(次)	3307	3671	377	396	14	20	2916	3255
参加活动专家数(人次)	24432	27359	4910	7509	63	115	19459	19735
科技评价(项)	3736	7410	916	3749	1	2	2819	3659
科技人才评价(人)	17650	37612	3688	10403	0	0	13962	27209
#专业技术职称评定	9959	20828	1094	4218	0	0	8865	16610

10-3 2014年各省级科协科技服务

地区	提供决策咨询报告(篇)	#获上级领导批示报告	举办决策咨询活动(次)	参加活动专家数(人次)	科技评价(项)	科技人才评价(人)	#专业技术职称评定	社区益民计划表彰的示范社区(个)
合计	**515**	**123**	**333**	**3514**	**35**	**1423**	**1343**	**732**
北京	57	5	23	156	0	0	0	99
天津	22	7	25	294	0	0	0	20
河北	10	1	3	30	0	0	0	42
山西	11	2	5	13	0	0	0	24
内蒙古	1	1	20	10	2	300	300	18
辽宁	0	0	0	0	0	0	0	0
吉林	7	1	4	45	1	699	699	40
黑龙江	7	4	7	56	0	0	0	16
上海	37	4	41	450	10	0	0	0
江苏	10	10	12	158	1	80	0	27
浙江	5	0	13	400	0	0	0	23
安徽	1	0	0	0	0	0	0	15
福建	58	0	8	337	1	62	62	38
江西	50	43	2	100	0	0	0	20
山东	41	9	11	74	1	282	282	20
河南	13	0	12	680	19	0	0	0
湖北	82	10	7	80	0	0	0	23
湖南	4	0	0	0	0	0	0	40
广东	0	0	0	0	0	0	0	0
广西	9	2	3	50	0	0	0	15
海南	0	0	0	0	0	0	0	18
重庆	27	1	19	205	0	0	0	50
四川	0	0	0	0	0	0	0	0
贵州	4	3	5	140	0	0	0	9
云南	5	4	73	73	0	0	0	45
西藏	0	0	0	0	0	0	0	2
陕西	2	0	0	0	0	0	0	50
甘肃	12	2	17	32	0	0	0	4
青海	12	3	1	30	0	0	0	3
宁夏	10	1	16	88	0	0	0	3
新疆	18	10	6	13	0	0	0	48
新疆生产建设兵团	0	0	0	0	0	0	0	20

10-3 续表 1

地　　区	科普惠农兴村奖补资　　金(元)	科普惠农兴村表彰的先进单位和个人(个/人)	#农村专业技术协会	#农村科普示范基地	#农村科普带头人	#少数民族科普工作队	受表彰农村专业技术协会带动农户数(户)	受表彰农村科普示范基地带动农户数(户)	受表彰农村科普带头人带动农 户 数(户)
合　　计	**112760000**	**1745**	**840**	**423**	**459**	**23**	**936344**	**628105**	**155958**
北　　京	7890000	69	24	26	19	0	13200	13000	1900
天　　津	1300000	20	5	5	10	0	10404	14010	10270
河　　北	4300000	129	63	39	26	1	11630	12000	10600
山　　西	4000000	22	10	10	2	0	3000	2500	300
内 蒙 古	2000000	20	6	6	7	1	63009	42196	12900
辽　　宁	1800000	68	34	14	19	1	25500	14000	9500
吉　　林	600000	103	39	12	48	4	3980	1240	1360
黑 龙 江	2200000	66	28	11	27	0	5500	2500	4000
上　　海	200000	10	0	10	0	0	0	2726	0
江　　苏	3000000	97	31	25	41	0	38500	5110	3110
浙　　江	8500000	43	23	8	12	0	5000	1200	350
安　　徽	0	0	0	0	0	0	0	0	0
福　　建	0	0	0	0	0	0	0	0	0
江　　西	3200000	20	9	11	0	0	810	540	0
山　　东	1760000	38	17	8	13	0	10300	32100	18420
河　　南	14000000	140	55	45	40	0	17000	14000	12000
湖　　北	21000000	60	45	15	0	0	4000	3000	0
湖　　南	6500000	139	70	36	32	1	830	70	160
广　　东	2200000	36	13	7	16	0	531	213	368
广　　西	5000000	72	28	22	20	2	490000	370000	32000
海　　南	2400000	25	12	5	8	0	17900	9700	1100
重　　庆	2000000	48	10	28	10	0	2000	3100	1100
四　　川	0	0	0	0	0	0	0	0	0
贵　　州	0	0	0	0	0	0	0	0	0
云　　南	10000000	200	200	0	0	0	150000	0	0
西　　藏	960000	23	7	7	7	0	310	360	280
陕　　西	5000000	75	35	20	20	0	39800	14500	12450
甘　　肃	2000000	36	13	13	0	10	3000	3000	0
青　　海	0	0	0	0	0	0	0	0	0
宁　　夏	3000000	23	12	5	3	0	2500	1000	150
新　　疆	4050000	156	48	31	74	3	17040	65140	22940
新疆生产建设兵团	400000	12	3	4	5	0	600	900	700

10-3 续表 2

地　　区	开展“讲、比”活动企业数(个)		参与“讲、比”活动的科技人员(人次)	“讲、比”活动中被采纳合理化建议(条)	专家工作站(服务中心)(个)			专家进(站、中心)人数(人次)	专家服务团队(个)	参加服务团队专家人数(人次)
		#国有企业				#经济技术开发区	#高新开发区			
合　　计	**6708**	**2887**	**473693**	**83006**	**1287**	**59**	**98**	**6969**	**827**	**5877**
北　　京	310	0	51000	0	78	1	0	1160	0	0
天　　津	327	243	49686	5096	24	2	7	63	8	40
河　　北	320	0	70500	300	260	0	3	977	1	200
山　　西	52	45	22000	1100	0	0	0	0	7	52
内 蒙 古	25	5	3000	166	24	0	0	24	1	10
辽　　宁	0	0	0	0	2	0	0	2	0	0
吉　　林	136	18	20300	2683	3	1	0	11	13	41
黑 龙 江	0	0	0	0	0	0	0	0	8	67
上　　海	4180	1979	38025	21561	91	0	0	479	250	479
江　　苏	0	0	0	0	143	13	30	600	229	379
浙　　江	17	17	7000	560	68	0	3	450	26	520
安　　徽	1	1	5000	100	4	0	0	54	1	220
福　　建	0	0	0	0	129	0	0	831	0	0
江　　西	118	80	15000	18000	27	5	6	27	27	177
山　　东	11	11	4600	302	52	1	1	213	8	603
河　　南	125	53	890	0	0	0	0	0	0	0
湖　　北	0	0	0	0	191	28	25	465	1	545
湖　　南	76	56	36438	5563	4	0	0	12	4	18
广　　东	93	15	8170	0	82	0	19	850	0	0
广　　西	78	0	380	0	5	0	0	16	4	26
海　　南	35	20	4900	525	0	0	0	0	0	0
重　　庆	235	67	40900	7735	27	1	0	100	1	150
四　　川	0	0	0	0	0	0	0	0	0	0
贵　　州	42	36	18000	1950	0	0	0	0	0	0
云　　南	0	0	0	0	32	0	0	56	3	1790
西　　藏	0	0	0	0	0	0	0	0	0	0
陕　　西	89	82	20142	12598	2	2	0	6	0	0
甘　　肃	96	22	16800	456	5	0	0	10	4	45
青　　海	0	0	0	0	0	0	0	0	0	0
宁　　夏	237	52	9420	3576	21	2	1	495	21	495
新　　疆	105	85	31542	735	13	3	3	68	210	20
新疆生产建设兵团	0	0	0	0	0	0	0	0	0	0

10-4 2014年各副省级城市科协、省会城市科协科技服务

城市	提供决策咨询报告（篇）	#获上级领导批示报告	举办决策咨询活动（次）	参加活动专家数（人次）	科技评价（项）	科技人才评价（人）	#专业技术职称评定	社区益民计划表彰的示范社区（个）
合　计	**335**	**37**	**77**	**866**	**13**	**202**	**108**	**205**
副省级城市小计	**271**	**32**	**59**	**726**	**11**	**93**	**0**	**115**
宁　波*	0	0	27	138	0	0	0	9
厦　门*	2	0	2	12	0	0	0	0
深　圳*	4	4	5	300	10	0	0	12
青　岛*	15	2	2	40	0	0	0	12
大　连*	0	0	0	0	0	0	0	0
省会城市小计	**314**	**31**	**41**	**376**	**3**	**202**	**108**	**172**
石家庄	0	0	0	0	0	0	0	0
太　原	0	0	0	0	0	0	0	1
呼和浩特	0	0	0	0	0	0	0	0
沈　阳*	9	3	0	0	0	0	0	6
长　春*	0	0	0	0	0	0	0	0
哈尔滨*	4	0	0	0	0	0	0	0
南　京*	7	0	0	0	0	0	0	5
杭　州*	9	3	14	52	0	0	0	4
合　肥	15	0	0	0	0	0	0	10
福　州	28	2	0	0	0	0	0	9
南　昌	2	0	6	55	0	0	0	6
济　南*	0	0	3	78	0	0	0	0
郑　州	10	1	2	8	1	1	0	2
武　汉*	41	12	4	76	1	93	0	50
长　沙	7	1	3	50	0	0	0	5
广　州*	12	5	2	30	0	0	0	7
南　宁	0	0	0	0	0	0	0	6
海　口	0	0	0	0	0	0	0	2
成　都*	168	3	0	0	0	0	0	0
贵　阳	2	1	3	21	0	0	0	1
昆　明	0	0	0	0	1	108	108	30
拉　萨	0	0	0	0	0	0	0	0
西　安*	0	0	0	0	0	0	0	10
兰　州	0	0	4	6	0	0	0	14
西　宁	0	0	0	0	0	0	0	0
银　川	0	0	0	0	0	0	0	4
乌鲁木齐	0	0	0	0	0	0	0	0

注：城市名称后带“*”的为副省级城市，包括省会城市中带“*”的。

10-4 续表 1

城 市	科普惠农兴村奖补资金(元)	科普惠农兴村表彰的先进单位和个人(个/人)	#农村专业技术协会	#农村科普示范基地	#农村科普带头人	#少数民族科普工作队	受表彰农村专业技术协会带动农户数(户)	受表彰农村科普示范基地带动农户数(户)	受表彰农村科普带头人带动农户数(户)
合 计	**14180000**	**290**	**98**	**104**	**88**	**0**	**99042**	**65343**	**35135**
副省级城市小计	**7340000**	**115**	**28**	**50**	**37**	**0**	**48454**	**33891**	**20562**
宁 波*	1600000	23	6	9	8	0	3000	2300	1500
厦 门*	0	0	0	0	0	0	0	0	0
深 圳*	0	0	0	0	0	0	0	0	0
青 岛*	740000	5	0	0	5	0	0	0	150
大 连*	0	0	0	0	0	0	0	0	0
省会城市小计	**11840000**	**262**	**92**	**95**	**75**	**0**	**96042**	**63043**	**33485**
石家庄	0	0	0	0	0	0	0	0	0
太 原	0	0	0	0	0	0	0	0	0
呼和浩特	0	0	0	0	0	0	0	0	0
沈 阳*	100000	6	3	1	2	0	11706	3000	6500
长 春*	0	0	0	0	0	0	0	0	0
哈尔滨*	0	0	0	0	0	0	0	0	0
南 京*	0	0	0	0	0	0	0	0	0
杭 州*	0	0	0	0	0	0	0	0	0
合 肥	390000	13	13	0	0	0	5500	0	0
福 州	570000	34	10	13	11	0	13000	8500	3800
南 昌	0	0	0	0	0	0	0	0	0
济 南*	500000	37	14	15	8	0	32148	25660	11312
郑 州	1300000	25	10	10	5	0	1600	1600	70
武 汉*	4000000	36	0	23	13	0	0	800	500
长 沙	1010000	17	8	6	3	0	800	600	30
广 州*	0	0	0	0	0	0	0	0	0
南 宁	275000	40	10	12	18	0	16788	8602	2630
海 口	1145000	12	4	4	4	0	8000	8000	4000
成 都*	0	0	0	0	0	0	0	0	0
贵 阳	0	0	0	0	0	0	0	0	0
昆 明	0	0	0	0	0	0	0	0	0
拉 萨	0	0	0	0	0	0	0	0	0
西 安*	400000	8	5	2	1	0	1600	2131	600
兰 州	1000000	10	7	1	2	0	900	50	43
西 宁	600000	3	2	1	0	0	1000	600	0
银 川	550000	21	6	7	8	0	3000	3500	4000
乌鲁木齐	0	0	0	0	0	0	0	0	0

10-4 续表 2

城　市	开展“讲、比”活动企业数（个）	#国有企业	参与“讲、比”活动的科技人员（人次）	“讲、比”活动中被采纳合理化建议（条）	专家工作站(服务中心)（个）	#经济技术开发区	#高新开发区	专家进(站、中心)人数（人次）	专家服务团队（个）	参加服务团队专家人数（人次）
合　计	**1460**	**535**	**220166**	**43884**	**556**	**33**	**45**	**2617**	**251**	**2379**
副省级城市小计	**723**	**273**	**142926**	**17193**	**431**	**15**	**17**	**2023**	**193**	**1469**
宁　波*	130	3	1000	100	83	2	1	413	100	488
厦　门*	21	8	1750	107	7	0	0	47	2	47
深　圳*	0	0	0	0	18	0	0	75	20	200
青　岛*	56	15	12000	0	38	2	3	400	0	0
大　连*	40	35	19200	790	11	0	0	55	1	12
省会城市小计	**1213**	**474**	**186216**	**42887**	**399**	**29**	**41**	**1627**	**128**	**1632**
石家庄	0	0	0	0	17	3	4	34	1	300
太　原	56	29	29400	15600	12	5	5	60	0	0
呼和浩特	3	1	80	0	0	0	0	0	0	0
沈　阳*	15	15	8560	220	73	0	0	245	0	0
长　春*	11	0	450	55	0	0	0	0	0	0
哈尔滨*	40	36	1528	316	7	0	0	5	2	5
南　京*	52	39	19000	1708	12	1	0	100	14	310
杭　州*	59	10	24377	8069	80	2	3	506	46	389
合　肥	3	0	90	8	0	0	0	0	0	0
福　州	69	1	1053	67	40	0	0	306	52	306
南　昌	38	23	4800	240	0	0	0	0	0	0
济　南*	74	30	25000	4786	4	0	0	115	2	10
郑　州	430	180	10000	5400	43	9	11	77	0	0
武　汉*	170	44	20128	28	6	0	2	18	0	0
长　沙	2	2	20	1	0	0	0	0	0	0
广　州*	15	12	4933	920	7	1	0	30	7	20
南　宁	45	12	21000	800	4	0	3	26	1	221
海　口	3	0	35	4	0	0	0	0	0	0
成　都*	17	8	4000	74	84	7	8	59	0	0
贵　阳	0	0	0	0	5	0	5	30	1	68
昆　明	25	6	800	200	0	0	0	0	0	0
拉　萨	0	0	0	0	0	0	0	0	0	0
西　安*	23	18	1000	20	1	0	0	10	0	0
兰　州	23	8	8562	4371	1	0	0	4	0	0
西　宁	0	0	0	0	0	0	0	0	0	0
银　川	3	0	80	0	3	1	0	2	2	3
乌鲁木齐	0	0	0	0	0	0	0	0	0	0

10-5 2014年各地区地级科协科技服务

地区	提供决策咨询报告(篇)	#获上级领导批示报告	举办决策咨询活动(次)	参加活动专家数(人次)	科技评价(项)	科技人才评价(人)	#专业技术职称评定	社区益民计划表彰的示范社区(个)
合计	**1548**	**327**	**452**	**4675**	**594**	**1800**	**1079**	**743**
北京	59	1	15	53	0	0	0	46
天津	11	6	2	20	3	10	3	89
河北	33	6	1	4	0	0	0	8
山西	80	17	5	15	2	0	0	5
内蒙古	1	1	3	34	0	0	0	11
辽宁	18	5	7	151	10	10	10	21
吉林	9	1	4	34	2	252	0	9
黑龙江	19	3	12	170	0	0	0	13
上海	50	17	61	281	400	0	0	42
江苏	187	27	34	303	3	0	0	76
浙江	96	31	56	355	3	50	0	17
安徽	35	5	25	306	1	81	0	32
福建	4	1	2	29	0	0	0	18
江西	33	11	4	36	0	0	0	1
山东	101	20	59	437	36	781	569	46
河南	35	16	24	299	3	102	1	5
湖北	213	37	27	377	3	2	0	46
湖南	15	4	2	150	0	0	0	30
广东	5	2	2	50	1	202	202	15
广西	104	22	9	127	0	0	0	14
海南	0	0	0	0	0	0	0	0
重庆	211	27	23	318	0	0	0	13
四川	56	13	4	228	1	11	11	4
贵州	6	4	2	81	0	0	0	0
云南	48	7	33	436	62	256	256	35
西藏	4	2	1	8	0	0	0	0
陕西	27	12	10	78	0	0	0	38
甘肃	19	4	6	90	0	0	0	11
青海	1	0	2	2	1	0	0	1
宁夏	3	2	7	101	1	16	0	1
新疆	22	10	5	88	34	27	27	66
新疆生产建设兵团	43	13	5	14	28	0	0	30

10-5 续表 1

地　区	科普惠农兴村奖补资金(元)	科普惠农兴村表彰的先进单位和个人(个/人)	#农村专业技术协会	#农村科普示范基地	#农村科普带头人	#少数民族科普工作队	受表彰农村专业技术协会带动农户数(户)	受表彰农村科普示范基地带动农户数(户)	受表彰农村科普带头人带动农户数(户)
合　计	**28035000**	**1671**	**621**	**532**	**504**	**14**	**423072**	**257195**	**208400**
北　京	2500000	19	2	15	2	0	1370	5670	1320
天　津	465000	17	5	6	6	0	540	1480	3320
河　北	800000	25	13	7	5	0	24540	2440	10
山　西	660000	58	21	27	10	0	2120	3520	2200
内蒙古	205000	19	7	7	5	0	3000	3500	300
辽　宁	2510000	36	16	13	4	3	21280	16718	1410
吉　林	0	0	0	0	0	0	0	0	0
黑龙江	181000	22	4	7	11	0	95	172	65
上　海	480000	31	0	10	21	0	0	4000	230
江　苏	1105000	70	19	22	29	0	17050	28660	95080
浙　江	760000	42	13	15	14	0	2312	1896	5999
安　徽	970000	55	17	24	14	0	2010	1950	1231
福　建	272000	59	27	16	16	0	4340	2465	866
江　西	0	0	0	0	0	0	0	0	0
山　东	3918000	212	90	67	55	0	68080	57335	21999
河　南	1750000	51	12	23	16	0	8980	31210	25210
湖　北	800000	63	22	31	10	0	4020	6100	480
湖　南	1065000	41	19	9	12	1	45446	17783	11874
广　东	1772000	70	12	26	32	0	2960	13660	2390
广　西	110000	43	14	16	13	0	1762	1860	1225
海　南	0	0	0	0	0	0	0	0	0
重　庆	728000	97	29	31	37	0	11140	7190	3125
四　川	0	0	0	0	0	0	0	0	0
贵　州	20000	3	0	3	0	0	0	352	0
云　南	3558400	180	90	39	51	0	86744	14807	12850
西　藏	0	0	0	0	0	0	0	0	0
陕　西	436000	171	88	43	40	0	35245	4600	2035
甘　肃	104000	11	3	5	3	0	865	1306	725
青　海	1450000	30	14	10	5	1	100	80	20
宁　夏	0	0	0	0	0	0	0	0	0
新　疆	1385600	243	82	59	93	9	78773	28341	14436
新疆生产建设兵团	30000	3	2	1	0	0	300	100	0

10-5 续表 2

地区	开展“讲、比”活动企业数（个）	#国有企业	参与“讲、比”活动的科技人员（人次）	“讲、比”活动中被采纳合理化建议（条）	专家工作站(服务中心)（个）	#经济技术开发区	#高新开发区	专家进(站、中心)人数（人次）	专家服务团队（个）	参加服务团队专家人数（人次）
合计	**8080**	**1716**	**911064**	**103112**	**1164**	**186**	**87**	**7951**	**663**	**8673**
北京	29	8	2775	292	10	2	0	64	0	0
天津	88	30	10221	5367	11	1	0	24	4	67
河北	124	72	25805	3668	31	3	1	194	9	426
山西	118	61	75003	12237	21	1	0	305	1	28
内蒙古	34	8	23950	612	19	2	2	137	20	235
辽宁	235	64	37927	7015	61	8	3	1354	54	423
吉林	62	31	9691	659	11	1	10	26	0	0
黑龙江	55	43	11728	2379	7	0	0	83	5	218
上海	1946	203	59053	920	5	5	0	35	10	35
江苏	1777	419	137451	7323	118	14	7	648	48	853
浙江	122	4	6871	765	197	18	9	1800	100	473
安徽	230	77	18128	185	9	3	0	271	23	1120
福建	91	14	13915	1221	92	4	1	356	20	171
江西	98	23	11100	984	16	5	2	68	14	115
山东	975	97	31908	3626	152	67	21	550	17	777
河南	209	74	36591	1710	7	0	1	37	6	277
湖北	435	26	108670	6541	202	26	13	593	121	395
湖南	94	54	39016	11083	11	3	1	87	7	465
广东	119	13	18012	288	54	4	5	356	22	141
广西	122	25	29651	1266	2	0	1	15	14	457
海南	0	0	0	0	0	0	0	0	0	0
重庆	218	45	11619	547	12	3	0	146	8	374
四川	448	91	60429	21924	62	7	1	370	59	675
贵州	1	1	208	7	6	2	0	65	2	109
云南	43	4	2871	49	13	1	0	142	7	326
西藏	0	0	0	0	0	0	0	0	2	12
陕西	46	31	8767	837	4	1	0	18	0	0
甘肃	132	50	105774	10837	15	4	1	74	18	393
青海	0	0	0	0	0	0	0	0	0	0
宁夏	60	31	1326	191	14	1	8	81	6	77
新疆	33	15	4701	390	1	0	0	48	64	13
新疆生产建设兵团	136	102	7903	189	1	0	0	4	2	18

10-6 2014年各地区县级科协科技服务

地区	提供决策咨询报告（篇）	#获上级领导批示报告	举办决策咨询活动（次）	参加活动专家数（人次）	科技评价（项）	科技人才评价（人）	#专业技术职称评定	社区益民计划表彰的示范社区（个）
合计	**5247**	**1931**	**1702**	**15439**	**988**	**8969**	**7356**	**1646**
北京	8	0	15	50	0	0	0	0
天津	8	4	2	38	0	0	0	5
河北	236	72	56	237	8	40	10	42
山西	170	57	50	251	4	36	13	34
内蒙古	91	33	27	167	8	18	15	28
辽宁	116	38	22	133	1	240	240	87
吉林	133	60	57	321	0	0	0	33
黑龙江	145	44	49	606	105	136	92	18
上海	15	0	18	260	0	0	0	2
江苏	323	129	83	676	6	34	5	347
浙江	305	107	115	2035	139	2008	1896	216
安徽	178	92	40	349	1	110	110	46
福建	213	49	55	526	2	9	0	64
江西	176	69	59	294	1	1	0	20
山东	479	212	290	2017	78	560	512	90
河南	442	172	161	1828	56	160	81	16
湖北	676	191	145	1572	58	363	159	187
湖南	375	177	102	799	109	244	148	61
广东	13	5	6	77	1	0	0	13
广西	163	69	19	688	6	21	0	13
海南	18	7	4	19	13	13	2	13
重庆	36	14	11	96	0	0	0	22
四川	244	88	62	417	17	265	210	37
贵州	91	32	24	254	8	1242	1108	10
云南	103	33	37	696	57	1143	1102	25
西藏	13	7	29	40	6	23	19	0
陕西	179	76	35	335	16	1024	961	50
甘肃	198	50	65	376	7	504	374	21
青海	6	3	4	45	2	2	1	1
宁夏	29	8	35	144	87	1	0	7
新疆	65	33	25	93	192	772	298	138

10-6 续表 1

地　　区	科普惠农兴村奖补资　　金(元)	科普惠农兴村表彰的先进单位和个人(个/人)	#农村专业技术协会	#农村科普示范基地	#农村科普带头人	#少数民族科普工作队	受表彰农村专业技术协会带动农户数(户)	受表彰农村科普示范基地带动农户数(户)	受表彰农村科普带头人带动农户数(户)
合　　计	**43729168**	**3940**	**1183**	**1283**	**1429**	**45**	**721641**	**583553**	**245294**
北　　京	0	0	0	0	0	0	0	0	0
天　　津	15000	15	5	5	5	0	2200	1600	200
河　　北	1427000	93	33	31	29	0	58550	24960	5905
山　　西	390000	18	9	4	5	0	235	660	43
内 蒙 古	690000	27	7	5	15	0	1335	1754	462
辽　　宁	5405000	202	70	63	68	1	45178	21325	19622
吉　　林	10000	3	1	1	1	0	1500	32	40
黑 龙 江	53000	11	2	2	6	1	50	30	60
上　　海	200000	2	0	1	1	0	0	300	180
江　　苏	2687000	315	71	136	108	0	47802	63214	16715
浙　　江	5217000	348	70	150	126	2	17134	14279	11407
安　　徽	1006000	202	64	44	94	0	16296	11154	6046
福　　建	530000	87	10	37	40	0	5672	11795	6048
江　　西	290000	13	3	10	0	0	2300	6000	0
山　　东	3525800	820	301	245	274	0	258912	141142	49549
河　　南	1102200	138	38	39	59	2	43487	9938	8441
湖　　北	2243000	184	58	58	68	0	23745	23650	4164
湖　　南	5359020	262	83	82	97	0	43165	49277	40257
广　　东	20000	6	2	2	2	0	300	450	220
广　　西	107000	62	23	21	17	1	631	737	298
海　　南	2810000	108	18	24	40	26	8385	7264	8608
重　　庆	785000	92	30	33	29	0	10080	12020	4220
四　　川	1320008	18	4	10	4	0	1110	2044	2525
贵　　州	2215000	80	25	22	33	0	20072	16896	7686
云　　南	600000	126	34	47	45	0	6557	28448	1409
西　　藏	0	0	0	0	0	0	0	0	0
陕　　西	1044640	343	116	107	119	1	64992	66365	23990
甘　　肃	580000	39	14	11	10	4	5060	3985	980
青　　海	2100000	14	3	8	3	0	1700	1740	63
宁　　夏	430000	20	5	10	5	0	4916	6622	875
新　　疆	1567500	292	84	75	126	7	30277	55872	25281

10-6 续表 2

地　区	开展“讲、比”活动企业数(个)	#国有企业	参与“讲、比”活动的科技人员(人次)	“讲、比”活动中被采纳合理化建议(条)	专家工作站(服务中心)(个)	#经济技术开发区	#高新开发区	专家进(站、中心)人数(人次)	专家服务团队(个)	参加服务团队专家人数(人次)
合　计	**15473**	**1275**	**533674**	**48271**	**1204**	**384**	**77**	**11543**	**1890**	**41798**
北　京	0	0	0	0	2	0	0	30	5	110
天　津	42	0	360	3	2	1	1	40	8	80
河　北	495	117	19514	986	50	8	2	332	43	890
山　西	174	30	7719	455	6	4	0	61	17	158
内蒙古	188	19	8326	674	19	3	0	147	26	647
辽　宁	356	16	8505	798	41	9	3	125	83	3231
吉　林	331	13	14826	1115	3	0	0	1063	25	966
黑龙江	193	25	8506	349	47	5	3	378	64	829
上　海	6	2	1053	22	0	0	0	0	0	0
江　苏	2970	127	115090	5194	200	132	7	1294	252	9267
浙　江	971	12	48122	15535	214	34	5	1533	153	1564
安　徽	583	52	8385	533	26	11	12	274	50	2051
福　建	1050	68	24648	3738	136	18	13	481	121	1527
江　西	253	41	5015	269	10	3	0	27	62	556
山　东	2391	238	92391	5673	119	57	3	818	131	3378
河　南	742	70	18541	1894	10	4	1	98	102	3170
湖　北	986	95	58264	3405	147	37	16	2758	188	1960
湖　南	656	102	10297	1694	14	8	3	124	52	1494
广　东	735	24	4917	2187	15	2	0	223	15	445
广　西	482	46	9995	471	20	0	0	94	99	2177
海　南	11	2	1000	1	0	0	0	0	58	329
重　庆	169	16	3126	206	0	0	0	0	6	90
四　川	619	59	26076	1455	48	26	1	195	111	1768
贵　州	84	16	2609	68	5	0	0	24	18	742
云　南	95	17	3685	250	16	3	0	836	37	805
西　藏	2	0	20	5	1	0	0	3	3	146
陕　西	255	42	21138	149	15	1	0	144	69	1510
甘　肃	330	10	7992	775	9	3	0	270	43	734
青　海	111	5	1412	17	0	0	0	0	0	0
宁　夏	100	5	1356	94	20	10	6	157	27	474
新　疆	93	6	786	256	9	5	1	14	22	700

10-7 2014年各地区省级学会科技服务

地区	提供决策咨询报告(篇)	#获上级领导批示报告	举办决策咨询活动(次)	参加活动专家数(人次)	科技评价(项)	科技人才评价(人)	#专业技术职称评定
合计	**4594**	**1312**	**3255**	**19735**	**3659**	**27209**	**16610**
北京	135	20	183	1061	27	2759	2554
天津	63	11	447	1238	121	380	70
河北	56	15	70	280	45	94	50
山西	104	21	58	405	74	689	484
内蒙古	154	33	18	225	229	146	138
辽宁	82	23	58	507	102	536	465
吉林	33	9	68	497	103	119	58
黑龙江	60	29	33	398	56	544	524
上海	243	103	205	1307	563	685	272
江苏	189	67	167	1136	215	5438	1715
浙江	150	28	119	864	141	155	41
安徽	112	26	107	1111	41	626	370
福建	194	47	330	1945	155	4056	3811
江西	81	18	247	1294	52	177	49
山东	404	38	119	903	124	1245	634
河南	223	87	51	498	67	117	8
湖北	50	11	67	268	27	851	697
湖南	142	65	140	993	479	460	281
广东	111	11	56	687	63	1983	1057
广西	253	49	124	847	143	405	346
海南	0	0	0	0	4	4	0
重庆	187	97	203	632	71	378	260
四川	65	11	30	206	25	120	90
贵州	75	27	51	308	136	328	322
云南	218	29	181	882	78	1305	895
西藏	550	8	1	2	11	0	0
陕西	436	365	79	847	239	340	319
甘肃	2	1	5	20	15	38	36
青海	203	54	15	186	63	2326	689
宁夏	4	2	10	35	3	101	96
新疆	15	7	13	153	187	804	279

十一、为科技工作者服务

简要说明

本篇统计资料为：

一、汇总数据，反映中国科协、地方科协和全国学会、省级学会开展为科技工作者服务的工作情况。

二、各省级科协的统计数据为本年度引进海外高层次人才、反映科技工作者建议、答复人大政协代表（委员）提案、看望科技工作者、科学道德和学风宣讲、继续教育和培训班、表彰奖励科技工作者等情况。

三、副省级城市、省会城市科协的统计数据为本年度引进海外高层次人才、反映科技工作者建议、答复人大政协代表（委员）提案、看望科技工作者、科学道德和学风建设宣讲、继续教育、表彰奖励科技工作者等情况。

四、地级科协的统计数据为本年度引进海外高层次人才、反映科技工作者建议、答复人大政协代表（委员）提案、看望科技工作者、表彰奖励科技工作者等情况。

五、县级科协的统计数据为本年度引进海外高层次人才、反映科技工作者建议、答复人大政协代表（委员）提案、走访看望科技工作者、表彰奖励等工作情况。

六、省级学会统计数据为本年度引进海外高层次人才、反映科技工作者建议、答复人大政协代表（委员）提案、看望科技工作者、继续教育和培训班、表彰奖励科技工作者等情况。

11-1　2014年各级科协为科技工作者服务汇总表

指　　标	科协合计		中国科协机关及直属单位		省 级 科 协	
	2013	2014	2013	2014	2013	2014
引进海外高层次人才(人)	547	531	3	0	106	91
反映科技工作者建议(条)	21947	20215	325	346	1660	1396
#获上级领导批示的建议	5442	4255	22	31	66	104
答复人大政协代表(委员)提案(件)	2318	2321	38	51	34	29
走访看望(慰问)科技工作者(人次)	46063	52992	379	133	3042	3075
科学道德与学风建设宣讲活动(场次)	201	138	1	1	194	123
宣讲活动受众人数(万人次)	21	13	0.6	0.6	20	12
参加科学道德与学风建设宣讲专家数(人次)	626	295	3	3	598	279
编写科学道德教育读本(种)	8	5	3	0	5	5
技术创新方法培训班(场次)	163	162	16	2	75	107
继续教育培训班(场次)	1342	1106	5	16	257	164
培训结业人数(万人次)	33	33	0.03	0.18	2	2
宣传科技工作者人数(人)	9337	11480	216	260	2658	2939
表彰奖励科技工作者(人次)	60261	41275	144	173	3438	2708
#女性科技工作者	18551	13175	41	50	1043	651
#40岁以下科技工作者	23577	17986	96	61	1076	822

注：2013年辽宁省和河南省省级科协“表彰奖励科技工作者（人次）”及相关指标数据进行了校正，科协合计数据也相应进行了校正。

11-1 续表

指 标	副省级城市、省会城市科协		地 级 科 协		县 级 科 协	
	2013	2014	2013	2014	2013	2014
引进海外高层次人才(人)	182	135	96	72	160	233
反映科技工作者建议(条)	283	486	3852	4281	15827	13706
#获上级领导批示的建议	48	78	692	643	4614	3399
答复人大政协代表(委员)提案(件)	44	28	285	243	1917	1970
走访看望(慰问)科技工作者(人次)	1265	983	7798	9489	33579	39312
科学道德与学风建设宣讲活动(场次)	6	14	—	—	—	—
宣讲活动受众人数(万人次)	0.42	0.32	—	—	—	—
参加科学道德与学风建设宣讲专家数(人次)	25	13	—	—	—	—
编写科学道德教育读本(种)	0	0	—	—	—	—
技术创新方法培训班(场次)	72	53	—	—	—	—
继续教育培训班(场次)	213	79	867	847	—	—
培训结业人数(万人次)	1	1	30	30	—	—
宣传科技工作者人数(人)	284	731	6179	7550	—	—
表彰奖励科技工作者(人次)	1736	863	18065	13389	36878	24142
#女性科技工作者	562	235	5756	5174	11149	7065
#40岁以下科技工作者	426	327	7071	6785	14908	9991

11-2 2014年全国学会、省级学会为科技工作者服务汇总表

指标	学会合计		全国学会				省级学会	
			所属学会		委托管理学会			
	2013	2014	2013	2014	2013	2014	2013	2014
引进海外高层次人才(人)	349	378	126	110	0	0	223	268
反映科技工作者建议(条)	8475	6400	328	297	26	51	8121	6052
#获上级领导批示的建议	1943	1584	45	44	7	10	1891	1530
答复人大政协代表(委员)提案(件)	308	228	6	6	0	0	302	222
走访看望(慰问)科技工作者(人次)	19260	22024	2895	3238	52	145	16313	18641
科学道德与学风建设宣讲活动(场次)	133	111	128	104	5	7	—	—
宣讲活动受众人数(万人次)	3	2	3	2	0.03	0.07	—	—
参加科学道德与学风建设宣讲专家数(人次)	255	458	250	440	5	18	—	—
编写科学道德教育读本(种)	0	3	0	2	0	1	—	—
技术创新方法培训班(场次)	110	181	90	158	20	23	—	—
继续教育培训班(场次)	6577	8244	1307	1731	10	8	5260	6505
培训结业人数(万人次)	88	119	21	27	0.02	0.03	67	92
宣传科技工作者人数(人)	33487	40570	14558	14839	0	50	18929	25681
表彰奖励科技工作者(人次)	60873	66936	21282	25197	148	549	39443	41190
#女性科技工作者	17186	20557	5366	6849	82	194	11738	13514
#40岁以下科技工作者	22616	28426	7562	9613	70	285	14984	18528

11-3　2014年各省级科协为科技工作者服务

地　区	引进海外高层次人才(人)	反映科技工作者建议(条)	#获上级领导批示的建议(条)	答复人大政协代表(委员)提案(件)	走访看望(慰问)科技工作者(人次)	科学道德与学风建设宣讲活动 活动次数(场次)	受众人数(人次)	宣讲专家数(人次)	编写科学道德教育读本(种)
合　计	**91**	**1396**	**104**	**29**	**3075**	**123**	**123678**	**279**	**5**
北　京	0	310	3	1	360	2	870	2	2
天　津	0	53	8	0	5	2	1082	3	0
河　北	0	0	0	0	0	0	0	0	0
山　西	0	2	0	0	97	14	10316	24	1
内 蒙 古	0	38	20	0	74	13	20000	25	0
辽　宁	0	7	0	1	2	3	5000	3	0
吉　林	0	40	0	0	9	1	1000	3	0
黑 龙 江	0	49	0	0	0	1	1000	2	0
上　海	0	117	14	0	0	1	3000	2	1
江　苏	40	10	10	7	138	1	400	3	0
浙　江	2	34	12	8	155	1	1000	2	0
安　徽	12	0	0	1	20	2	1900	5	0
福　建	0	10	0	0	517	1	1200	3	0
江　西	14	0	0	0	38	1	600	2	0
山　东	0	45	0	0	188	1	3800	21	0
河　南	0	3	3	0	345	0	0	0	0
湖　北	2	138	17	0	154	1	1100	1	0
湖　南	0	100	0	0	90	12	6650	26	0
广　东	0	68	0	1	105	1	1580	3	0
广　西	0	48	0	0	35	0	0	0	0
海　南	0	0	0	0	0	0	0	0	0
重　庆	21	86	1	6	216	7	13600	41	0
四　川	0	0	0	0	0	1	300	2	0
贵　州	0	23	2	3	45	24	15000	24	0
云　南	0	0	0	0	0	0	0	0	0
西　藏	0	2	1	0	40	3	2180	2	0
陕　西	0	116	0	0	127	1	1000	3	0
甘　肃	0	0	0	0	62	1	1200	3	0
青　海	0	16	7	1	223	6	7600	38	0
宁　夏	0	70	0	0	30	8	10000	15	0
新　疆	0	11	6	0	0	14	12300	21	1
新疆生产建设兵团	0	0	0	0	0	0	0	0	0

11-3 续表

地　区	技术创新方法培训班（场次）	继续教育培训班		宣传科技工作者人数（人）	表彰奖励科技工作者（人次）		
		次数（场次）	培训结业人数（人次）			#女性科技工作者	#40岁以下科技工作者
合　计	**107**	**164**	**22679**	**2939**	**2708**	**651**	**822**
北　京	4	31	937	231	134	71	76
天　津	0	4	276	16	149	43	57
河　北	8	1	120	0	0	0	0
山　西	0	0	0	311	59	20	38
内蒙古	3	0	0	370	57	8	2
辽　宁	4	1	130	0	260	37	24
吉　林	8	0	0	37	102	9	10
黑龙江	0	0	0	71	71	16	7
上　海	11	43	2560	143	18	5	6
江　苏	2	18	2801	181	220	21	0
浙　江	0	7	738	55	0	0	0
安　徽	7	4	494	30	50	8	5
福　建	0	6	552	173	50	5	33
江　西	1	1	200	34	0	0	0
山　东	9	10	860	194	192	36	68
河　南	0	8	1060	28	350	140	210
湖　北	0	0	0	49	50	3	0
湖　南	3	2	440	65	138	43	65
广　东	0	0	0	330	54	12	6
广　西	0	2	468	121	16	2	2
海　南	30	0	0	0	0	0	0
重　庆	0	2	128	68	0	0	0
四　川	0	0	0	0	0	0	0
贵　州	0	1	105	0	41	3	4
云　南	3	0	0	15	17	6	11
西　藏	0	0	0	10	5	1	3
陕　西	3	1	100	90	287	81	62
甘　肃	1	4	10000	25	27	3	15
青　海	7	14	150	88	113	20	29
宁　夏	3	0	0	123	108	31	28
新　疆	0	4	560	81	130	27	51
新疆生产建设兵团	0	0	0	0	10	0	10

11-4　2014年各副省级城市科协、省会城市科协为科技工作者服务

城　　市	引进海外高层次人才(人)	反映科技工作者建议(条)	#获上级领导批示的建议(条)	答复人大政协代表(委员)提案(件)	走访看望(慰问)科技工作者(人次)	科学道德与学风建设宣讲活动			编写科学道德教育读本(种)
						活动次数(场次)	受众人数(人次)	宣讲专家数(人次)	
合　　计	**135**	**486**	**78**	**28**	**983**	**14**	**3150**	**13**	**0**
副省级城市小计	**132**	**347**	**49**	**18**	**754**	**11**	**2580**	**10**	**0**
宁　　波*	3	4	3	3	200	0	0	0	0
厦　　门*	0	0	0	2	0	0	0	0	0
深　　圳*	5	3	3	4	0	0	0	0	0
青　　岛*	0	25	3	0	0	2	600	2	0
大　　连*	0	5	3	1	58	1	680	2	0
省会城市小计	**127**	**449**	**66**	**18**	**725**	**11**	**1870**	**9**	**0**
石 家 庄	0	1	1	0	35	0	0	0	0
太　　原	0	0	0	2	8	0	0	0	0
呼和浩特	0	3	0	1	10	0	0	0	0
沈　　阳*	22	6	3	0	10	0	0	0	0
长　　春*	0	0	0	0	0	0	0	0	0
哈 尔 滨*	0	4	0	0	0	0	0	0	0
南　　京*	96	5	0	0	42	0	0	0	0
杭　　州*	6	43	0	3	200	1	200	2	0
合　　肥	0	2	1	0	0	0	0	0	0
福　　州	0	28	2	0	57	0	0	0	0
南　　昌	0	55	21	0	0	0	0	0	0
济　　南*	0	13	5	0	25	5	500	2	0
郑　　州	0	10	1	0	37	2	450	2	0
武　　汉*	0	52	12	4	69	0	0	0	0
长　　沙	0	7	1	0	30	0	0	0	0
广　　州*	0	32	15	0	60	2	600	2	0
南　　宁	3	0	0	2	22	0	0	0	0
海　　口	0	15	2	3	0	0	0	0	0
成　　都*	0	155	2	1	35	0	0	0	0
贵　　阳	0	0	0	0	0	0	0	0	0
昆　　明	0	0	0	0	0	0	0	0	0
拉　　萨	0	0	0	0	0	0	0	0	0
西　　安*	0	0	0	0	55	0	0	0	0
兰　　州	0	0	0	1	30	1	120	1	0
西　　宁	0	12	0	0	0	0	0	0	0
银　　川	0	0	0	0	0	0	0	0	0
乌鲁木齐	0	6	0	1	0	0	0	0	0

注：城市名称后带“*”的为副省级城市，包括省会城市中带“*”的。

11-4 续表

城市	技术创新方法培训班(场次)	继续教育培训班 次数(场次)	继续教育培训班 培训结业人数(人次)	宣传科技工作者人数(人)	表彰奖励科技工作者(人次)	#女性科技工作者	#40岁以下科技工作者
合　计	**53**	**79**	**5225**	**731**	**863**	**235**	**327**
副省级城市小计	**28**	**44**	**3537**	**609**	**457**	**115**	**203**
宁　波*	5	1	82	18	0	0	0
厦　门*	0	0	0	0	0	0	0
深　圳*	5	3	400	0	0	0	0
青　岛*	0	0	0	0	0	0	0
大　连*	0	4	120	0	55	11	7
省会城市小计	**43**	**71**	**4623**	**713**	**808**	**224**	**320**
石家庄	0	0	0	21	0	0	0
太　原	7	0	0	0	0	0	0
呼和浩特	0	0	0	5	46	15	25
沈　阳*	0	0	0	0	222	56	137
长　春*	0	0	0	0	0	0	0
哈尔滨*	0	18	2000	164	91	19	36
南　京*	0	9	455	20	45	18	8
杭　州*	1	4	280	22	2	0	0
合　肥	4	4	260	0	0	0	0
福　州	0	0	0	21	0	0	0
南　昌	0	0	0	0	0	0	0
济　南*	0	0	0	0	0	0	0
郑　州	5	20	768	20	20	20	9
武　汉*	11	0	0	176	0	0	0
长　沙	0	0	0	20	10	2	10
广　州*	5	5	200	201	10	0	5
南　宁	2	0	0	20	10	1	9
海　口	0	0	0	0	5	1	0
成　都*	0	0	0	8	0	0	0
贵　阳	2	0	0	0	0	0	0
昆　明	0	10	560	0	0	0	0
拉　萨	0	0	0	0	125	0	0
西　安*	1	0	0	0	32	11	10
兰　州	5	0	0	0	190	81	71
西　宁	0	0	0	0	0	0	0
银　川	0	1	100	0	0	0	0
乌鲁木齐	0	0	0	15	0	0	0

11-5 2014年各地区地级科协为科技工作者服务

地区	引进海外高层次人才(人)	反映科技工作者建议(条)	#获上级领导批示的建议(条)	答复人大政协代表(委员)提案(件)	走访看望(慰问)科技工作者(人次)
合计	**72**	**4281**	**643**	**243**	**9489**
北京	0	231	2	4	160
天津	8	100	18	7	433
河北	0	234	7	13	197
山西	0	79	10	3	96
内蒙古	0	17	1	3	176
辽宁	0	151	36	3	148
吉林	0	27	4	2	189
黑龙江	0	264	14	2	94
上海	0	166	33	62	437
江苏	44	214	28	7	1738
浙江	0	89	21	11	78
安徽	10	70	11	8	305
福建	0	21	3	6	212
江西	0	50	10	1	132
山东	2	320	20	8	486
河南	2	526	63	16	831
湖北	3	290	58	14	384
湖南	0	156	21	3	451
广东	0	36	4	6	315
广西	0	151	22	4	182
海南	0	0	0	0	0
重庆	0	232	65	22	694
四川	3	75	20	8	424
贵州	0	18	8	4	62
云南	0	30	8	6	497
西藏	0	14	9	3	22
陕西	0	25	8	1	310
甘肃	0	195	2	4	181
青海	0	23	1	0	16
宁夏	0	31	21	2	43
新疆	0	77	8	4	152
新疆生产建设兵团	0	369	107	6	44

11-5 续表

地区	继续教育培训班 次数（场次）	继续教育培训班 培训结业人数（人次）	宣传科技工作者人数（人）	表彰奖励科技工作者（人次）	#女性科技工作者	#40岁以下科技工作者
合计	**847**	**304017**	**7550**	**13389**	**5174**	**6785**
北京	4	200	10	399	200	115
天津	0	0	270	857	381	442
河北	12	2500	50	185	79	96
山西	4	150	101	287	110	10
内蒙古	0	0	80	167	37	49
辽宁	4	540	447	1062	314	384
吉林	0	0	13	833	224	437
黑龙江	25	3500	687	346	108	125
上海	332	239300	1254	838	321	351
江苏	239	16853	393	549	162	241
浙江	4	188	118	413	117	112
安徽	13	2052	208	282	79	69
福建	2	38	200	42	7	15
江西	9	270	107	231	65	44
山东	7	8500	352	1046	907	1383
河南	15	1200	247	858	637	1086
湖北	40	510	254	421	101	202
湖南	2	240	184	436	114	155
广东	23	6584	45	856	187	285
广西	0	0	9	386	198	270
海南	0	0	0	0	0	0
重庆	8	405	178	526	161	258
四川	0	0	30	349	124	118
贵州	2	268	20	64	12	8
云南	1	23	138	537	140	107
西藏	10	727	66	16	5	5
陕西	25	1567	214	328	82	90
甘肃	0	0	759	337	82	71
青海	2	42	17	37	12	20
宁夏	1	250	790	61	11	11
新疆	61	18020	280	101	23	46
新疆生产建设兵团	2	90	29	539	174	180

11-6 2014年各地区县级科协为科技工作者服务

地区	引进海外高层次人才(人)	反映科技工作者建议(条)	#获上级领导批示的建议(条)	答复人大政协代表(委员)提案(件)	走访看望(慰问)科技工作者(人次)
合计	**233**	**13706**	**3399**	**1970**	**39312**
北京	0	4	0	0	18
天津	0	13	13	2	85
河北	0	1021	214	143	1867
山西	16	565	121	86	792
内蒙古	0	338	88	38	488
辽宁	3	428	88	39	624
吉林	0	441	91	81	277
黑龙江	0	600	145	83	1096
上海	0	0	0	0	0
江苏	118	878	279	85	3341
浙江	28	833	223	68	3042
安徽	6	603	186	89	1992
福建	22	643	118	49	1323
江西	0	707	115	60	1070
山东	6	902	263	176	2975
河南	6	876	173	93	2101
湖北	27	976	320	101	2020
湖南	1	728	123	381	2562
广东	0	112	9	20	1478
广西	0	381	116	44	1235
海南	0	36	6	6	293
重庆	0	114	20	14	336
四川	0	728	169	63	2442
贵州	0	185	44	35	1198
云南	0	263	85	28	1937
西藏	0	17	1	17	1305
陕西	0	430	120	65	1482
甘肃	0	512	117	35	811
青海	0	42	16	19	153
宁夏	0	68	18	15	325
新疆	0	262	118	35	644

11-6 续表

地区	表彰奖励科技工作者(人次)	#女性科技工作者	#40岁以下科技工作者
合计	**24142**	**7065**	**9991**
北京	20	10	10
天津	52	23	23
河北	874	297	265
山西	789	261	249
内蒙古	549	213	162
辽宁	1315	469	515
吉林	828	295	330
黑龙江	1004	301	515
上海	38	6	2
江苏	1067	243	552
浙江	925	279	565
安徽	929	254	318
福建	1039	273	417
江西	708	204	214
山东	1028	232	593
河南	1231	250	590
湖北	1890	460	792
湖南	1918	566	598
广东	599	212	262
广西	1021	323	422
海南	110	63	57
重庆	282	64	126
四川	1977	561	751
贵州	461	131	196
云南	549	178	237
西藏	78	21	30
陕西	990	289	364
甘肃	676	204	256
青海	40	8	16
宁夏	284	73	140
新疆	871	302	424

11-7 2014年各地区省级学会为科技工作者服务

地区	引进海外高层次人才(人)	反映科技工作者建议(条)	#获上级领导批示的建议(条)	答复人大政协代表(委员)提案(件)	走访看望(慰问)科技工作者(人次)
合计	**268**	**6052**	**1530**	**222**	**18641**
北京	2	292	15	9	643
天津	11	277	18	0	516
河北	4	68	16	8	517
山西	17	516	294	57	1231
内蒙古	1	30	6	0	8
辽宁	2	124	16	0	412
吉林	9	166	34	4	317
黑龙江	2	49	17	6	134
上海	12	70	14	3	1151
江苏	38	91	18	0	571
浙江	29	57	6	22	453
安徽	6	111	65	14	377
福建	8	393	35	13	2289
江西	5	71	11	17	275
山东	14	483	37	15	823
河南	9	18	5	4	149
湖北	12	592	13	4	309
湖南	20	928	502	3	902
广东	16	130	10	3	1004
广西	11	125	18	11	580
海南	0	0	0	0	23
重庆	5	686	159	2	1058
四川	6	53	10	2	208
贵州	3	72	38	6	125
云南	2	155	55	7	1253
西藏	0	0	0	1	56
陕西	20	375	107	6	2566
甘肃	0	3	2	5	74
青海	4	89	5	0	175
宁夏	0	17	2	0	341
新疆	0	11	2	0	101

11-7 续表

地　　区	继续教育培训班		宣传科技工作者人数(人)	表彰奖励科技工作者(人次)		
	次数(场次)	培训结业人　数(人次)			#女性科技工作者	#40岁以下科技工作者
合　计	**6505**	**924302**	**25681**	**41190**	**13514**	**18528**
北　京	448	254070	591	1449	493	803
天　津	387	35385	512	1511	458	934
河　北	348	26687	352	2204	663	1553
山　西	69	11712	1066	2027	748	737
内蒙古	354	4380	1345	147	62	40
辽　宁	70	9882	638	1728	590	928
吉　林	168	20357	934	2714	1531	1013
黑龙江	85	3191	1901	172	40	91
上　海	586	53075	559	1556	611	509
江　苏	306	57046	1238	2974	945	1211
浙　江	344	51386	1421	1623	520	781
安　徽	318	38860	812	978	199	343
福　建	355	30112	2991	885	304	398
江　西	309	35684	521	734	187	345
山　东	284	32603	704	4363	2162	2106
河　南	127	10568	217	688	271	400
湖　北	91	9140	2727	927	307	306
湖　南	187	18496	263	996	224	427
广　东	357	57629	899	900	271	417
广　西	149	19276	404	3571	665	1702
海　南	0	0	110	25	15	12
重　庆	188	23540	340	882	166	227
四　川	144	13792	191	596	116	184
贵　州	80	5985	70	246	37	33
云　南	300	27543	911	1281	294	689
西　藏	3	117	38	20	7	12
陕　西	220	38297	840	2814	441	335
甘　肃	34	4578	135	805	238	547
青　海	56	15830	2619	423	270	327
宁　夏	64	5758	122	204	171	128
新　疆	74	9323	210	1747	508	990

主要指标解释

主要指标解释

组织建设

直属单位 指由科协主办并直接领导的，经工商行政管理部门登记具有独立法人资格的企业，或经编制管理部门批准的事业单位（不含其下属的企事业单位）。

机关/直属单位从业人员 指在本单位工作、并领取劳动报酬的在编和连续工作一年以上的非在编人员。

农技协 指在民政部门登记、经科协正式审批接纳的农村专业技术协会（农技协）和在科协登记备案的各类农村专业技术研究会（农研会）。

个人会员(基层组织个人会员) 指企业、高校、乡镇、街道等建立的科学技术协会（科学技术普及协会）发展的个人会员（取得本学会会员资格的人员）。

基层科普员 指截至本年 12 月 31 日，本单位管理的在基层直接为公众提供科学技术咨询服务的，负责科普活动站（室）日常管理、科普画廊（宣传栏、橱窗）更新维护的专兼职科普工作者及科普志愿者。

理事会理事 指经会员代表大会选举产生的学会理事。

所属分科学会 指学会按专业划分的专业委员会、专业分会或专业组，不含工作委员会和地方分会。

学会个人会员 指在本学会注册登记，并取得本学会会员资格的人员（包括外籍会员）。

高级（资深）会员 指符合各学会章程所规定的高级会员或资深会员的标准的会员。如章程中无此项规定，则按具备高级专业技术资格的会员数填报。

外籍会员 指在本学会登记注册，并取得本学会会员资格的具有外籍身份的人员。

学会从业人员 指在本学会工作并领取劳动报酬的在编人员和连续工作一年以上的社会聘用人员。

社会聘用人员 指由学会聘用的在本学会连续工作一年以上的人员。

学术交流活动

国内学术会议 指在我国境内，由本单位主办（或第一主办）的综合交叉性、专业性高端前沿等系列学术研讨会、交流会、报告会和论坛等。学术会议有国内有关专家、学者及科技人员参加并提交学术论文。

境内国际学术会议 指在我国境内，由本单位主办（或第一主办）以及受国际组织委托承办的综合交叉性、专业性高端前沿等系列学术研讨会、交流会、报告会和论坛等。学术会议有三个或三个以上国家或地区（不含港、澳、台地区）的专家、学者及科技人员参加并提交学术论文。

高端前沿学术会议 指围绕最能代表某一学科或专业领域发展趋势、制约该学科或领域当前发展的关键性科学问题而举办的学术会议，以主题前沿性、人员专业性和规模小型性为主要特征。

综合交叉学术会议 指围绕某些仅凭单一学科无法认识、只能通过多学科的联合协作才能准确研究的交叉性科学问题而举办的学术会议，由来自不同学科背景的研究者共同参与，以选题学科交叉性、跨学科、跨领域为主要特征。

学术服务会议 指为解决国家、地区重大战略需求以及优先发展的科技领域的科学问题而举办的学术会议，以提出有针对性决策建议为主要特征。

科技期刊

主办科技期刊 指本单位主办的，具有固定刊名、刊期、年卷或年月顺序编号、印刷成册、以报道科学技术为主要内容的连续出版物。包括学术期刊、综合期刊、技术期刊、科普期刊和检索期刊。

只统计在新闻出版机构注册登记，有正式刊号或内部准印证并由本单位直接主办、负责编辑的期刊，不包括各类内部刊物。

中文学术期刊 指以刊登研究报告、学术论文、综合评述为主要内容的中文期刊。

科普期刊 指本单位年度内独立或牵头组织编辑发行以刊登科普知识为主要内容，并在新闻出版机构登记、有正式刊号或有内部准印证的科普性刊物。不包括各类内部刊物。

科普活动

举办科普宣讲活动 指本单位单独和牵头组织的，以报告会、广播、电视、报刊、网络和其它形式举办的科普讲座和报告，以陈列实物及展示图片等形式举办的各类科普展览，组织相关专业专家组成智力团体，以科学技术为依据，向社会和公众提供的智力服务。

播放科普广播、影视节目 指截至本年 12 月 31 日本单位组织的，通过电台、电视台或其他形式向公众普及科学知识、宣传科学思想、科学精神和科学方法所播放广播、影视节目的时间。

举办实用技术培训 指本单位单独和牵头组织的，主要面向农村党员、基层干部，以传播、推广和普及适应农业和农村经济发展需求的先进实用技术为主要内容，通过现代远程教育等形式开展的培训。

参加活动科技人员总数 指参与各类科普活动的全部科技人员，包括志愿者、被邀请的专家和科技专业人员等。

青少年科技教育

举办青少年科普宣讲活动 指本单位单独和牵头组织的，以报告会、广播、电视、报刊、网络和其他形式举办的科普讲座和报告，以陈列实物及展示图片等形式举办的各类科普展览，面向青少年普及科学知识、传播科学思想、科学精神、科学方法。

播放青少年科普广播、影视节目 指截至本年 12 月 31 日本单位组织的，利用电台、电视台或其他形式，播放以青少年教育为题材普及科学知识、传播科学思想、科学精神和科学方法的广播、影视节目的时间。

举办青少年科技竞赛 指由本单位独立举办或牵头组织举办的旨在推动青少年科技活动的蓬勃开展，培养青少年的创新精神和实践能力，提高青少年的科技素质，鼓励优秀人才的涌现，推进科技普及发展的各类科技竞赛活动。

编印青少年科技教育资料 指本单位编印的，以青少年科技教育为题材的论文集、画册、宣传资料、汇编等。

举办青少年科技教育培训 指本单位单独和牵头组织的，向青少年普及科学知识、实用技术和技能的培训活动。

科普基础设施建设

科技馆 指截至本年 12 月 31 日，本单位拥有所有权或使用权的，具备展览教育，培训教育、实验教育等功能的社会科技教育固定设施。面向公众常年开馆。

建筑面积 指截至本年 12 月 31 日，本单位拥有所有权或使用权的科技馆的展览教育、公众服务、业务研究、管理保障等用房主体建筑面积总和。

展厅面积 指截至本年 12 月 31 日，本单位拥有所有权或使用权的科技馆内专门用于布置常设展览和短期展览的用房（场所）的使用面积。

科普画廊建筑面积（宣传栏、科技宣传橱窗） 指截至本年 12 月 31 日，由本单位单独或牵头联合有关单位共同在广场、社区、村寨、公园、道路边等地方建设的、直接向公众宣传科学技术信息的具有展示功能的宣传栏、橱窗等固定科普设施。按实际建筑面积计算。单面的计算单面面积，双面的计算双面面积。N 个单个建筑面积之和等于总面积。

科普画廊展示面积 指截至本年 12 月 31 日，在本单位单独或牵头联合有关单位共同建设的科普画廊（宣传栏、橱窗）中，展示科学技术信息图片、文字的实际面积。按实际展示面积计算。单面的计算单面面积，双面的计算双面面积。N 个单个年展示面积之和等于年展示面积。单个年展示面积=每次展示面积×展示次数。

科普大篷车 指截至本年 12 月 31 日，本单位获得中国科协配发的用于科普活动的大篷车。由使用大篷车单位填报。

科普大篷车行驶里程 指截至本年 12 月 31 日，本单位科普大篷车当年开展科普活动所累计行驶的公里数。

全国科普教育基地 指截至本年12月31日，由中国科协按照《全国科普教育基地管理办法》评审、命名的全国科普教育基地。各级科协组织被命名单位填报。

省级科普教育基地 指截至本年12月31日，由省级科协单独或联合有关部门命名的省级科普教育基地。由命名单位组织被命名单位填报。

科普示范县（市、区） 指截至本年12月31日，本单位命名的本辖区的科普示范县级行政区划数。由命名单位填报统计数据。县级及县级以下科协不填报此指标。

科普示范街道（乡镇）/ 社区（村）/户 指截至本年12月31日，本单位命名的科普示范街道（乡镇）/ 社区（村）/户。由命名单位填报统计数据。

科技传播

编著科技图书 指本单位组织编著的科技综合类、信息类、普及类、专业技术类和专著等图书。只统计在新闻出版机构登记，有正式刊号的科技图书。

主办科技报纸 指本单位主办的面向社会的科技综合类、信息类、普及类和专业技术类报纸。只统计在新闻出版机构注册登记，有正式报刊登记证，由本单位直接主办、负责编辑的科技报纸。

制作科普挂图 指本年度内，本单位独立或牵头组织编创的，用于各项科普宣传活动的挂图。以主题进行统计，一个主题计为一种。

制作科技广播、影视节目 指本单位年度内独立或牵头组织制作的以宣传科学技术为主要内容的广播节目、电影和电视节目的数量。

制作科普动漫作品 指本单位年度内，以“科普创意”为核心，以动画、漫画为表现形式，以网络为技术传播手段的动漫作品等。

主办科技网站 指截至本年12月31日，本单位建在因特网上一块固定的面向社会公众传播科学知识、科学精神、科学思想和科学方法的站点。网站由域名(网站地址)、程序和网站空间构成，通常包括主页和其他具有超链接文件的页面。

科技开放与交流

加入国际民间科技组织 指本单位代表国家或团体加入国际组织数量。

任职专家 指在国际组织中担任主席、副主席或执委的专家数。

促成科技合作项目 指本年内本单位牵头引进的商贸、会议、展览、科研、培训等国际科技合作项目，以签订合作协议为标志。不包括没有签订协议的国际科技项目、国内科技合作项目。

参加国外/港澳台地区科技活动人数 指本单位组织参加国外/港澳台地区会议、参展、经贸、访问考察、科研、培训等科技活动的科技工作者。

接待国外/港澳台地区专家学者 指本单位单独或牵头接待，来境内（不含港、澳、台地区）参加会议、展览、经贸、访问考察、科研、培训等科技活动的国外/港澳台地区的专家学者。

科技服务

科技评价 指本年度内本单位牵头开展的对科技政策、计划、项目、成果、专有技术、产品机构、人才等科技活动有关的行为，遵循一定的原则、程序和标准，运用科学、公正和可行的方法所进行的专业判断活动。

科技人才评价 指本年度内本单位牵头开展的针对某一目标，按照规定的原则、程序和标准对科技人才做出价值判断的活动。

专业技术职称评定 指本年度本单位牵头组织专家针对某一专业领域的专业人员，按照规定的原则、程序和标准所进行的专业技术资格认定的活动。由专业技术资格认定单位填报。

社区益民计划表彰的示范社区 指本年度本单位按照社区益民计划表彰标准评选表彰的城市示范社区的数量。由表彰单位填报。

开展“讲、比”活动企业数 指本年度内开展“讲理想、比贡献”活动的企业数量。统计本级地方科协直接联系的企业。

参与“讲、比”活动的科技人员 指本年内参加本企业组织开展的“讲、比”活动的科技人员数量。

“讲、比”活动中被采纳合理化建议 指本年度在开展“讲、比”活动中，企业采纳科技人员提出的合理化建议的数量。以“条”为计量单位统计。

专家工作站（服务中心） 指截至本年12月31日，本级科协组织协同有关单位，为高层次专家直接参与经济建设和社会服务而组建的专家科技服务机构。

专家进站人数 指本年度内，以设站单位名义聘请进入专家工作站的专家。由颁发证书单位填报。

专家服务团队 指本单位根据项目合作需要，按专业特点牵头组织的专家服务团队，打破单位界限，进行专家资源的整合，承担科学普及、科技攻关、决策咨询、工程论证、技术指导、科技扶贫等相关合作。

为科技工作者服务

反映科技工作者建议 指科技工作者以书面形式正式向同级或上级党和政府及有关部门反映的有关社会、经济、科技、科技团体和个人权益保障等方面的意见和建议。

答复人大代政协代表（委员）提案 指本单位负责并完成答复人大和政协的有关机构交办的议案。

表彰奖励科技工作者 指本单位正式行文表彰（含命名）的，在科技工作中有特殊贡献的科技工作者。一般的表扬鼓励和专门针对本单位工作人员的奖励不统计在内。